本书由大连市人民政府资助出版

轻金属焊接技术丛书

镁及其合金的焊接

丁成钢　于启湛　编著

U0171856

机械工业出版社

本书整理、汇总了国内外镁及其合金焊接的研究成果，并加以总结、分析。全书介绍了镁及其合金的金属学知识、性能，焊接方法（包括 TIG 焊、MIG 焊、电子束焊、激光焊、扩散焊、钎焊、搅拌摩擦焊、电阻点焊等），典型镁及其合金的焊接材料、工艺、接头组织和性能；重点介绍了异种金属的焊接，包括异种镁合金的焊接，镁及其合金与钢的焊接，镁及其合金与非铁材料（铝、铜、钛）的焊接，镁基复合材料的焊接等。本着在理论上讲透，实践上讲够的原则，尽量为读者提供比较丰富的、全面的镁及其合金焊接的知识。

本书可供从事高端技术产品的研发、生产的科学技术人员，以及高等院校的师生参考。

图书在版编目（CIP）数据

镁及其合金的焊接/丁成钢，于启湛编著. —北京：机械工业出版社，2021.5

（轻金属焊接技术丛书）

ISBN 978-7-111-68185-4

Ⅰ. ①镁…　Ⅱ. ①丁…　②于…　Ⅲ. ①镁-焊接②镁合金-焊接　Ⅳ. ①TG457. 19

中国版本图书馆 CIP 数据核字（2021）第 088920 号

机械工业出版社（北京市百万庄大街 22 号　邮政编码 100037）
策划编辑：吕德齐　责任编辑：吕德齐　杨　璇
责任校对：张晓蓉　封面设计：严娅萍
责任印制：张　博
涿州市般润文化传播有限公司印刷
2021 年 9 月第 1 版第 1 次印刷
184mm×260mm · 17. 75 印张 · 435 千字
0001—1500 册
标准书号：ISBN 978-7-111-68185-4
定价：89. 00 元

电话服务　　　　　　　　　网络服务
客服电话：010-88361066　机 工 官 网：www.cmpbook.com
　　　　　010-88379833　机 工 官 博：weibo.com/cmp1952
　　　　　010-68326294　金 书 网：www.golden-book.com
封底无防伪标均为盗版　机工教育服务网：www.cmpedu.com

前　言

环保、节能是 21 世纪人类社会可持续发展的重大战略要求，传统钢铁材料已逐渐被各种综合性能更为优良的新型材料所替代。镁合金由于具有一系列的优点，如密度小（铁的四分之一，铝的三分之二），比强度和比刚度高，减振性好，电磁屏蔽性能优异，抗辐射，摩擦时不起火花，热中子捕获截面小，切削加工性和热成形性好，对碱、煤油、汽油和矿物油具有化学稳定性，易回收等，是理想的环保与节能型材料，符合可持续发展要求而受到人们的强烈关注，其应用领域不断拓宽，被誉为"21 世纪的绿色工程金属材料"和"最重要的商用轻质材料"之一。由于这些突出特点，镁合金在汽车、电子、电器、航空航天、国防军工、交通等领域具有重要的应用价值和广阔的应用前景，具有极大的应用潜力。镁合金既可以铸造成形，直接制备出结构件，也可以通过各种塑性加工和热处理，制备出各种规格的管材、棒材、板材、线材、带材和异型材。对于同种材质，采用不同的方法制备，材料性能也有很大区别。为了提高镁合金的耐蚀性，还可以对其进行表面处理。随着镁的提炼及加工技术的发展，镁合金已成为继钢铁、铝合金和钛合金之后的第四类金属结构材料，在全世界范围内得到发展。

在汽车工业中，采用镁合金作为结构件材料可以大幅度减轻结构件的重量，不仅利于缓解能源问题，还利于生态环境保护，促进生态环境的可持续发展。在航空航天工业制造领域中，结构件的轻量化和结构件承载与功能的一体化是飞行器机体结构件材料使用和发展的重要方向。航空结构件轻量化带来的经济利益和性能改善的效果极其明显。在航空航天飞行器中，由于结构件重量的减轻带来的燃油费用的减少与汽车相比，前者是后者的近 100 倍。而战斗机的燃油费用的减少又是商用飞机的近 10 倍，此外，结构件性能的提高还有助于提高战斗机的战斗力和使用寿命。

镁及其合金的焊接水平，对我国航空航天技术和产品的发展，对我国科学技术和工业的发展，军事力量的提升具有重要作用。先进材料的开发利用是提高航空航天技术和产品的先决条件，而制造技术又是这些材料得到应用的前提。焊接加工是这些材料得以合理利用，充分发挥其效能不可或缺的技术。所以，焊接技术的开发，对这些材料的利用，对我国航空航天技术和产品的发展意义重大。

随着冶金技术的发展，材料生产成本的降低，镁合金价格的回落，使得这些性能特别优越的材料能够在工业上应用成为可能。但是，这些材料非常活泼，焊接性能很差，一般的焊接技术难以得到满意的结果。随着焊接技术的发展，近年来，对这些材料焊接性能和方法的研究取得了丰硕的成果，也得到了工业规模的应用。本书整理汇总了国内外镁及其合金焊接的研究成果并加以总结、分析，为从事镁及其合金焊接技术研究、应用的工程技术人员提供参考资料。

本书本着在理论上讲透、实践上讲够的理念，力图给读者提供尽可能丰富的资料，但是由于我们水平有限，加之科学技术发展迅速，有关新技术、新材料不断涌现，因此，难免有不足之处，敬请广大读者指正、谅解。若本书对您有所裨益，我们不胜荣幸。在此，对本书引用资料的国内外作者表示敬意和感谢！

大连交通大学　于启湛

目　录

第1章

镁及其合金概述

镁被发现已有两百年的历史，是自然界中分布最广的元素之一。镁是地壳中第八丰富的元素，是宇宙中第九多的元素。镁元素约占地壳质量的 2.3%，海水中镁的储量约 2.1×10^{10}t。它的密度为 1.738g/cm³，约为钢的 25%，铝的 67%，钛的 40%。我国镁资源储量世界第一，同时也是世界上最大的镁生产国和出口国。目前我国镁生产能力已占全球的四分之三，产量占一半。

1.1 镁及其合金的特点及应用

1.1.1 镁及其合金的特点

1. 优点

1）密度小，重量轻，在实用金属中是最轻的金属，因此镁合金是轻量化的首选材料。

2）高比强度、高比刚度。镁合金的比强度（强度与质量之比）和比刚度（刚度与质量之比）高于铝合金和钢，远远高于工程塑料。镁合金的弹性模量在常用的金属中是最低的。密度虽然比塑料大，但是单位重量的强度和弹性率均比塑料高，在不降低零部件强度的前提下，镁合金零部件的质量比铝合金或钢要轻很多，而且镁合金的刚度随着厚度的增加呈立方指数增加，因此，在不减少零部件的强度下，可用镁合金代替铝合金或钢。

3）传热能力强、导电性好。镁合金的传热系数比铝小，比钢大，比塑料高出数十倍，电导率高于铝和钢。

4）电磁屏蔽性能好。镁合金的电磁波屏蔽性能比在塑料上电镀屏蔽膜的效果好，使用镁合金可省去电磁波屏蔽膜的电镀工序。

5）机械加工性能好。镁合金是常用金属中比较容易加工的材料，具有比铝合金及钢的切削阻力小、机械加工速度快、刀具使用寿命长等优点。镁合金比其他金属的切削阻力小，若镁合金切削阻力为 1，则铝合金为 118，黄铜为 213，铸铁为 315。

6）对振动、冲击的吸收性好。镁合金具有良好的抗冲击性，约是塑料的 20 倍；拥有良好的吸振性（在 20MPa 应力水平下镁合金 AZ91D 的衰减系数为 20%，而铝合金 A380 只有 1%）和优良的尺寸稳定性，是制造抗振结构零件的好材料，对于用作设备机壳以减少噪声传递、提高防冲击与防凹陷损坏等十分有利。由于镁合金对振动能量的吸收性好，使用在驱动和传动的部件上可减少振动。镁合金对冲击能量吸收性很好，受到冲击后，能吸收冲击能量而不会产生断裂，由碰撞而引起的凹陷小于其他金属。

7）抗蠕变性能好。镁合金随着时间和温度的变化在尺寸上蠕变少，可以确保工件的尺寸精度。

8）再生性好，易回收。镁合金具有良好的回收性，废料回收利用率高。镁合金可以简单地再生使用，且不降低其力学性能，由于熔点低、比热容小，再生熔化时所消耗的能源只有新材料制造耗能的 4%。

9）镁合金还具有良好的焊接性。焊接接头的强度约为其母材强度的 95%，可以制造复杂结构零件。

2. 缺点

镁合金的主要缺点是耐蚀性差，缺口敏感性较大。镁在水及大多数酸盐溶液中易遭腐蚀，只在氢氟酸、铬酸、碱及汽油中比较稳定。

1.1.2 镁合金的应用

由于镁性能独特，正成为继钢铁、铝之后的第三大金属工程材料，被誉为"21 世纪绿色工程材料"。世界各国高度重视镁合金的开发与研究，加强了镁合金在汽车、交通、计算机、通信和航空航天等领域的应用开发与研究。

1. 镁合金在交通运输工业中的应用

镁合金用作汽车零部件通常具有以下优点：提高燃油经济性综合标准，降低废气排放和燃油成本，据测算，汽车所用燃料的 60% 消耗于汽车自重，所以汽车减重，耗油将大幅度减少；重量减轻可以增加车辆的装载能力和有效载荷，同时还可改善制动和加速性能；此外，镁合金具有优异的变形及能量吸收能力，大幅度提高汽车的安全性能，可以改善车辆的噪声、振动现象。

镁合金零部件运动惯性低，应用到高速运动零部件上效果尤其明显。在铁路大提速的大环境下，车体轻量化是一种趋势。

此外，镁合金在摩托车和自行车上也得到了应用。摩托车采用镁合金比采用铝合金减轻6kg。用镁合金制造的自行车比铝合金的轻，整车质量仅 4kg。

2. 镁合金在通信电子行业的应用

镁合金具有优异的薄壁铸造性能，其压铸件的壁厚可达 0.6～1.0mm，并保持一定的强度、刚度和抗撞能力，这非常有利于产品超薄、超轻和微型化的要求，这是工程塑料，甚至铝合金无法达到的。目前，用镁合金制作零部件的电子产品有照相机、摄影机、笔记本电脑、移动电话、电视机、等离子显示器、硬盘驱动器等。

3. 镁合金在航空航天和国防军工领域中的应用

从 20 世纪 20 年代开始，镁合金就在航空航天领域得到应用。目前镁合金的应用领域包括各种民用、军用飞机的发动机零部件、螺旋桨、齿轮箱、支架结构及火箭、导弹和卫星的一些零部件等。减轻兵器重量是兵器装备轻量化的主要手段之一，它对提高兵器机动性及战场生存能力有重要意义。欧美一些国家已经将镁合金用于便携式兵器支架、单兵用通信器材壳体等，德国、以色列已采用镁合金制造枪托。

4. 镁合金其他方面的应用

用镁合金作为阳极消耗可有效防止金属构件的电化学腐蚀，这已被应用于延长热水器、地下铁制管道、电缆、塔基、海水蒸馏器、轮船壳体和海洋环境中的钢桩等的寿命。目前，镁合金作为阳极消耗的用量以每年 20% 的速度增长。镁及镁合金还被用于电力、冶金、化工、家庭消费品、家具、办公室设备、光学设备、运动器械、车床设备等众多领域，应用非常广泛。

1.2 镁的晶体结构和性能

1.2.1 镁的晶体结构

镁的外层电子为 $3S^2$ 的自由价电子结构，使得镁不具有任何共价键的特性，导致镁具有最低的平均价电子结合能和金属中最弱的电子间结合力。镁的这种电子结构使得镁具有较低的弹性模量。

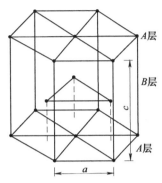

通常一种金属材料的晶格有几个可能的滑移面，每个滑移面上同时存在几个可能的滑移方向。每个滑移面和这个滑移面上的一个滑移方向合起来为一个滑移系，每一个滑移系表示晶体滑移时可能采取的一个空间取向。滑移系越多，滑移过程中可能采取的空间取向就越多，位错不容易塞积，塑性就越好。一般多晶体材料至少要有 5 个独立的滑移系开动，才能进行稳定的塑性变形。镁具有密排六方晶体结构（图1-1），这种结构只有 3 个几何滑移系和 2 个独立滑移系，所以镁的塑性较差。而铝具有 12 个几何滑移系和 5 个独立的滑移系，所以，铝比镁的塑性就好得多。

图 1-1 镁的晶体结构

1.2.2 镁的性能

1. 物理性能

镁在门捷列夫元素周期表中属于ⅡA族碱土金属，呈银白色。镁的晶体结构和镁原子的核外层的电子构造决定了镁及其合金具有特殊的物理化学性能和力学性能。表 1-1 给出了镁的物理性能。

2. 力学性能

镁在铸造状态下晶粒比较粗大，平均直径可达 1.5mm。图 1-2 所示为镁再结晶平均晶粒直径与加热温度之间的关系。镁中的主要杂质为 Fe（<0.059%）、Ni（<0.026%）、Pb（<0.006%）、Cu（<0.003%）等。在 225℃以上变形时，镁的塑性显著提高。不同温度下铸造状态的镁的流变应力与应变量和应变速率之间的关系在表 1-2 中给出。

镁的力学性能与组织形态有关，变形加工后力学性能明显提高。表 1-3 给出了镁的力学性能。表 1-4 给出了镁的不同状态在室温下的力学性能。图 1-3 所示为镁的弹性模量与温度的关系。图 1-4 所示为镁的拉伸性能与温度的关系。

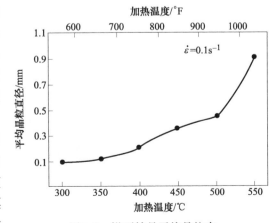

图 1-2 镁再结晶平均晶粒直径与加热温度之间的关系

表 1-1 镁的物理性能

性 能	数 值	性 能	数 值
原子序数	12	沸点/K	1380±3
原子价	2	汽车潜热/kJ·kg^{-1}	5150~5400
相对原子质量	24.3050	升华热/kJ·kg^{-1}	6113~6238
原子体积/cm^3·mol^{-1}	14.0	燃烧热/kJ·kg^{-1}	24 900~25 200
原子直径/10^{-10}m	3.20	镁蒸气比热容 c_p/kJ·kg^{-1}·K^{-1}	0.8709
泊松比	0.33	MgO 生成热 Q_p/kJ·mol^{-1}	0.6105
密度/g·cm^{-3}		结晶时的体积收缩率（%）	3.97~4.2
室温	1.738	磁化率 φ/10^{-3}mks	6.27~6.32
熔点	1.584	声音在固态镁中的传播速度/m·s^{-1}	4800
电阻温度系数（273~373K）/10^{-3}	3.9	标准电极电位/V	
电阻率 ρ/nΩ·m	47	氢电极	-1.55
热导率 λ/W·m^{-1}·K^{-1}	153.6556	甘汞电极	-1.83
273K 下的电导率/10^{6}Ω^{-1}·m^{-1}	23	对光的反射率（%）	
再结晶温度/K	423	λ=0.500μm	72
熔点/K	923±1	λ=1.000μm	74
镁单晶的平均线膨胀系数（288~308K）/10^{-6}K^{-1}		λ=3.000μm	80
		λ=9.000μm	93
沿 a 轴	27.1	收缩率（%）	
沿 c 轴	24.3		
熔化潜热/kJ·kg^{-1}	360~377	固-液	4.2
945K 下的表面张力/N·m^{-1}	0.563	熔点至室温	5

表 1-2 不同温度下铸造状态的镁的流变应力与应变量和应变速率之间的关系

应变量	应变速率 /s^{-1}	不同温度下的流变应力/MPa					
		300℃	350℃	400℃	450℃	500℃	550℃
0.1	0.001	14.7	13.3	6.1	3.9	3.4	1.5
	0.010	21.0	18.1	9.0	4.4	4.6	3.2
	0.100	29.9	28.0	14.3	10.2	7.3	4.4
	1.000	39.7	28.9	28.1	18.4	16.9	11.2
	10.00	43.0	49.5	35.0	30.8	20.0	15.0
	100.0	77.5	52.0	42.1	32.0	28.6	16.9
0.2	0.001	17.4	13.6	6.6	4.3	3.6	1.6
	0.010	24.8	17.9	9.6	5.6	4.8	3.3
	0.100	34.3	25.2	18.5	12.2	8.5	5.1
	1.000	46.9	34.3	30.0	28.1	18.2	13.1
	10.00	55.0	52.0	39.0	33.0	25.3	20.0
	100.0	84.0	59.0	47.0	38.0	33.5	20.0
0.3	0.001	18.0	14.0	7.0	4.3	2.8	1.3
	0.010	25.0	16.9	9.6	5.9	5.2	3.2
	0.100	33.3	24.6	18.2	12.1	8.6	5.7
	1.000	46.4	34.9	26.6	19.4	15.5	12.3
	10.00	52.5	50.0	36.5	30.8	24.5	20.0
	100.0	77.5	58.5	47.5	38.0	32.8	23.4
0.4	0.001	18.0	13.9	7.3	4.3	2.4	1.1
	0.010	24.0	16.4	9.6	5.7	5.3	2.9
	0.100	31.6	23.5	16.9	11.8	8.8	6.0
	1.000	44.8	32.9	24.0	17.3	14.0	11.6
	10.00	46.0	48.0	35.0	29.1	22.8	19.1
	100.0	72.0	55.8	45.0	37.8	30.7	23.1

（续）

应变量	应变速率 /s^{-1}	不同温度下的流变应力/MPa					
		300℃	350℃	400℃	450℃	500℃	550℃
0.5	0.001	17.3	14.0	7.2	4.5	2.5	1.1
	0.010	23.5	15.9	9.7	5.5	5.3	3.0
	0.100	30.7	22.4	16.0	11.3	8.6	6.0
	1.000	43.0	30.1	22.1	15.1	12.8	11.1
	10.00	44.0	48.0	34.1	27.5	21.0	18.2
	100.0	65.5	53.5	42.9	33.9	27.3	21.9

表 1-3　镁的力学性能

状态	抗拉强度 /MPa	屈服强度 /MPa	断后伸长率 （%）	断面收缩率 （%）	硬度 HBW
铸造	115	25	8	9	3
变形	200	90	11.5	12.5	36

表 1-4　镁的不同状态在室温下的力学性能

状　态	抗拉强度 /MPa	拉伸屈服强度 /MPa	压缩屈服强度 /MPa	断后伸长率 （%）	硬度 HBW
铸造棒材（φ13mm）	90	21	21	2~6	30
挤压棒材（φ13mm）	165~205	69~105	34~55	5~8	35
热轧板材	180~220	115~140	105~115	2~10	45~47
退火板材	160~195	90~105	69~83	3~15	40~41

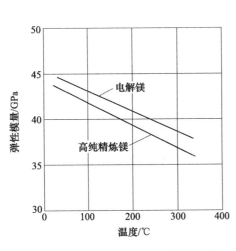

图 1-3　镁的弹性模量与温度的关系

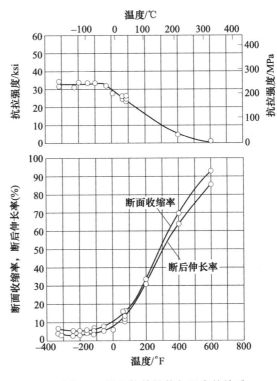

图 1-4　镁的拉伸性能与温度的关系

3. 化学性能

镁是化学性能非常活泼的金属，其标准电极电位很低，为-2.37V。与其他工程结构用金属相比，镁的电极电位最低。对其他结构金属来讲，镁成为牺牲阳极。

镁耐碱，室温下，NaOH对镁几乎不起作用，但是加热时还是会发生化学反应。

镁不耐酸，除去无机酸中氢氟酸和铬酸及有机酸中的脂肪酸之外，无机酸和有机酸都能够迅速与镁发生反应，而将镁溶解。

加热时，镁容易还原碱金属和碱土金属的无水氧化物、氢氧化物、重金属氧化物、碳酸盐以及硅、硼、铝、铍的氧化物。

1.3 镁与其他元素的相互作用

纯镁的优点很多，但力学性能较差，很少用作工程材料，其应用范围受到了很大限制，常需以合金的形式使用。在镁中添加一些合金元素，如铝、锌、锰、稀土等，能显著改善镁的物理、化学和力学性能，得到高强度轻质的合金，可以用作结构材料。这些合金元素主要是通过固溶强化和时效处理后的沉淀硬化来提高合金的常温和高温性能。因此，所选择的合金元素在镁基体中应具有较高的固溶度，并随温度有较明显的变化，在时效过程中能形成强化效果显著的第二相。

1.3.1 其他元素在镁中的固溶

合金元素在基体金属中的固溶以及形成金属间化合物而沉淀析出，是合金元素和基体金属相互作用的主要方式。

溶质（合金）元素在溶液元素（基体金属）中固溶度的大小，实际上是一个相结构稳定性的问题。固溶度大，相结构就相对稳定，就不容易沉淀析出第二相；固溶度小，相结构就相对不稳定，就容易沉淀析出第二相。影响合金元素在基体金属中固溶度大小的因素如下。

1. 尺寸因素

合金元素在基体金属中固溶度的大小与它们的原子半径之差有关，它们的原子半径之差小于15%时，合金元素在基体金属中固溶度很小。

Hume-Rothery理论将尺寸因素进行定量化。图1-5中就是以镁的原子直径（0.32nm）为中心线，以镁的原子直径的±15%作两条平行线，在这两条平行线之间的合金元素能够与镁形成固溶体。

2. 电负性效应

仅仅考虑原子直径的尺寸因素还是不够的，还必须考虑元素的化学亲和力，即电负性。合金元素和基体金属的电负性越接近，越容易形成固溶体；反之，越容易形成金属间化合物沉淀析出，从而限制了一次固溶体的固溶度。一般认为合金元素和基体金属的电负性相差超出±0.4范围不容易形成固溶体。

3. 相对价效应

高价金属在低价金属中的固溶度大于低价金属在高价金属中的固溶度。

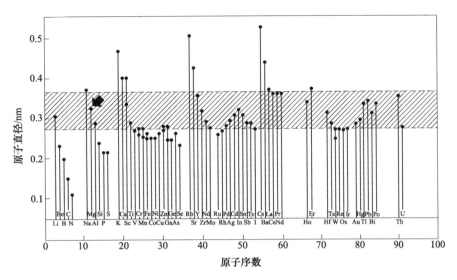

图 1-5　各种元素的原子直径及其在镁中固溶时尺寸因素有利的元素

　　米德玛（Miedema）利用二元合金的形成热理论来分析合金元素在镁中的溶解度，车里孔斯基（Chelikowsky）用元素的电子化学势 ϕ^* 和电子密度 $n_{ws}^{1/3}$ 两个基本参数来描述二元合金的合金化效应，如图 1-6 所示。

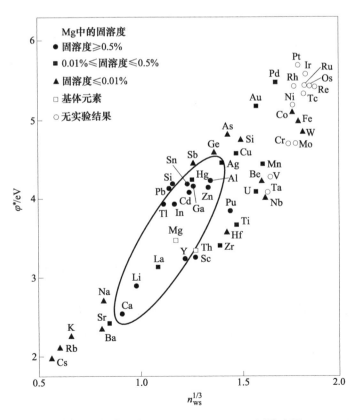

图 1-6　镁合金的 Miedema-Chelikowsky 固溶度图

1.3.2 镁合金中的第二相

镁的二元合金中绝大多数是共晶型，在镁中的合金元素达到一定量之后，就会形成第二相，这个第二相一般都是金属间化合物。表1-5给出了二元镁合金中主要合金元素的固溶度和主要析出金属间化合物。图1-7所示为镁中第二相金属间化合物的熔点和其在镁中的固溶度。从图1-7中可以看到，析出熔点高的金属间化合物，其固溶度就低，析出熔点低的金属间化合物，其固溶度就高。

表1-5 二元镁合金中主要合金元素的固溶度和主要析出金属间化合物

合金系	最大固溶度（%）		与镁固溶体共存的合金相	熔点/℃	合金系	最大固溶度（%）		与镁固溶体共存的合金相	熔点/℃
	质量分数	摩尔分数				质量分数	摩尔分数		
Mg-Al	12.70	11.60	$Mg_{17}Al_{12}$	402	Mg-Sm	5.80	0.99	$Mg_{6.2}Sm$	—
Mg-Ca	0.95	0.58	Mg_2Ca	714	Mg-Gd	23.50	4.53	Mg_6Gd	640
Mg-Sc	25.90	15.90	MgSc	—	Mg-Tb	24.00	4.57	$Mg_{24}Tb_5$	—
Mg-Mn	2.20	1.00	Mn	1245	Mg-Dy	25.80	4.83	$Mg_{24}Dy_5$	610
Mg-Zn	8.40	3.30	MgZn	347	Mg-Ho	28.00	5.44	$Mg_{24}Ho_5$	610
Mg-Ga	8.50	3.10	Mg_5Ga_2	456	Mg-Er	32.70	6.56	$Mg_{24}Er_5$	620
Mg-Y	12.00	3.60	$Mg_{24}Y_5$	620	Mg-Tm	31.80	6.26	$Mg_{24}Tm_5$	645
Mg-Zr	3.60	0.99	Zr	1855	Mg-Yb	3.30	0.48	Mg_2Yb	718
Mg-Ag	15.50	4.00	Mg_3Ag	492	Mg-Lu	41.00	8.80	$Mg_{24}Lu_5$	—
Mg-In	53.20	19.40	Mg_3In	484	Mg-Hg	3.00	0.40	Mg_3Hg	508
Mg-Sn	14.85	3.45	Mg_2Sn	770	Mg-Tl	60.50	15.40	Mg_5Tl_2	413
Mg-Ce	0.74	0.13	$Mg_{12}Ce$	611	Mg-Pb	41.70	7.75	Mg_2Pb	538
Mg-Pr	1.70	0.31	$Mg_{12}Pr$	585	Mg-Bi	8.85	1.12	Mg_3Bi_2	821
Mg-Nd	3.60	0.63	$Mg_{41}Nd_5$	560	Mg-Th	5.00	0.49	$Mg_{23}Th_6$	772

1.3.3 合金元素对镁合金性能的影响

1. 铟

铟的熔点很低，只有157℃。低熔点元素能够增加镁对热激活滑移的敏感性，因此能够明显提高镁合金的塑性，铟是其中具有代表性的元素。铟在镁中的最大固溶度可达20%，室温下，也可以达到10%。它是包晶反应类，因此其固溶度随着温度的变化并不大，所以对镁的强化影响不大。

2. 锰

锰在镁中的固溶度小，而且不能够形成金属间化合物，因此对镁的强化作用不大。锰能够细化镁晶粒，可以提高镁的焊接性。

锰的主要作用是提高镁的耐蚀性。锰不仅自己能够提高镁的耐蚀性，还可以与严重伤害镁的耐蚀性的铁结合为金属间化合物沉淀下来，从而减少铁的危害，提高耐蚀性。

锰还能够提高镁的抗蠕变性能。

3. 锆

锆在镁中的固溶度很小，在包晶反应温度下也只有1.042%，而且与镁不能形成金属间化合物，所以，对镁的强化作用很小。锆的主要作用是细化镁的晶粒，也是镁合金最重要的细化剂。锆与镁一样，也是密排六方晶体，而且晶格常数很接近（锆的晶格常数 $a =$

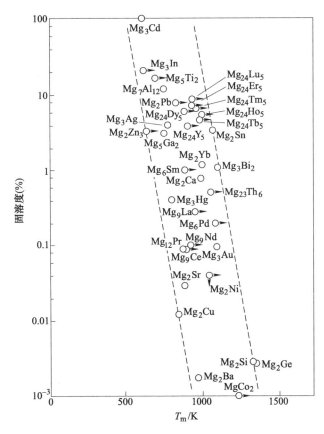

图 1-7 镁中第二相金属间化合物的
熔点和其在镁中的固溶度

0.323nm，镁的晶格常数 $a = 0.32092$nm；锆的晶格常数 $c = 0.514$nm，镁的晶格常数 $c = 0.52105$nm）。由于锆的熔点很高，会以固态微粒存在于液态镁合金中，镁合金结晶时，可能以锆的固态微粒作为晶核而结晶；还有可能以锆与其他合金元素形成的金属间化合物或者以包晶反应形成的富锆固溶体作为晶核而结晶。

由于锆能够与铝、锰等形成稳定的金属间化合物而沉淀，削弱细化晶粒的作用，所以 Mg-Al、Mg-Mn 合金不加锆，因此镁合金有加锆与不加锆之别。

锆还能够与镁合金中的杂质铁、硅、氧、氢等形成稳定的化合物而净化金属，从而也消耗了锆。这种化合物不能起到细化晶粒的作用。在考虑锆的含量时，也应当考虑这一个因素。

4. 钪

钪可以提高镁的室温和高温强度，与铈、锰等元素同时加入，能够显著提高镁合金的高温强度和抗蠕变性能。

5. 铝

铝是镁合金中非常重要而有效的元素，Mg-Al 合金系是镁合金中重要的二元合金系。Mg-Al 是共晶型二元合金系。在铸造状态下，Mg-Al 二元合金是由 α 镁固溶体和 β 相组成。

铝在镁中的固溶度很大，在共晶温度 437℃ 之下，最大固溶度可达 12.5%，铝在镁中的固溶，具有明显的固溶强化作用。而且，随着温度降低，固溶度也明显降低，析出 $Al_{12}Mg_{17}$ 金属间化合物。这种金属间化合物对 Mg-Al 合金也具有强化作用，可以进行淬火、时效热处理，产生析出强化。

表 1-6 给出了铝对 Mg-Li 合金力学性能的影响。铝对镁合金的性能有良好的影响，能够提高合金的强度和塑性。但是，铝含量过高，使得镁合金的性能下降，因此，镁合金中的铝的质量分数应当小于 10%。

表 1-6　铝对 Mg-Li 合金力学性能的影响

合金	Mg-4Li（α）					Mg-7Li（α+β）					Mg-11Li（β）				
铝的质量分数（%）	0	2	4	6	8	0	2	4	6	8	0	2	4	6	8
R_m/MPa	183	235	269	304	290	179	193	210	228	269	108	160	228	248	310
R_{eL}/MPa	104	162	183	193	221	138	162	166	179	186	82	148	197	207	227
A（%）	20	18	16	10.5	4	29	21	20	19	13	40	39	22	20	1.5

6. 锌

锌的熔点较低，与镁的晶体结构相同，也是密排六方晶体结构。锌也是镁合金中非常重要而有效的元素，Mg-Zn 合金系是镁合金中重要的二元合金系。Mg-Zn 是共晶型二元合金系。在铸造状态下，Mg-Zn 二元合金是由 α 镁固溶体和 β 相组成。如果把锌加入 Mg-Al 二元合金中，形成三元合金，则会形成三元金属间化合物（$Mg_3Zn_3Al_2$）。

锌对镁合金也能够产生固溶强化和析出强化，与铝元素不同，在 Mg-Zn 二元合金系中加入锆，可以细化晶粒和降低脆性。

7. 锂

锂是最轻的金属元素，其密度只有 $0.55g/cm^3$，能够与镁组成迄今最轻的金属材料，因此，Mg-Li 二元合金最主要的特点之一是"轻"。另一个特点是，随着锂含量的增加，可以改变合金的晶体结构。Mg-Li 合金在 592℃ 时会发生共晶反应，即

$$L \rightarrow α\text{-}Mg + β\text{-}Li$$

β-Li 为体心立方晶格，塑性较好。当合金中锂的质量分数小于 5.5% 时，为密排六方晶体 α-Mg 固溶体；当合金中锂的质量分数为 5.5%~11% 时，为 α+β 组织；当合金中锂的质量分数大于 11% 时，则变成完全的体心立方晶体，塑性明显提高。

锂在镁中的固溶度很大，而随着温度的下降，其固溶度变化不大，所以，Mg-Li 合金基本上是固溶强化，不能够析出强化，也就是说不能进行热处理强化。

Mg-Li 合金的主要问题是耐蚀性低于其他镁合金，而且，性能不够稳定，在温度为 50~70℃ 时，就会发生过时效，导致在较低温度下就会发生过渡蠕变。但是，由于 Mg-Li 合金是超轻合金，促使人们对其进行研究。

8. 钙

钙在镁中的固溶度极微，没有固溶强化作用。钙能够与镁形成 Mg_2Ca 的金属间化合物，但是没有时效强化作用。不过，钙对镁合金的作用有如下三点。

1）有效的晶粒细化剂。

2）钙能够形成 CaO，形成 MgO+CaO 的复合氧化膜，有一定的保护作用，能够提高镁

的燃点，起到阻燃作用。

3）在 Mg-Al 合金中加入钙，能够形成（Mg，Al）$_2$Ca 的金属间化合物，具有与镁相似的晶体结构，与基体形成牢固的界面，其热稳定性和界面结合力强，在晶界起到钉扎作用，从而提高合金的抗蠕变性能。

钙在镁中的质量分数不能大于 0.3%，否则，能够提高焊接中的裂纹敏感性。

9. 银

银在镁中的固溶度较大，而且随着温度的下降，固溶度下降明显，而析出 Mg-Ag 金属间化合物。因此，Mg-Ag 合金具有很高的固溶强化和析出强化功能，能够进行热处理和时效强化。表 1-7 给出了银对 Mg-12Li 合金力学性能的影响。银与稀土一同加入还可以提高合金的高温强度和抗蠕变性能。

表 1-7　银对 Mg-12Li 合金力学性能的影响

力学参数	银的质量分数（%）				
	0.5	1.0	3.0	5.0	10.0
R_m/MPa	100	108	120	138	182
R_{eL}/MPa	62	70	77	104	150
A（%）	51	43	54	43	38

10. 硅

硅不溶解于镁，可以形成 Mg$_2$Si 金属间化合物，其熔点较高，为 1085℃，是有效的强化相。但是 Mg$_2$Si 容易形成粗大的晶粒，降低塑性和韧性。硅还能够与合金中的其他合金元素形成稳定的硅化物，可以改善合金的抗蠕变性能。硅也是一种比较弱的晶粒细化剂，同时，也可以与铝、锌、银相溶。

11. 铅

铅在镁中的固溶度较大，随着温度的下降，固溶度下降明显，而析出 Mg-Pb 金属间化合物。因此，Mg-Pb 合金具有固溶强化和析出强化功能，能够进行热处理和时效强化，但是会降低塑性。

12. 锡

锡与铅的作用相似。锡在镁中的固溶度较大，而且随着温度的下降，固溶度下降明显，而析出 Mg$_2$Sn 金属间化合物。因此，Mg-Sn 合金具有固溶强化和析出强化功能，能够进行热处理和时效强化，但是会降低塑性。

13. 铋

铋在镁中的固溶度随着温度的下降而下降，能够析出 Mg$_3$Bi$_2$金属间化合物。因此，Mg-Bi 合金具有固溶强化和析出强化功能，能够进行热处理和时效强化，可以提高高温强度，但是会降低塑性。

14. 锑

锑在镁中不溶解，但是，可以形成高温稳定的化合物 Mg$_3$Sb$_2$，提高镁合金的室温和高温强度，改善抗蠕变性能。锑可以细化 Mg-Si 合金的晶粒，改变 Mg$_2$Si 相的形貌，使之由粗大的形貌变为细小颗粒。

15. 锶

锶几乎不溶于镁，但是能够形成各种金属间化合物。这种金属间化合物可以细化晶粒，能够提高镁合金的抗蠕变性能，可以改善耐蚀性。

16. 杂质元素

铁、铜、镍、钴是作为杂质元素而存在于镁合金中的，它们严重伤害镁合金的耐蚀性，所以应当严格限制这些元素在镁合金中的存在。

17. 稀土元素

（1）稀土元素与镁合金的相互作用 稀土元素对镁合金组织和性能的影响是多方面的。稀土元素包括 17 个元素。因为 P_m 为人工合成元素，所以后面的讨论中不包括 P_m。表 1-8 和表 1-9 分别给出了一些稀土元素的物理性能及其原子半径和电负性。

表 1-10 给出了稀土元素在镁中的最大固溶度。稀土元素可以分为两组，即轻稀土（铈组）和重稀土（钇组）。轻稀土（铈组）中，除了钕在镁中的固溶度较大之外，其他的稀土元素在镁中的固溶度都比较小；而重稀土（钇组）中，除了镱在镁中的固溶度较小之外，其他的稀土元素在镁中的固溶度都比较大。从与镁的二元合金相图来看，轻稀土（铈组）与镁主要是形成金属间化合物；而重稀土（钇组）在镁中的溶解度，随着温度的降低而有较大降低，这些稀土元素除了固溶强化镁合金之外，还可以析出强化，即可以进行热处理强化。

表 1-8 一些稀土元素的物理性能

原子序数	元素符号	相对原子质量	密度 /g·cm⁻³	熔点 /℃	沸点 /℃	蒸发热 ΔH /kJ·mol⁻¹	C_P^0 （0℃时） /J·(mol·℃)⁻¹	电阻率 （25℃时） /×10⁻⁴ Ω·cm	晶体结构
57	La	138.905	6.174	920	3470	431.2	27.8	57	密排六方
58	Ce	140.12	6.771	795	3470	467.8	28.8	75	面心六方
59	Pr	140.907	6.782	935	3130	374.1	27.0	68	密排六方
60	Nd	144.24	7.004	1024	3030	328.8	30.1	64	密排六方
62	Sm	150.35	7.537	1072	1900	220.8	27.1	92	菱形
63	Eu	151.96	5.253	826	1440	175.8	25.1	81	体心六方
64	Gd	157.25	7.895	1312	3000	402.3	46.8	134	密排六方
65	Tb	158.924	8.234	1356	2800	395.0	27.3	116	密排六方
66	Dy	162.50	8.536	1407	2600	298.2	28.1	91	密排六方
67	Ho	164.93	8.803	1461	2600	296.4	27.0	94	密排六方
68	Er	167.26	9.051	1497	2900	343.2	27.8	86	密排六方
69	Tm	168.934	9.332	1545	1730	248.7	27.0	90	密排六方
70	Yb	173.04	6.977	824	1430	152.6	25.1	28	面心六方
71	Lu	174.97	9.842	1652	3330	427.8	27.0	68	密排六方
21	Sc	44.956	2.992	1539	2730	338.0	25.5	66	密排六方
39	Y	83.906	4.478	1510	2930	424.0	25.1	53	密排六方

（2）稀土元素对镁合金性能的影响

1）稀土元素可以细化晶粒，提高镁合金的室温和高温性能，还能够提高耐蚀性。图 1-8 所示为钕元素对镁合金平均晶粒尺寸和力学性能的影响。

2）稀土元素对氧的亲和力大于镁对氧的亲和力，因此可以与镁合金熔体中的 MgO 及其他氧化物发生反应形成稀土的氧化物。由于稀土的氧化物熔点很高，能够从液态镁合金中沉淀除去，从而减少氧化物夹渣。稀土元素还可以与液态镁合金中的氢和水蒸气反应，形成氢化物及氧化物而去除氢和氧，从而净化镁合金。

表1-9 一些稀土元素的原子半径和电负性

元素符号	原子半径/nm	与镁原子半径差（%）	电负性	元素符号	原子半径/nm	与镁原子半径差（%）	电负性
Mg	0.160	0	1.31	Dy	0.175	9.4	1.22
La	0.188	17.5	1.10	Ho	0.175	9.4	1.23
Ce	0.183	14	1.12	Er	0.174	8.8	1.24
Pr	0.183	14	1.13	Tm	0.176	10	1.25
Nd	0.182	13.8	1.14	Yb	0.194	21.2	1.10
Sm	0.179	11.9	1.17	Lu	0.173	8.1	1.27
Eu	0.199	24.4	1.20	Y	0.182	13.8	1.22
Gd	0.178	11.3	1.20	Sc	0.165	3.1	1.36
Tb	0.176	10	1.20				

表1-10 稀土元素在镁中的最大固溶度

分组	轻稀土（铈组）							重稀土（钇组）								
原子序号	57	58	59	60	62	63	64	65	66	67	68	69	70	71	21	39
元素符号	La	Ce	Pr	Nd	Sm	Eu	Gd	Tb	Dy	Ho	Er	Tm	Yb	Lu	Sc	Y
最大固溶度（%）	0.14	0.09	0	-1	-1	0	4.53	4.6	4.23	5	6.9	6.3	1.2	8.8	—	3.4

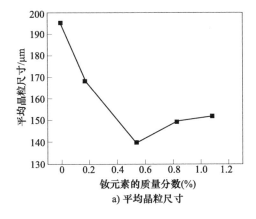
a) 平均晶粒尺寸

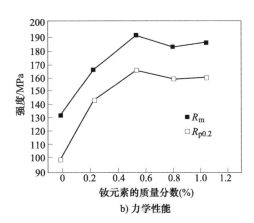
b) 力学性能

图1-8 钕元素对镁合金平均晶粒尺寸和力学性能的影响

3）稀土元素可以提高镁合金的室温强度。稀土元素在镁中的固溶度，随着温度的降低而有较大降低。这些稀土元素除了固溶强化镁合金之外，还可以析出强化，即可以进行热处理强化。

4）稀土元素可以提高镁合金的高温强度和抗蠕变性能。由于稀土元素在镁合金中的扩散系数小，可以减慢再结晶过程和提高再结晶温度；增加时效效果和析出相的稳定性；高熔点的稀土化合物的析出能够钉扎晶界，阻碍位错运动，提高高温抗蠕变性能。

5）稀土元素可以提高镁合金的耐蚀性。由于稀土元素净化了金属，减轻了杂质的影响,从而提高了耐蚀性。

综合合金元素对镁合金性能的影响,可以将合金元素分为三类。

第一类,能够同时提高镁合金的强度和塑性:提高强度,由高到低 Al→Zn→Ca→Ag→Ce→Th;提高塑性,由高到低 Th→Ga→Zn→Ag→Ca→Al。

第二类,能够提高镁合金的塑性,但是提高强度效果较小的是 Cd、Ti、Li。

第三类,能够提高镁合金的强度,但是提高塑性效果较小的是 Sn、Sb、Bi。

1.4 镁合金的强化

镁合金的强化途径有固溶强化、弥散强化、析出强化(沉淀强化)、细晶强化、形变强化和复合强化等。

1.4.1 固溶强化

当合金元素固溶于基体金属时,由于合金元素与基体金属的原子半径和弹性模量的差异,使得基体金属的晶格点阵发生畸变,由此产生的应力场会阻碍位错运动,从而使得基体得到强化。溶质原子的浓度越高,溶质与溶剂的原子半径和弹性模量的差异越大,使得基体金属的晶格点阵发生的畸变越剧烈,由此产生的应力场越多,阻碍位错运动的数量越多,从而使得基体得到越大强化,屈服强度越高。表 1-11 给出了合金元素对镁合金固溶强化的影响。

表 1-11 合金元素对镁合金固溶强化的影响

溶质	与镁的原子尺寸差(%) $(d_{Mg}-d_M)/d_{Mg}$	溶质每增加 1%强化效果的增加	
		屈服强度/MPa	硬度 HV
Al	+10	25	8
Zn	+16	45	7
Ag	+9	23	7
Ca	−24	110	—
Ce	−14	148	—
Th	−13	212	—
Li	+5	—	3
Cd	+7	10	1
Bi	+2	—	5
In	+2	—	1
Sn	+5	26	3

1.4.2 弥散强化

弥散相与沉淀相不同。弥散相是指在液态金属中存在的高熔点物质,其呈现为固态而弥散分布于液态金属中。它的特点是,这些物质在基体金属中不溶解或者溶解度极小,而是以固态形式弥散分布在液态基体金属中。这种弥散相有很好的热稳定性,在形变时,它能够阻碍位错的运动。即使是在高温下，金属仍然具有较高的力学性能，受到温度的影响较小。常见的由于回火造成的软化及晶粒长大，都会由于弥散相的钉扎作用而得以避免，因此，它提高了抗蠕变性能。同时应当指出，弥散强化型合金，必须考虑弥散相与基体金属的浸润性。没有良好的浸润性，在材料受力时，弥散相与基体金属会过早发生分裂。

1.4.3 析出强化（沉淀强化）

在高温下，合金元素是溶解在液态基体金属中的。在结晶中，如果合金元素含量足够多，可能会发生共晶反应（指共晶型镁合金），析出沉淀相。析出的沉淀相多数是金属间化合物。很多二元镁合金，合金元素在基体金属镁中的固溶度会随着温度的降低而减少，从而逐渐析出沉淀相。这种合金可以通过固溶+时效处理得以强化。

1.4.4 细晶强化

与其他金属材料一样，细化晶粒也是提高镁合金力学性能的有效方法。对于镁合金来说，合金的屈服强度与晶粒直径的平方根成反比，即

$$R_{eL} = R_0 + kd^{-1/2}$$

式中 R_{eL}——细化晶粒之后的屈服强度（MPa）；

$\quad\quad R_0$——常数（MPa）；

$\quad\quad k$——常数（MPa·μm$^{1/2}$）；

$\quad\quad d$——晶粒直径（μm）。

这里应当特别指出的是，由于镁合金晶体对称性低，滑移系少，所以其常数 k 很大，$k \approx 280 \sim 320$MPa·μm$^{1/2}$，是一般体心立方晶格金属和面心立方晶格金属的几倍，比铝合金（$k \approx 68$MPa·μm$^{1/2}$）高 4 倍多。所以镁合金晶粒细化产生的强化效果非常明显，而且还可以明显改善塑性。通常是采用 RE、Zr、Ca、Sr、B 来细化镁合金的晶粒，以改善其力学性能。

1.4.5 形变强化

形变强化对于镁合金的作用就是通过晶粒细化来实现的，如通过对 AZ91 镁合金在 400~480℃进行热挤压，就得到 7.6~66.1μm 的细晶。增大应变速率或者应力，降低变形温度，都可以细化晶粒。

1.4.6 复合强化

复合强化就是利用陶瓷颗粒、纤维、晶须作为增强相制成高比强度、高比刚度、低膨胀系数的镁基复合材料。

1.5 镁合金的分类和表示方法

1.5.1 镁合金的分类

镁合金的分类如图 1-9 所示。

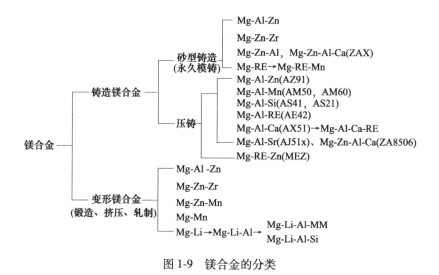

图 1-9　镁合金的分类

1.5.2　镁合金的表示方法

1. 铸造镁合金的表示方法

（1）合金牌号

1）铸造镁合金的牌号由镁及主要合金元素的化学符号组成（混合稀土用 RE 表示）。主要合金元素后面跟有表示其名义含量的数字（名义含量为该元素平均含量的修约化数值）。如果合金元素的名义含量不小于 1，该数字用整数表示；如果合金元素的名义含量小于 1，一般不标数字。在合金牌号前面冠以字母 Z（"铸"字汉语拼音的第一个字母）表示铸造合金。

2）若合金元素多于两个，除对合金的特性是必不可少的合金元素外，不必把所有的合金元素都列在牌号中。

3）在牌号中主要合金元素按名义含量的递减次序排列；当名义含量相等时，按其化学符号字母顺序排列。

（2）合金代号　合金代号由字母 Z、M（分别为"铸"和"镁"的汉语拼音第一个字母）及其后面的数字组成，其中数字表示合金的顺序号。对于 ZM5A，其中的字母 A 表示该合金配料时所使用的镁锭是采用蒸馏法生产的高纯镁锭。

（3）合金状态代号　F 表示铸态；T1 表示人工时效；T2 表示退火；T4 表示固溶处理加自然时效；T6 表示固溶处理加完全人工时效。

表 1-12 给出了我国铸造镁合金的牌号和化学成分。

2. 变形镁合金的表示方法

1）纯镁的牌号以 Mg 加数字的形式表示，Mg 后面的数字表示 Mg 的质量分数。

2）镁合金牌号以英文字母加数字再加英文字母的形式表示。前面的英文字母是其最主要的合金组成元素代号（元素代号符合表 1-13 中的规定）；其后的数字表示其最主要的合金组成元素的大致含量；最后面的英文字母为标识代号，用以标识各具体组成元素相异或元素含量有微小差别的不同合金。

表1-12 我国铸造镁合金的牌号和化学成分（GB/T 1177—2018）

合金牌号	合金代号	化学成分①（质量分数，%）												其他元素④	
		Mg	Al	Zn	Mn	RE	Zr	Ag	Nd	Si	Fe	Cu	Ni	单个	总量
ZMgZn5Zr	ZM1	余量	0.02	3.5~5.5	—	—	0.5~1.0	—	—	—	—	0.10	0.01	0.05	0.30
ZMgZn4RE1Zr	ZM2	余量	—	3.5~5.0	0.15	0.75②~1.75	0.4~1.0	—	—	—	—	0.10	0.01	0.05	0.30
ZMgRE3ZnZr	ZM3	余量	—	0.2~0.7	—	2.5②~4.0	0.4~1.0	—	—	—	—	0.10	0.01	0.05	0.30
ZMgRE3Zn3Zr	ZM4	余量	—	2.0~3.1	—	2.5②~4.0	0.5~1.0	—	—	—	—	0.10	0.01	0.05	0.30
ZMgAl8Zn	ZM5	余量	7.5~9.0	0.2~0.8	0.15~0.5		—	—	—	0.30	0.05	0.10	0.01	0.10	0.50
ZMgAl8ZnA	ZM5A	余量	7.5~9.0	0.2~0.8	0.15~0.5		—	—	—	0.10	0.005	0.015	0.001	0.01	0.20
ZMgNd2ZnZr	ZM6	余量	—	0.1~0.7	—		0.4~1.0	—	2.0③~2.8	—	—	0.10	0.01	0.05	0.30
ZMgZn8AgZr	ZM7	余量	—	7.5~9.0	—		0.5~1.0	0.6~1.2	—	—	—	0.10	0.01	0.05	0.30
ZMgAl10Zn	ZM10	余量	9.0~10.7	0.6~1.2	0.1~0.5		—	—	—	0.30	0.05	0.10	0.01	0.05	0.50
ZMgNd2Zr	ZM11	余量	0.02	—	—		0.4~1.0	—	2.0③~3.0	0.01	0.01	0.03	0.005	0.05	0.20

注：含量有上下限者为合金主元素，含量为单个数值者为最高限，"—"为未规定具体数值。

① 合金可加入铍，其含量不大于0.002%。

② 稀土为富铈混合稀土或稀土中间合金。当稀土为富铈混合稀土时，稀土金属总量不小于98%，铈含量不小于45%。

③ 稀土为富钕混合稀土，钕含量不小于85%，其中钕、镨含量之和不小于95%。

④ 其他元素是指在本表头未列出了元素符号，但在本表中却未规定极限数值含量的元素。

表 1-13 变形镁合金牌号中的元素代号

元素代号	元素名称	元素代号	元素名称
A	铝（Al）	M	锰（Mn）
B	铋（Bi）	N	镍（Ni）
C	铜（Cu）	P	铅（Pb）
D	镉（Cd）	Q	银（Ag）
E	稀土（RE）	R	铬（Cr）
F	铁（Fe）	S	硅（Si）
G	钙（Ca）	T	锡（Sn）
H	钍（Th）	V	钆（Gd）
J	锶（Sr）	W	钇（Y）
K	锆（Zr）	Y	锑（Sb）
L	锂（Li）	Z	锌（Zn）

示例 1：

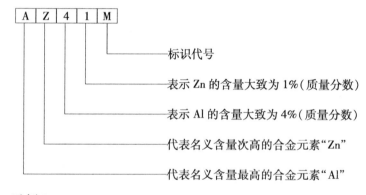

标识代号

表示 Zn 的含量大致为 1%（质量分数）

表示 Al 的含量大致为 4%（质量分数）

代表名义含量次高的合金元素"Zn"

代表名义含量最高的合金元素"Al"

示例 2：

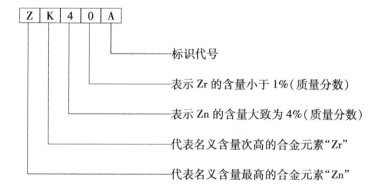

标识代号

表示 Zr 的含量小于 1%（质量分数）

表示 Zn 的含量大致为 4%（质量分数）

代表名义含量次高的合金元素"Zr"

代表名义含量最高的合金元素"Zn"

表 1-14 列出了我国变形镁合金的牌号和化学成分。

表1-14 我国变形镁合金的牌号和化学成分（GB/T 5153—2016）

合金组别	牌号	对应ISO 3116: 2007 的数字牌号	化学成分（质量分数，%）															其他元素①	
			Mg	Al	Zn	Mn	RE	Gd	Y	Zr	Li		Si	Fe	Cu	Ni		单个	总计
	AZ30M	—	余量	2.2~3.2	0.20~0.50	0.20~0.40	0.05~0.08Ce	—	—	—	—	—	0.01	0.005	0.0015	0.0005		0.01	0.15
	AZ31B	—	余量	2.5~3.5	0.6~1.4	0.20~1.0	—	—	—	—	—	0.04Ca	0.08	0.003	0.01	0.001		0.05	0.30
	AZ31C	—	余量	2.4~3.6	0.50~1.5	0.15~1.0②	—	—	—	—	—	—	0.10	—	0.10	0.03		—	0.30
	AZ31N	—	余量	2.5~3.5	0.50~1.5	0.20~0.40	—	—	—	—	—	—	0.05	0.0008	—	—		0.02	0.15
	AZ31S	ISO-WD21150	余量	2.4~3.6	0.50~1.5	0.15~0.40	—	—	—	—	—	—	0.10	0.005	0.05	0.005		0.05	0.30
	AZ31T	ISO-WD21151	余量	2.4~3.6	0.50~1.5	0.05~0.40	—	—	—	—	—	—	0.10	0.05	0.05	0.005		0.05	0.30
MgAl	AZ33M	—	余量	2.6~4.2	2.2~3.8		—	—	—	—	—	—	0.10	0.008	0.005	—		0.01	0.30
	AZ40M	—	余量	3.0~4.0	0.20~0.8	0.15~0.50	—	—	—	—	—	0.01Be	0.10	0.05	0.05	0.005		0.01	0.30
	AZ41M	—	余量	3.7~4.7	0.8~1.4	0.30~0.6	—	—	—	—	—	0.01Be	0.10	0.05	0.05	0.005		0.01	0.30
	ZA61A	—	余量	5.8~7.2	0.40~1.5	0.15~0.50	—	—	—	—	—	—	0.10	0.005	0.05	0.005		—	0.30
	AZ61M	—	余量	5.5~7.0	0.50~1.5	0.15~0.50	—	—	—	—	—	0.01Be	0.10	0.05	0.05	0.005		0.01	0.30
	AZ61S	ISO-WD21160	余量	5.5~6.5	0.50~1.5	0.15~0.40	—	—	—	—	—	—	0.10	0.005	0.05	0.005		0.05	0.30
	AZ62M	—	余量	5.0~7.0	2.0~3.0	0.20~0.50	—	—	—	—	—	0.01Be	0.10	0.05	0.05	0.005		0.01	0.30

（续）

合金组别	牌号	对应ISO 3116: 2007的数字牌号	化学成分（质量分数，%） Mg	Al	Zn	Mn	RE	Gd	Y	Zr	Li		Si	Fe	Cu	Ni	其他元素① 单个	总计
MgAl	AZ63B	—	余量	5.3~6.7	2.5~3.5	0.15~0.6	—	—	—	—	—	—	0.08	0.003	0.01	0.001	—	0.30
	AZ80A	—	余量	7.8~9.2	0.20~0.8	0.12~0.50	—	—	—	—	—	—	0.10	0.005	0.05	0.005	—	0.30
	AZ80M	—	余量	7.8~9.2	0.20~0.8	0.15~0.50	—	—	—	—	—	0.01Be	0.10	0.05	0.05	0.005	0.01	0.30
	AZ80S	ISO-WD21170	余量	7.8~9.2	0.20~0.8	0.12~0.40	—	—	—	—	—	—	0.10	0.005	0.05	0.005	0.05	0.30
	AZ91D	—	余量	8.5~9.5	0.45~0.9	0.17~0.40	—	—	—	—	—	0.0005~0.003Be	0.08	0.004	0.02	0.001	0.01	—
	AM41M	—	余量	3.0~5.0	—	0.50~1.5	—	—	—	—	—	—	0.01	0.005	0.10	0.004	—	0.30
	AM81M	—	余量	7.5~9.0	0.20~0.50	0.50~2.0	—	—	—	—	—	—	0.01	0.005	0.10	0.004	—	0.30
	AE90M	—	余量	8.0~9.5	0.30~0.9	—	0.20~1.2③	—	—	—	—	—	0.01	0.005	0.10	0.004	—	0.20
	AW90M	—	余量	8.0~9.5	0.30~0.9	—	—	—	0.20~1.2	—	—	—	0.01	—	0.10	0.004	—	0.20
	AQ80M	—	余量	7.5~8.5	0.35~0.55	0.15~0.35	0.01~0.10	—	—	—	—	0.02~0.8Ag 0.001~0.02Ca	0.05	0.02	0.02	0.001	0.01	0.30
	AL33M	—	余量	2.5~3.5	0.50~0.8	0.20~0.40	—	—	—	—	1.0~3.0	—	0.01	0.005	0.0015	0.0005	0.02	0.15
	AJ31M	—	余量	2.5~3.5	0.20	0.6~0.8	—	—	—	—	—	0.9~1.5Sr	0.10	0.02	0.05	0.005	0.05	0.15

牌号																	
AT11M	—	余量	0.50~1.2	—	0.10~0.30	—	—	—	—	—	0.6~1.25Sn	0.01	0.004	—	—	0.01	0.15
AT51M	—	余量	4.5~5.5	—	0.20~0.50	—	—	—	—	—	0.8~1.3Sn	0.02	0.005	—	—	0.05	0.15
AT61M	—	余量	6.0~6.8	—	0.20~0.40	—	—	—	—	—	0.7~1.3Sn	0.02	0.005	—	—	0.05	0.15
ZA73M	—	余量	2.5~3.5	6.5~7.5	0.01	0.30~0.9Er	—	—	—	—	—	0.0005	0.01	0.001	0.0001	—	0.30
ZM21M	—	余量	—	1.0~2.5	0.50~1.5	—	—	—	—	—	—	0.01	0.005	0.10	0.004	—	0.30
ZM21N	—	余量	0.02	1.3~2.4	0.30~0.9	0.10~0.6Ce	—	—	—	—	—	0.01	0.008	0.006	0.004	0.01	0.20
ZM51M	—	余量	—	4.5~6.0	0.50~2.0	—	—	—	—	—	—	0.01	0.005	0.10	0.004	—	0.30
ZE10A	—	余量	—	1.0~1.5	—	0.12~0.22	—	—	—	—	—	—	—	—	—	—	0.30
ZE20M	—	余量	0.02	1.8~2.4	0.50~0.9	0.10~0.6Ce	—	—	—	—	—	0.01	0.008	0.006	0.004	0.01	0.20
ZE90M	—	余量	0.0001	8.5~9.0	0.01	0.45~0.50Er	—	—	0.30~0.50	—	—	0.0005	0.0001	0.001	0.0001	0.01	0.15
ZW62M	—	余量	0.01	5.0~6.5	0.20~0.8	0.12~0.25Ce	—	1.0~2.5	0.50~0.9	—	0.20~1.6Ag / 0.10~0.6Cd	0.05	0.005	0.05	0.005	0.05	0.30
ZW62N	—	余量	0.20	5.5~6.5	0.6~0.8		—	1.6~2.4	—	—	—	0.10	0.02	0.05	0.005	0.05	0.15

MgZn

（续）

合金组别	牌号	对应ISO 3116：2007的数字牌号	Mg	Al	Zn	Mn	RE	Gd	Y	Zr	Li	其他	Si	Fe	Cu	Ni	其他元素① 单个	其他元素① 总计
MgZn	ZK40A	—	余量	—	3.5~4.5	—	—	—	—	≥0.45	—	—	—	—	—	—	—	0.30
	ZK60A	—	余量	—	4.8~6.2	—	—	—	—	≥0.45	—	—	—	—	—	—	—	0.30
	ZK61M	—	余量	0.05	5.0~6.0	0.10	—	—	—	0.30~0.9	—	0.01Be	0.05	0.05	0.05	0.005	0.01	0.30
	ZK61S	ISO-WD32260	余量	—	4.8~6.2	—	—	—	—	0.45~0.8	—	—	—	—	—	—	0.05	0.30
	ZC20M	—	余量	—	1.5~2.5	—	0.20~0.6Ce	—	—	—	—	—	0.02	0.02	0.30~0.6	—	0.01	0.05
MgMn	M1A	—	余量	—	—	1.2~2.0	—	—	—	—	—	0.30Ca	0.10	—	0.05	0.01	—	0.30
	M1C	—	余量	0.01	—	0.50~1.3	—	—	—	—	—	—	0.05	0.01	0.01	0.001	0.05	0.30
	M2M	—	余量	0.20	0.30	1.3~2.5	—	—	—	—	—	0.01Be	0.10	0.05	0.05	0.007	0.01	0.20
	M2S	ISO-WD43150	余量	—	—	1.2~2.0	—	—	—	—	—	—	0.10	—	0.05	0.01	0.05	0.30
MgRE	ME20M	—	余量	0.20	0.30	1.3~2.2	0.15~0.35Ce	—	—	—	—	0.01Be	0.10	0.05	0.05	0.007	0.01	0.30
	EZ22M	—	余量	0.01	1.2~2.0	0.01	2.0~3.0Er	—	—	0.10~0.50	—	—	0.0005	0.001	0.001	0.0001	0.01	0.15
	VE82M	—	余量	—	—	—	0.50~2.5③	7.5~9.5	—	0.40~1.0	—	—	0.01	0.05	—	0.004	—	0.30
	VW64M	—	余量	—	0.30~1.0	—	—	5.5~6.5	3.0~4.5	0.30~0.7	—	0.20~1.0Ag 0.002~0.02Ca	0.05	0.02	0.02	0.001	0.01	0.30

类别	合金																	
MgGd	VW75M	—	0.01	余量	—	0.10	0.9~1.5Nd	6.5~7.5	4.6~5.7	0.40~1.0	—	—	0.01	—	0.10	0.004	—	0.30
	VW83M	—	0.02	余量	0.10	0.05	—	8.0~9.0	2.8~3.5	0.40~0.6	—	—	0.05	0.01	0.02	0.005	0.01	0.15
	VW84M	—	—	余量	1.0~2.0	0.6~1.0	—	7.5~9.0	3.5~5.0	—	—	—	0.05	0.01	0.02	0.005	0.01	0.15
	VK41M	—	—	余量	—	—	—	3.8~4.2	—	0.8~1.2	—	—	0.02	0.01	—	—	0.03	0.30
	WZ52M	—	—	余量	1.5~2.5	0.35~0.55	—	—	4.0~6.0	0.50~1.5	—	0.15~0.50Cd	0.05	0.01	0.04	0.005	—	0.30
MgY	WE43B	—	—	余量	0.20(Zn+Ag)	0.03	2.0~2.5Nd, 其他≤1.9[4]	—	3.7~4.3	0.40~1.0	0.20	—	—	0.01	0.02	0.005	0.01	—
	WE43C	—	—	余量	0.06	0.03	2.0~2.5Nd, 其他0.30~1.0[5]	—	3.7~4.3	0.20~1.0	0.05	—	—	0.005	0.02	0.002	0.01	—
	WE54A	—	—	余量	0.20	0.03	1.5~2.0Nd, 其他≤2.0[4]	—	4.8~5.5	0.40~1.0	0.20	—	0.01	—	0.03	0.005	0.20	—
	WE71M	—	—	余量	—	—	0.7~2.5[3]	—	6.7~8.5	0.40~1.0	—	—	0.01	0.05	—	0.004	—	0.30

镁及其合金的焊接

（续）

合金组别	牌号	对应ISO 3116: 2007的数字牌号	化学成分（质量分数，%）														其他元素①	
			Mg	Al	Zn	Mn	RE	Gd	Y	Zr	Li		Si	Fe	Cu	Ni	单个	总计
MgY	WE83M	—	余量	0.01	—	0.10	2.4~3.4Nd	—	7.4~8.5	0.40~1.0	—	—	0.01	—	0.10	0.004	—	0.30
	WE91M	—	余量	0.10	—	—	0.7~1.9③	—	8.2~9.5	0.40~1.0	—	—	0.01	—	—	0.004	—	0.30
	WE93M	—	余量	0.10	—	—	2.5~3.7③	—	8.2~9.5	0.40~1.0	—	—	0.01	—	—	0.004	—	0.30
MgLi	LA43M	—	余量	2.5~3.5	2.5~3.5	—	—	—	—	—	3.5~4.5	—	0.50	0.05	0.05	—	0.05	0.30
	LA86M	—	余量	5.5~6.5	0.50~1.5	—	—	—	0.50~1.2	—	7.0~9.0	2.0~4.0Cd 0.50~1.5Ag 0.005K 0.005Na	0.10~0.40	0.01	0.04	0.005	—	
	LA103M	—	余量	2.5~3.5	0.8~1.8	—	—	—	—	—	9.5~10.5	—	0.50	0.05	0.05	—	0.05	0.30
	LA103Z	—	余量	2.5~3.5	2.5~3.5	—	—	—	—	—	9.5~10.5	—	0.50	0.05	0.05	—	0.05	0.30

注：ISO 3116：2007 中采用的数字牌号的表示方法参见 GB/T 5153—2016 中的附录 B。
① 其他元素指在本表表头中列出了元素符号，但在本表中却未规定极限含量的元素。
② Fe 元素含量不大于 0.005% 时，不必限制 Mn 元素的最小极限值。
③ 稀土为富铈混合稀土，其中铈：50%；镧：30%；钕：15%；镨：5%。
④ 其他稀土为中重稀土，例如：钇、镝、镥、铒。其他稀土源生自钇，典型为 80% 钇，20% 的重稀土。
⑤ 其他稀土为中重稀土，例如：钇、镝、铒、钇、钆和镨。钇+铒的含量为 0.3%~1.0%。钐的含量不小于 0.04%，镱的含量不大于 0.02%。

24

1.6　镁合金的性能

1.6.1　铸造镁合金的力学性能

铸造镁合金的室温力学性能见表 1-15。铸造镁合金砂型单铸试样的高温力学性能见表 1-16。

表 1-15　铸造镁合金的室温力学性能

合金牌号	合金代号	热处理状态	力学性能≥		
			抗拉强度 R_m/MPa	规定塑性延伸强度 $R_{p0.2}$/MPa	断后伸长率 A（%）
ZMgZn5Zr	ZM1	T1	235	140	5.0
ZMgZn4RE1Zr	ZM2	T1	200	135	2.5
ZMgRE3ZnZr	ZM3	F	120	85	1.5
		T2	120	85	1.5
ZMgRE3Zn3Zr	ZM4	T1	140	95	2.0
ZMgAl8Zn	ZM5	F	145	75	2.0
ZMgAl8ZnA	ZM5A	T1	155	80	2.0
		T4	230	75	6.0
		T6	230	100	2.0
ZMgNd2ZnZr	ZM6	T6	230	135	3.0
ZMgZn8AgZr	ZM7	T4	265	110	6.0
		T6	275	150	4.0
ZMgAl10Zn	ZM10	F	145	85	1.0
		T4	230	85	4.0
		T6	230	130	1.0
ZMgNd2Zr	ZM11	T6	225	135	3.0

表 1-16　铸造镁合金砂型单铸试样的高温力学性能

合金牌号	合金代号	热处理状态	力学性能≥			
			抗拉强度 R_m/MPa		蠕变强度/MPa	
			200℃	250℃	200℃	250℃
ZMgZn4RE1Zr	ZM2	T1	110	—	—	—
ZMgRE3ZnZr	ZM3	F	—	110	50	25
ZMgRE3Zn3Zr	ZM4	T1	—	100	50	25
ZMgNd2ZnZr	ZM6	T6	—	145	—	30
ZMgNd2Zr	ZM11	T6	—	145	—	25

1.6.2　变形镁合金的特点和力学性能

1. 变形镁合金的特点

1）由于镁是密排六方晶体结构，因此变形之后，镁合金的很多性能会出现择优方向，但是变形镁合金的弹性模量对择优方向不敏感，镁合金经过轧制之后的弹性模量没有明显变化。

2）变形镁合金在压缩时，当压应力平行于基面时容易产生孪晶。因此，造成纵向压缩屈服应力低于其拉伸屈服应力，其比值约为 0.5~0.7，导致在承受较低的压缩应力状态下就会发生断裂。所以这个比值是变形镁合金的重要特征。不同的镁合金，这个比值是不同的，晶粒细小时，这个比值会增大。

3）在比较低的温度下挤压时，会使得基面及 <1010> 方向近似平行于挤压方向。这样，在进行轧制时会使得基面平行于薄板表面，并且使得 <1010> 方向平行于轧制方向。

4）在镁合金发生交替拉压的冷卷曲时，会发生变形强化，在压缩过程中产生大量孪晶，导致拉伸性能明显下降。

2. 变形镁合金的力学性能

镁合金板材室温力学性能见表 1-17。表 1-18 和表 1-19 分别给出了不同状态下变形镁合金的典型室温和高温力学性能。表 1-20 给出了挤压含钙的 AM50 镁合金的力学性能。

表 1-17 镁合金板材室温力学性能（GB/T 5154—2010）

牌号	供应状态	板材厚度 /mm	抗拉强度 R_m/MPa	规定塑性延伸强度 $R_{p0.2}$/MPa		断后伸长率（%）	
				拉伸	压缩	$A_{5.65}$	A_{50}
			不小于				
M2M	O	0.80~3.00	190	110	—	—	6.0
		>3.00~5.00	180	100	—	—	5.0
		>5.00~10.00	170	90	—	—	5.0
	H112	8.00~12.50	200	90	—	—	4.0
		>12.50~20.00	190	100	—	4.0	—
		>20.00~70.00	180	110	—	4.0	—
AZ40M	O	0.80~3.00	240	130	—	—	12.0
		>3.00~10.00	230	120	—	—	12.0
	H112	8.00~12.50	230	140	—	—	10.0
		>12.50~20.00	230	140	—	8.0	—
		>20.00~70.00	230	140	70	8.0	—
AZ41M	H18	0.40~0.80	290	—	—	—	2.0
	O	0.40~3.00	250	150	—	—	12.0
		>3.00~5.00	240	140	—	—	12.0
		>5.00~10.00	240	140	—	—	10.0
	H112	8.00~12.50	240	140	—	—	10.0
		>12.50~20.00	250	150	—	6.0	—
		>20.00~70.00	250	140	80	10.0	—
ME20M	H18	0.40~0.80	260	—	—	—	2.0
	H24	0.80~3.00	250	160	—	—	8.0
		>3.00~5.00	240	140	—	—	7.0
		>5.00~10.00	240	140	—	—	6.0
	O	0.40~3.00	230	120	—	—	12.0
		>3.0~5.0	220	110	—	—	10.0
		>5.0~10.0	220	110	—	—	10.0
	H112	8.0~12.5	220	110	—	—	10.0
		>12.5~20.0	210	110	—	10.0	—
		>20.0~32.0	210	110	70	7.0	—
		>32.0~70.0	200	90	50	6.0	—

（续）

牌号	供应状态	板材厚度/mm	抗拉强度 R_m/MPa	规定塑性延伸强度 $R_{p0.2}$/MPa 延伸	规定塑性延伸强度 $R_{p0.2}$/MPa 压缩	断后伸长率（%）$A_{5.65}$	断后伸长率（%）A_{50}
				不小于			
AZ31B	O	0.40~3.00	225	150	—	—	12.0
		>3.00~12.50	225	140	—	—	12.0
		>12.50~70.00	225	140	—	10.0	—
	H24	0.40~8.00	270	200	—	—	6.0
		>8.00~12.50	255	165	—	—	8.0
		>12.50~20.00	250	150	—	8.0	—
		>20.00~70.00	235	125	—	8.0	—
	H26	6.30~10.00	270	186	—	—	6.0
		>10.00~12.50	265	180	—	—	6.0
		>12.50~25.00	255	160	—	6.0	—
		>25.0~50.00	240	150	—	5.0	—
	H112	8.00~12.50	230	140	—	—	10.0
		>12.50~20.00	230	140	—	8.0	—
		>20.00~32.00	230	140	70	8.0	—
		>32.00~70.00	230	130	60	8.0	—

注：1. 板材厚度>12.5~14.0mm 时，规定塑性延伸强度圆形试样平行部分的直径取 10.0mm。

2. 板材厚度>14.5~70.0mm 时，规定塑性延伸强度圆形试样平行部分的直径取 12.5mm。

表 1-18　不同状态下变形镁合金的典型室温力学性能

合金	制件形状及规格		状态	屈服强度/MPa 拉伸	屈服强度/MPa 压缩	抗拉强度/MPa	断后伸长率（%）
M2M	挤压棒材、型材		—	180	83	255	12.0
	挤压管材、空心型材		—	145	62	240	9.0
	板材		M	120	—	210	8.0
AZ40M	板材		M	154	—	251	13.8
			R	156	—	249	10.1
	棒材		R	178	98	262	14.4
	锻件		R	—	—	264	14.0
	型材		R	—	—	273	9.1
AZ41M	热轧板材	横向	R	167	—	264	14.8
		纵向	R	161	—	261	14.2
	退火板材	纵向	M	173	—	245	—
AZ61M	铸件		—	180	125	295	12.0
	挤压棒材、型材		—	205	130	305	16.0
	挤压管材、空心型材		—	165	110	285	14.0
AZ62M	铸件		F	94	—	197	4.5
			T4	94	—	254	10.0
			T6	122	—	232	5.5
AZ80M	铸件		R	230	170	330	11.0
			T5	250	195	345	6.0
	挤压棒材、型材		R	250	—	340	11.0
			T5	275	240	380	7.0

（续）

合金	制件形状及规格		状态	屈服强度/MPa		抗拉强度 /MPa	断后伸长率 （%）
				拉伸	压缩		
ME20M	板材	横向	R	151	—	247	17.4
		纵向	M	155	—	249	18.2
	板材	纵向	Y2	159	—	261	18.6
			R	167	—	269	18.3
	棒材	纵向	R	—	—	238	13.9
	型材	纵向	S	—	—	257	16.2
ZK61M	棒材		S	300	—	340	14.1
	型材		S	287	—	333	14.1
ZK61M	模锻件		S	—	—	326	13.9
	空心型材		S	276	—	345	11.0
			R	234	—	317	12.0
	锻件		S	207	—	303	16.0
			R	269	—	324	11.0
MB22	热轧板材	纵向	S	212	—	277	8.9
		横向	CS	222	—	273	8.8
MB25	棒材	直径=25mm	R	316	—	365	13.0
		直径=50mm	R	301	—	357	13.0
	型材		R	308	—	349	16.0
	模锻件		R	—	—	338	13.0

表 1-19　不同状态下变形镁合金的典型高温力学性能

合金	制件形状	状态	温度 /K	抗拉强度 /MPa	屈服强度 /MPa	断后伸长率 （%）
M2M	挤压棒材，型材	—	366	186	145	16
			393	165	131	18
			423	145	110	21
			473	117	83	27
			588	62	34	53
	锻件	—	366	165	121	25
			393	145	107	26
			423	131	93	31
			473	114	69	34
			533	83	45	67
			588	41	28	140
AZ40M	棒材	R	293	265	157	16
			348	226	123	24
AZ41M	板材	M	293	265	157	12
		R		265	147	14
		M	373	206	147	30
		R		216	118	19
		M	423	137	98	32
		R		186	98	25
		M	473	137	98	34
		R		137	69	25
		M	523	69	49	60
		R		88	49	30

（续）

合金	制件形状	状态	温度/K	抗拉强度/MPa	屈服强度/MPa	断后伸长率（%）
AZ61M	挤压件	T5	366	286	179	23
			423	217	134	32
			473	145	97	48.5
			588	52	34	70
AZ62M	铸件	F	338	210	—	3.0
			366	208	—	4.5
			393	191	—	7.5
			423	166	—	20.5
			473	105	—	50.5
			533	71	—	38.0
		T4	338	253	—	9.0
			366	236	—	7.0
			393	207	—	9.0
			423	154	—	33.2
			473	101	—	38.0
			533	75	—	26.0
		T6	338	248	119	11.0
			366	223	114	11.0
			393	169	103	15.0
			423	121	83	17.0
			473	83	61	15.0
			533	57	39	20.0
AZ80M	挤压件	T5	366	307	221	18.0
			423	241	176	25.5
			473	197	121	35.0
			533	110	76	57.0
ME20M	板材	M	348	216	137	26
			373	196	108	28
			398	167	83	30
			423	157	78	32
			473	137	69	34
			523	118	59	36
	板材纵向	R	448	209	159	20
	板材横向			205	148	21
	板材纵向		523	192	146	20
	板材横向			189	140	23
	板材纵向		573	106	100	36
	板材横向			125	48	33
	板材纵向		673	64	111	66
	板材横向			67	100	65
MB25	棒材		423	192	—	43
			473	108	—	62

表 1-20　挤压含钙的 AM50 镁合金的力学性能

挤压试样成分	挤压前状态	拉伸温度 /℃	抗拉强度 /MPa	相同温度下，加入钙合金的强度差/MPa	断后伸长率 （%）
AM50	铸态	室温	268.53	—	21.27
		100	227.11	—	38.02
		150	170.10	—	44.59
		200	120.20	—	35.50
AM50+1%Ca	铸态	室温	272.38	3.85	14.42
		100	217.64	-9.47	36.56
		150	157.71	-12.39	42.77
		200	111.19	-9.01	36.48
AM50+2%Ca	铸态	RT	292.36	23.83	11.38
		100	214.86	-12.25	20.95
		150	165.37	-4.73	26.55
		200	113.75	-6.45	29.72

第2章
镁合金的焊接方法

2.1 镁合金的焊接性

2.1.1 镁合金焊接性能的分级

由于镁合金多属于共晶合金，具有线膨胀系数大、热导率高、比热容大、熔点低等特点，在采用传统的熔化焊接方法焊接时容易产生热裂纹、气孔、合金元素烧损和焊接区软化等问题，导致接头性能整体降低，难以获得与母材性能相匹配的焊接接头。对于一些镁合金的焊接性能进行分级，见表 2-1。

表 2-1 镁合金焊接性能的分级

合　　金	评　　级	合　　金	评　　级
铸造合金		铸造合金	
AM100A	B+	WE54	B-
AZ63A	C	ZC63	B-
AZ81A	B+	ZK51A	D
AZ91C	B+	ZK61K	D
AZ92A	B	变形合金	
EK30A	B	AZ10A	A
EK41A	B	AZ31B，C	A
EQ21	B	AZ61A	B
EZ33A	A	AZ80A	B
K1A	A	M1A	A
QE22A	B	ZE10A	A
ZE41A	B	ZK21A	B
WE43	B-	ZK60A	D

注：A—极好；B—好；C—尚好；D—有限。

2.1.2 镁合金焊接的主要问题

1. 氧化、氮化和蒸发

镁易与氧结合，在镁合金表面生成 MgO 薄膜，会严重阻碍焊缝成形，因此在焊前需要采用化学方法或机械方法对其表面进行清理。在焊接的高温下，熔池中易形成氧化膜，其熔点高，密度大，在熔池中易形成细小片状的固态夹渣，这些夹渣不仅严重阻碍焊缝成形，也会降低焊缝性能。这些氧化膜可借助于溶剂或电弧的阴极破碎方法去除。当焊接保护不足时，在焊接高温下镁还易与空气中的氮生成氮化镁 Mg_3N_2。氧化镁夹渣会导致焊缝金属的塑性降低，接头变脆。空气中氧的侵入还易引起镁的燃烧。由于镁的沸点不高（1100℃），在电弧高温下易产生蒸发，造成环境污染，也是造成焊缝下塌的主要原因。因此焊接镁时，需要采取更加严格的保护措施。

2. 热裂纹倾向

（1）焊缝金属的结晶裂纹　镁合金焊缝具有高的裂纹敏感性。焊缝裂纹主要出现在焊缝中心线处和焊缝末端的弧坑处。镁与一些合金元素（如 Cu、Al、Ni 等）极易形成低熔点共晶体，如 Mg-Cu 共晶（熔点480℃）、Mg-Al 共晶（熔点430℃）及 Mg-Ni 共晶（熔点508℃）等，在脆性温度区间内极易形成热裂纹。镁的熔点低，热导率高，焊接时较大的焊接热输入会导致焊缝及近缝区金属产生粗晶现象（过热、晶粒长大）、偏析等，降低接头的性能。粗晶也是引起接头热裂倾向的原因。而由于镁的线膨胀系数大，约为铝的 1.2 倍，因此焊接时易产生较大的热应力和变形，会加剧接头热裂纹的产生。

在焊缝表面的裂纹沿着焊缝中心线发展。焊接电流和焊缝化学成分对结晶裂纹具有明显的影响。焊接电流增大，裂纹敏感性增大；采用 AZ31B 焊丝焊接 AZ31B 母材时，焊缝中心处未出现裂纹。与 AZ31B 相比，AZ91D 具有更高的裂纹敏感性。

（2）焊接热影响区液化裂纹　热影响区液化裂纹也是冶金因素和力学因素共同作用的结果，也与晶间液态膜和拉伸应力有关。在焊接热的作用下，热影响区晶界处的低熔点共晶被重新熔化，金属的塑性和强度急剧下降，在拉伸应力的作用下沿着晶界开裂，形成热影响区液化裂纹。

与焊缝结晶裂纹的低熔点液态膜不同，热影响区液化裂纹的液态膜是焊接过程中沿晶界重新熔化的产物。一般认为，热影响区晶界熔化主要有两种机制：晶界组分的液化和由于元素偏析而形成的低熔共晶。

焊接结束时，由于焊接熔池和热影响区快速冷却，在焊接热影响区产生较大的拉伸应力，它是冷却过程中热影响区液化裂纹萌生与扩展的直接因素。晶界形成的低熔点液态膜降低了晶界的强度，当拉伸应力超过低熔点液态膜的强度时，在热影响区将产生液化裂纹。由于镁合金热影响区的冷却速度快，应变速率高，因此，在热影响区冷却过程中很容易出现液化裂纹。

3. 气孔

镁合金焊缝具有高的产生气孔的敏感性。根据焊缝气孔的特征，可分为孤立气孔、密集气孔、链状气孔、弥散气孔和熔合区气孔。

镁合金焊缝金属中产生气孔的气体来源主要是氢气，主要来源于焊接材料（内部的气体、表面水分和有机物）和空气。

铸造镁合金在压铸过程中各种气体容易溶入，尚未逸出的气体就会残留在镁合金内部，在焊接过程中氢气就容易进入熔池，结晶时形成气孔。

铸造镁合金比变形镁合金的气孔敏感性高，所以铸造镁合金更容易产生熔合区气孔。

焊缝金属的铝含量较低时，焊缝更易产生气孔，这可能是由于焊缝铝含量较低时，固-液态温度区间减小，不利于气泡的上浮。

当焊接热输入较小时，坡口附近的氧化膜未能完全熔化而残存下来，这样氧化膜中水分受热分解出氢气，并在氧化膜上萌生气泡，由于气泡是在残存的氧化膜上，不容易脱离浮出，因而导致形成气孔。此外，焊接热输入较小时，焊接熔池的冷却速度和结晶速度提高，也是促使焊缝气孔形成的原因之一。

4. 缩孔

镁合金焊缝不仅具有高的产生气孔的敏感性，而且易产生缩孔缺陷。缩孔的形状与气孔不同，呈不规则的多边形，有些缩孔无裂纹伴生，有些缩孔则有裂纹伴生。这是因为在缩孔的尖端处由于应力集中经常会成为裂纹源，导致裂纹的产生。

5. 过热组织

镁合金导热性能良好，所以在焊接过程中需较大热输入，从而容易在焊缝及热影响区产生过热组织。镁合金的熔点低，热导率高，电阻率低，在焊接镁合金时要采用大功率热源，因而容易造成焊缝和近缝区金属过热，晶粒长大，结晶偏析，造成接头性能降低，这是镁合金焊接时的显著特点之一。

6. 夹渣

镁合金化学性质活泼，在焊接高温下极易形成熔点高（2500℃）、密度大的 MgO。它不易从密度较小的合金熔液中排出，从而形成片状的夹渣。

7. 燃烧

镁的性质活泼，沸点低，容易在空气中燃烧，所以进行镁合金电弧焊时，镁的燃烧危险性系数显著增大。

8. 应力和变形

镁合金的线膨胀系数大，约为钢的 2 倍，铝的 1.2 倍，热导率高，弹性模量较小，在焊接过程中镁合金变形较大、冷却速度快、熔池结晶速度快，凝固时体积收缩率达 4.6%，易引起较大的内应力，焊件易产生较大的焊接变形。

2.1.3 镁合金焊接接头的软化

1. AZ31 镁合金焊接接头的软化

在 AZ31 镁合金不同的焊接方法中，都能够得到良好的焊接接头，表面成形光滑，内部没有裂纹、气孔，焊缝组织细小均匀，微组织特征显示接头分区明显，焊缝中心生成等轴细晶，没有明显的热影响区。但是，接头强度都低于母材，见表 2-2。

表 2-2　常用焊接方法的 AZ31 镁合金焊接接头的抗拉强度

焊接方法	母材抗拉强度 /MPa	板材厚度 /mm	填充材料	焊接接头抗拉强度 /MPa	接头强度系数（%）
非熔化极氩弧焊	259	2.5	AZ31	234	90.3
熔化极氩弧焊	256	8	AZ31	225	88
等离子弧焊	260	8	AZ31B	239.5	92
搅拌摩擦焊	259	2.5	无	235	90.7
电子束焊	255	2	无	235	92
CO_2 激光焊	257.05	2.6	AZ31	255.13	99.2
激光-MIG 复合焊	257	10	AZ31	222	86.4

TIG 焊是最为适合焊接镁合金的焊接方法，其焊缝成形良好，接头力学性能优良，拉伸断裂位置多发生在热影响区；焊缝区的组织为细小的等轴晶，室温时组织由 α-Mg 和 β-$Al_{12}$$Mg_{17}$组成，析出相 β-$Al_{12}$$Mg_{17}$主要在晶界连续分布。焊接电流、焊接速度和气体流量对焊接接头的表面成形和力学性能有影响。不同镁合金的 TIG 焊接接头强度见表 2-3。由此看出，不同的镁合金在 TIG 焊时，焊接接头强度系数也不相同，即使同种镁合金的 TIG 焊的接头强度系数也会因填充材料的不同而有所不同。适当降低焊接热输入有利于改善焊接接头的力学性能。

表 2-3　不同镁合金的 TIG 焊接接头强度

材料牌号	母材抗拉强度/MPa	板材厚度/mm	填充材料	接头抗拉强度/MPa	接头强度系数（%）
AM60	300	1.6	AZ91	275	91.67
AZ61	287	3	AZ31	177.7	63.1
AZ31B	259	2.5	AZ61	245	90.6
			无	200	77.2
			AZ31	234	90.3
			AZ61	243	93.8
			AZ91	226	87.3
AZ71	313.96	2.2	无	281.23	89.58
AM50	236	6	AM50	170	72.1
ME20M	225	2.5	ME20M	154	68.4
			AZ31	168	74.6
AZ91	156	10	AZ91	107	69

镁合金的线膨胀系数大，导热快，弹性模量小，熔池凝固结晶后分析发现，焊接电流为 80A 时，冷却速度快，致使焊接加热和冷却过程中产生较大的热应力，造成较大的焊件变形，导致在脆性温度区间内产生热裂纹，降低镁合金焊接结构件强度。镁在焊接高温下易形成熔点约为 2500℃的氧化膜，与镁的熔点相差很大。镁还能在高温下与空气中的氮发生强烈反应生成氮化物。焊接时生成的氧化物及氮化物密度大，残存在比重较轻的熔融合金液中不易排除，易在焊缝金属中形成细小片状夹渣。镁易与其他金属元素（如 Cu、Al、Ni 等）形成低熔点共晶体（如 Mg-Cu 共晶熔点为 480℃，Mg-Al 共晶熔点为 430℃，Mg-Ni 共晶熔点为 508℃），导致镁合金结晶温度区间变宽。当温度过高时，接头中的低熔点共晶物在晶界处熔化出现空隙，易引起焊接接头热裂纹的产生。镁合金在焊接过程中产生的 β 相在基体晶界处的不连续析出也会降低镁合金焊接接头强度。

无论是铸造镁合金还是变形镁合金，它本身的物理化学特性及焊接热循环性将降低其接头强度，即产生接头软化，严重影响镁合金结构件的性能，限制其推广应用。

2. 改善措施

目前，国内外现有解决焊接接头软化的措施有：焊前准备；预热；焊前热处理，使晶粒细化；局部补强；随焊碾压；超声冲击处理；随焊锤击；随焊旋转挤压及焊后热处理等。

（1）焊前准备　镁合金焊接前需进行表面处理，去除油污、水分和氧化膜等杂物，防止氢气孔、裂纹及夹渣等焊接缺陷的产生。

（2）预热　对于薄板与拘束度较大的接头，焊前预热可防止产生裂纹。

（3）焊前热处理　焊前热处理可使晶粒细化到亚微米甚至纳米级尺寸，从而提高镁合金焊接接头的力学性能。

（4）局部补强　局部补强是指局部加厚焊接部位的母材厚度，使总承载能力达到设计要求，适合于中大型构件。

（5）随焊碾压　随焊碾压是指在焊接过程中对焊缝及近缝区实施碾压，以改善接头性能的方法，仅适合于自动焊，不适合于焊条电弧焊，应用受到很大限制。

（6）超声冲击处理　焊接完成后，在室温下沿焊缝进行全覆盖超声冲击处理。它是利用大功率超声波推动冲击针高频冲击焊接接头表面，使接头金属表层产生塑性变形，从而形成强化层，可有效地改善焊接接头的软化，提高焊接接头的力学性能。在冲击强化层内晶粒尺寸、取向、分布和力学性能的改变会对材料性能产生重要影响。

（7）随焊锤击　随焊锤击是指在焊接的过程中对焊趾和焊缝进行锤击，使得焊缝附近的应力状态由拉应力变为压应力，以强化焊接接头的处理方法。它仅适用于薄板壳结构 TIG 自动焊，且需要有一套气动随焊锤击装置。该设备附加装置多，控制系统复杂。

（8）随焊旋转挤压　随焊旋转挤压是根据焊接应力和变形产生机理提出。它是通过特定形状的挤压头对冷却过程中的焊缝金属施加适度的旋转挤压作用，其所产生的纵向及横向延展能够减小或消除焊缝及近缝区的弹性拉应力，甚至将其转变为压应力，从而降低了残余应力和变形。挤压头对焊缝金属的挤压同时起到了改善焊缝组织和性能的作用。它适用于薄壁焊接结构件，应用受到较大的限制。

（9）焊后热处理　焊后热处理可使焊接过程中减弱或消失的热处理强化效果得到一定程度的恢复。一般采取与母材本身相应的热处理工艺。它适用于小型焊件，但易造成较大变形，应用时要注意其适用性。

无论是从母材，还是从焊接工艺及焊后热处理等方面采取措施，均能使镁合金焊接接头强度在一定程度上获得提高。但基于操作工艺、适用范围及经济效益等方面考虑，各种方法皆有其局限性。

（10）深冷处理

1）深冷处理原理。深冷处理是将被处理对象置于−130℃以下的低温环境中，使材料显微组织产生变化，从而改善材料性能，这是目前最新强韧化处理工艺之一。深冷处理技术已经在钢铁材料中得到广泛应用，证实了深冷处理可以提高处理金属的硬度、耐磨性及使用寿命等。对镁合金的深冷处理，能使组织细化，析出第二相粒子，使某些晶粒发生了向（0002）晶面取向的偏转及减少残余应力，改善了镁合金的组织和力学性能。深冷处理通常以液氮为冷却介质，根据使用液氮状态的不同，将深冷处理方法分为液体法和气体法。液体法是将工件材料直接浸入液氮中，浸泡一定时间取出。研究证明，液体法具有热冲击性，易引起某些工件材料产生低温脆性断裂。气体法又称为干式深冷法，即先将液氮汽化，利用其对工件进行热传导和辐射作用来缓慢降温，工件在深冷箱保温固定一定时间之后缓慢升温至室温，可有效避免对工件的热冲击。深冷处理工艺的影响因素主要包括升降温速度、保温时间、深冷次数和深冷与回火工艺顺序等。根据镁合金焊接接头的软化问题对 AZ31 镁合金交流 TIG 焊焊接接头进行深冷处理,结果发现,深冷处理可以改善镁合金焊接接头的力学性能。

2)深冷处理举例。母材为厚度 7mm 的 AZ31 镁合金板材;焊接填充材料选用挤压态AZ61,直径为 2.8mm;采用交流 TIG 对焊,焊接保护气体为纯度 99.99% 的氩气,焊件坡口形式为 V 形,坡口角度为 60°,留 1.5mm 钝边。焊前对镁合金板材进行化学清洗以去除油污,用砂布清理坡口及两侧 20~30mm 范围内的氧化膜,使之露出金属光泽。镁合金板材两端利用夹具固定以防止焊件变形,预留 1mm 接头间隙,单面焊双面成形。焊接参数:焊接电流为 175~185A,焊接电压为 23V,焊接速度为 186~220mm/min,钨极直径为 2.4mm,喷嘴直径为 12mm,氩气流量为 13L/min。

分别将 1~5 号组焊接接头拉伸试样置于液氮温度下分别保温 2h、4h、8h、12h、24h 后取出逐渐升至室温,最后进行室温拉伸试验(0 组试样没有进行深冷处理),通过焊接接头力学性能测试来研究深冷处理对镁合金焊接接头力学性能的影响,接头拉伸测试结果见表 2-4。

表 2-4 接头拉伸测试结果

试样编号	平均抗拉强度/MPa	断后伸长率(%)	接头强度系数(%)
0	212.4	5.93	83.7
1	220.4	6.43	86.8
2	213.8	6.25	84.2
3	246.6	9.32	97.1
4	243.6	6.84	96.0
5	248.7	7.08	98.0

2.2 镁合金的焊接工艺

2.2.1 镁合金的焊前准备

1. 镁合金的焊前清理

母材和焊丝都要进行清理。

(1)去除表面污物 先用溶剂清理表面的污物、杂质等。

(2)机械清理 机械清理主要是去除表面的氧化膜,采用铝丝或者不锈钢丝刷、刚玉砂布清理,应在专门的工作空间进行,并且有通风装置。

(3)化学清理 化学清理方法见表 2-5。

2. 坡口加工

表 2-6 给出了镁合金氩弧焊接头坡口加工的形状尺寸。

3. 装配

(1)组装及定位焊 组装时,可以尽量不留间隙。第一个定位焊点距离焊缝端部应当近一点。对于厚度<1.6mm 的薄板来说,定位焊点长 3mm 即可,间距 25~50mm;对于厚度>1.6mm 的板材来说,定位焊点长 6mm,间距 100~125mm。

表 2-5　化学清理方法

类　型	成　分	工　艺	用　途
碱性清洗剂	碳酸钠 84.9g 苛性钠 56.6g 水 3.8dm³ 温度 361～373K 溶液 pH 值≥11	浸泡 3～10min，然后用冷水漂洗，晾干	用于去除油及油脂膜、铬酸膜和重铬酸盐涂膜
光亮清洗液	铬酸 0.675kg 硝酸铁 150g 氟化钾 14.2g 水 3.8dm³ 温度 289～311K	浸泡 0.25～3min，然后用冷水和热水漂洗，晾干	用于脱脂处理后清除氧化物，形成光亮清洁的表面，抗锈蚀，为焊接或硬钎焊准备表面
点焊清理剂	1 号浴槽 浓硫酸 36.8g 水 3.8dm³ 温度 294～305K 2 号浴槽 铬酸 0.675kg 浓硫酸 2.0g 水 3.8dm³ 温度 294～305K 3 号浴槽 铬酸 9.3g 水 3.8dm³ 温度 294～305K	在 1 号浴槽中浸泡 0.25～1min，经冷水漂洗后放在 2 号或 3 号浴槽中浸泡。用 2 号浴槽时，浸泡 3min 后用冷水冲洗，晾干；用 3 号浴槽时，浸泡 0.5min 后用冷水冲洗，晾干	用于脱脂处理后去除氧化膜
去除硬钎剂或焊剂用清理剂	重铬酸钠 0.23kg 水 3.8dm³ 温度 355～373K	在沸腾浴槽中浸泡 2h 后，用冷水和热水冲洗，晾干	用于热水清洗及铬酸清洗后去除焊接留下的焊剂
铬酸清洗液	重铬酸钠 0.675kg 浓硝酸 79g 水 3.8dm³ 温度 294～305K	浸泡 0.5～2min，在空气中停留 5s 后，用冷水和热水冲洗，晾干或强制干燥（最高温度 394K）。当用刷子刷时，允许停留 1min 再漂洗	用作油漆的底层或表面保护。采用刷子清理焊缝及处理大型结构

表 2-6　镁合金氩弧焊接头坡口加工的形状尺寸

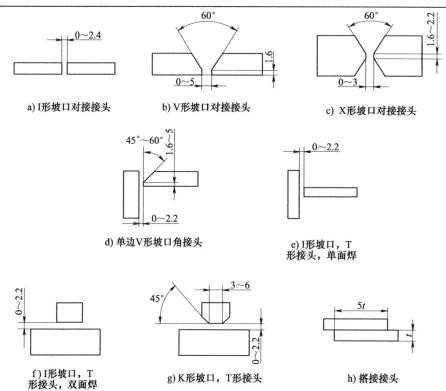

接头类型	适用的母材厚度范围①/mm					
	钨极气体保护电弧焊②			熔化极气体保护电弧焊③		
	交流	直流正接	直流反接	短路	脉冲电弧	喷射电弧
a)④	0.6~6	0.6~12	0.6~5	0.6~5	2.2~6	5~10
b)⑤	6~10	6~10	5~10	⑥	5~6	6~12
c)⑦	10⑧	10⑧	10⑧	⑥	⑥	12⑧
d)⑨	5⑧	5⑧	5⑧	⑥	3~6	6⑧
e)⑩	0.6~6	0.6~12	0.6~4	1.6~4	2.2~5	4~10
f)⑪	1.6~5	1.6~10	1.6~3	1.6~4	2.2~6	4~20
g)⑫	5⑧	10⑧	3⑧	⑥	6~10	10⑧
h)⑬	10⑧	10⑧	0.6⑧	1~4	2.2~6	4⑧

① 建议的最小和最大厚度范围。

② 采用 300A 交流或直流正接，或 125A 直流反接。

③ 采用 400A 直流反接。

④ 单面焊，完全焊透，适用于薄板。

⑤ 完全焊透，适用于厚板。当厚度大于所建议的最大厚度时，采用 X 形坡口对接接头，以减小变形。

⑥ 不推荐，因为喷射电弧较可行或较经济，或两者兼备。

⑦ 完全焊透，用于厚板。接头两面收缩应力相等，变形最小。

⑧ 无最大值，市售的最大厚度材料都可采用这种接头形式。

⑨ 单道焊或多道焊，完全焊透。用于厚板，以尽量减少焊接量。形成正方角角接头。

⑩ 单面焊，T 形接头，厚度范围是按 40% 接头焊透计算。

⑪ 双面焊，T 形接头，建议的厚度范围是根据 100% 接头焊透计算。

⑫ 双面焊，T 形接头，用于需要 100% 接头焊透的厚板。

⑬ 单面焊或双面焊接头，强度取决于角焊缝尺寸；双面焊接头（当采用搭接长度相当于其中较薄板件厚度的 5 倍时）可获得最大抗拉强度。

（2）衬垫 对于镁合金薄板，由于其线膨胀系数大，变形也比较大，会发生波浪形变形，因此，必须对焊件施以足够的压力，以防止变形，同时使得焊接接口紧贴背面衬垫，还有利于控制焊透，改善根部成形和散热。有时还可以通过衬垫的小孔通保护气体。衬垫用低碳钢、不锈钢、铝或者铜制造，还要在对应于焊缝中线处加工出凹槽，以形成背面焊缝成形。凹槽的深度取决于母材厚度、焊接方法和坡口间隙。

2.2.2 适用于镁合金气体保护焊的填充材料

表2-7给出了美国的适用于镁合金气体保护焊的填充材料。

在表2-7中给出的ERAZ61A和ERAZ92A（ER表示是焊丝，后面的英文字母和数字是材料牌号）填充材料，可以满意地应用于AZ10A、AZ31B、AZ31C、AZ61A、AZ80A、ZE10A和ZK21A中同种材料或者不同材料的焊接。常常用ERAZ61A来焊接含铝的材料。用ERAZ92A来焊接铸造Mg-Al及Mg-Al-Zn合金时，其抗裂纹敏感性较好。但是，焊接EK41A、EZ33A、K1A、QF22A和ZE41A时，应当采用EREZ33A作为填充材料，因为采用EREZ33A作为填充材料的焊接接头的高温力学性能较好。

表2-8给出了两种镁合金焊接时填充材料的选择，这是两种相同和不同镁合金焊接时比较适宜的填充材料的选择。

表2-7 美国的适用于镁合金气体保护焊的填充材料（AWSA5.19—2006）

填充材料	成分（质量分数,%）											
	Al	Be	Mn	Zn	Zr	RE	Cu	Fe	Ni	Si	其他	Mg
ERAZ61A	5.8~7.2	0.0002~0.0008	≥0.15	0.40~1.5	—	—	≤0.05	≤0.005	≤0.005	≤0.05	≤0.30	余量
ERAZ101A	9.5~10.5	0.0002~0.0008	≥0.13	0.75~1.25	—	—	≤0.05	≤0.005	≤0.005	≤0.05	≤0.30	
ERAZ92A	8.3~9.7	0.0002~0.0008	≥0.15	1.7~2.3	—	—	≤0.05	≤0.005	≤0.005	≤0.05	≤0.30	
EREZ33A	—	—	—	2.0~3.1	0.45~1.0	2.5~4.0	—	—	—	—	≤0.30	

在焊接变形镁合金与铸造镁合金时，可以根据表2-8来选择填充材料，也可以采用ERAZ101A来代替ERAZ61A或者ERAZ92A。对于大多数材料的焊接来说，可以采用与母材相同的材料作为填充材料。

2.2.3 镁合金的焊前预热和焊后热处理

由于镁合金的线膨胀系数大，为了减少应力和变形，需要进行焊前预热和焊后热处理。表2-9给出了镁合金的焊前预热和焊后热处理工艺。表2-10给出了镁合金焊后去除应力退火工艺参数。

表 2-8 两种镁合金焊接时填充材料的选择

母材	AM100A	AZ10A	AZ31B, AZ31C	AZ61A	AZ63A	AZ80A	AZ81A	AZ91C	AZ92A	EK41A	EZ33A或HK31A	K1A或HZ32A	LA141A	M1A, MG1	QE22A	ZE10A	ZE41A	ZK21A	ZK51A, ZK60A, ZK61A
AM100A	AZ92A, AZ101	—	—	—	—	—	—	—	—	—	—	—	—	—	—	—	—	—	—
AZ101A	AZ92A, AZ32A	AZ61A	—	—	—	—	—	—	—	—	—	—	—	—	—	—	—	—	—
AZ31B, AZ31C	AZ92A	AZ61A, AZ92A	AZ61A, AZ92A	—	—	—	—	—	—	—	—	—	—	—	—	—	—	—	—
AZ61A	AZ92A	AZ61A, AZ92A	AZ61A, AZ92A	AZ61A, AZ92A	—	—	—	—	—	—	—	—	—	—	—	—	—	—	—
AZ63A	①	①	①	①	AZ92A	—	—	—	—	—	—	—	—	—	—	—	—	—	—
AZ80A	AZ92A	AZ61A, AZ92A	AZ61A, AZ92A	AZ61A, AZ92A	①	AZ61A, AZ92A	—	—	—	—	—	—	—	—	—	—	—	—	—
AZ81A	AZ92A	AZ92A	AZ82A	AZ92A	①	AZ92A, AZ101	AZ92A, AZ101	—	—	—	—	—	—	—	—	—	—	—	—
AZ91C	AZ92A	AZ92A	AZ92A	AZ92A	①	AZ92A	AZ92A, AZ101	AZ92A, AZ101	—	—	—	—	—	—	—	—	—	—	—
AZ92A	AZ92A	AZ92A	AZ92A	AZ92A	①	AZ92A	AZ92A	AZ92A	AZ101	—	—	—	—	—	—	—	—	—	—
EK41A	AZ92A	AZ92A	AZ92A	AZ92A	①	AZ92A	AZ92A	AZ92A	AZ92A	EZ33A	—	—	—	—	—	—	—	—	—
EZ33A或HK31A	AZ92A	AZ92A	AZ92A	AZ92A	①	AZ92A	AZ92A	AZ92A	AZ92A	EZ33A	EZ33A	—	—	—	—	—	—	—	—
K1A或HZ32A	AZ92A	AZ92A	AZ92A	AZ92A	①	AZ92A	AZ92A	AZ92A	AZ92A	AZ92A	EZ33A	EZ33A	—	—	—	—	—	—	—
M1A, MG1	AZ92A	AZ61A, AZ92A	AZ61A, AZ92A	AZ61A, AZ92A	①	AZ61A, AZ92A	AZ92A	AZ92A	AZ92A	AZ92A	AZ92A	AZ92A	①	AZ61A, AZ92A	—	—	—	—	—
ZE41A	②	②	②	②	①	②	②	②	②	EZ33A	EZ33A	EZ33A	②	②	EZ33A	②	EZ33A	—	—
ZK21A	AZ92A	AZ61A, AZ92A	AZ61A, AZ92A	AZ61A, AZ92A	①	AZ61A	AZ92A	AZ92A	AZ92A	AZ92A	AZ92A	AZ92A	②	AZ61A, AZ92A	AZ92A, AZ92A	AZ61A, AZ92A	AZ92A	AZ61A	—
ZK51A, ZK60A, ZK61A	①	①	①	①	①	①	①	①	①	①	①	①	①	①	①	①	①	AZ61A	EZ33A

① 一般不用于焊接结构。
② 无实验数据。

表 2-9 镁合金的焊前预热和焊后热处理工艺

合金	合金热处理状态①		最大预热温度②③/K	焊后热处理②
	焊前	处理后		
AZ63A	T4	T4	448~653	0.5h/663K
	T4 或 T6	T6	448~653	0.5h/663K+5h/493K
	T5	T5	533④	5h/493K
AZ81A	T4	T4	448~673	0.5h/688K
AZ91C	T4	T4	448~673	0.5h/688K
	T4 或 T6	T6	448~673	0.5h/688K+4h/488K⑤
AZ92A	T4	T4	448~673	0.5h/683K
	T4 或 T6	T6	448~673	0.5h/683K+4h/533K
AM100A	T6	T6	448~673	0.5h/688K+5h 493K
EK30A	T6	T6	533④	16h/478K
EK41A	T4 或 T6	T6	533④	16h/478K
	T5	T5	533④	16h/478K
EQ21	T4 或 T6	T6	573	1h/778K⑥+16h/473K
EZ33A	F 或 T5	T5	533④	2h/618K⑦+5h/488K
HK31A	T4 或 T6	T6	533	16h/478K 或 1h/588K+16h/478K
HZ32A	F 或 T5	T5	533	16h/588K
K1A	F	F	—	—
QE22A	T4 或 T6	T6	533	8h/803K⑥+8h/478K
WE43	T4 或 T6	T6	573	1h/783K⑥+16h/523K
WE54	T4 或 T6	T6	573	1h/783K⑥⑧+16h/523K
ZC63	F 或 T4	T6	523	1h/698K⑥+16h/453K
ZE41A	F 或 T5	T5	588	2h/603K+16h/448K⑦
ZH62A	F 或 T5	T5	588	16h/523K 或 2h/603K+16h/450K
ZK51A	F 或 T5	T5	588	2h/603K+16h/448K⑦
ZK61A	F 或 T5	T5	588	48h/423K
	T4 或 T6	T6	588	2~5h/773K+48h/403K

① T4—固溶处理；T6—固溶处理+人工时效；T5—人工时效；F—铸态。

② 大型件和不受拘束件通常无须预热（或只局部预热）；薄件和受拘束件有必要预热到表中推荐温度以避免焊缝开裂。当表中所给温度为单值时，预热温度可从 273K 到给出值之间选择。448~653K 仅适用于薄件和受拘束件。

③ 单值温度为最大容许值，必须采用炉中控制以保证温度不超过此值。当温度大于 643K 时推荐采用 SO_2 或 CO_2 保护气氛。

④ 时间最长 1.5h。

⑤ 可以采用 16h/443K 代替 4h/488K。

⑥ 二次热处理前在 333~378K 进行水淬。

⑦ 热处理阶段较为理想，可以诱发大量的应力释放。EZ33A 由于在 618K 时发生应力释放，其高温蠕变强度可能有些降低。

⑧ 二次热处理后空冷。

41

表 2-10 镁合金焊后去除应力退火工艺参数

合	金	温度/K	时间	合	金	温度/K	时间
板材	AZ31B-O[①]	533	15min	铸件[②]	AM100A	533	1h
	AZ31B-H24[①]	423	1h		AZ63A	533	1h
	ZE10A-O	503	30min		AZ81A	533	1h
	ZE10A-H24	408	1h		AZ91C	533	1h
挤压件	AZ10A-F	533	15min		AZ92A	533	1h
	AZ31B-F[①]	533	15min		EZ33	603	2~4h
	AZ61A-F[①]	533	15min		EQ21	778	1h
	AZ80A-F[①]	533	15min		QE22	778	1h
	AZ80A-T5[①]	478	1h		ZE41	603	2~4h
					ZC63	698	1h
					WE43	783	1h
					WE54	783	1h

① 要求焊后热处理以避免应力腐蚀开裂。

② 要求焊后热处理以获得最大强度。

2.3 镁合金的焊接方法

2.3.1 TIG 焊

TIG 焊是在惰性气体的保护下焊接，其焊缝金属纯度高、性能好，焊接加热集中，焊件变形小且电弧稳定性好。

采用 TIG 焊焊接镁合金，其变形小，热影响区窄，接头力学性能和耐蚀性较高，其主要问题是容易产生气孔、裂纹和夹渣。

填充材料应当采用与母材相应的材料，采用交流电源施焊。表 2-11 和表 2-12 分别给出了变形镁合金手工和自动 TIG 焊的焊接参数。

镁合金也可以采用加活性剂的活化钨极氩弧焊（A-TIG 焊），活性剂可以用卤化物，也可以用氧化物等，如 Cr_2O_3、TiO_2 等。采用 A-TIG 焊熔深增加，接头性能提高。

表 2-11 变形镁合金手工 TIG 焊的焊接参数

板材厚度/mm	接头形式	钨极直径/mm	焊丝直径/mm	焊接电流/A	喷嘴孔径/mm	氩气流量/(L/min)	焊接层数
1~1.5	不开坡口对接	2	2	60~80	10	10~12	1
1.5~3.0	不开坡口对接	3	2~3	80~120	10	12~14	1
3~5	不开坡口对接	3~4	3~4	120~160	12	16~18	2
6	V 形坡口对接	4	4	140~180	14	16~18	2
18	V 形坡口对接	5	4	160~250	16	18~20	2
12	V 形坡口对接	5	5	220~260	18	20~22	3
20	X 形坡口对接	5	5	240~280	18	20~22	4

近年来，活化钨极氩弧焊（A-TIG 焊）逐步应用到镁合金焊接中，在镁合金 A-TIG 焊接过程中引入直流纵向磁场，通过对磁场电流、活性剂涂敷量的调节，研究了焊缝熔深、熔

宽、硬度及显微组织的变化规律。研究表明，当磁场电流为 1.5A，活性剂涂敷量为 5mg/cm²时，焊缝熔深为 5.0mm，显微硬度达到 73.8HV，焊缝力学性能在磁场与活性剂的双重作用下显著提高。

表 2-12　变形镁合金自动 TIG 焊的焊接参数

板厚 /mm	接头形式	焊丝直径 /mm	氩气流量 /(L/min)	焊接电流 /A	送丝速度 /(m/h)	焊接速度 /(m/h)	备　注
2	不开坡口对接	2	8~10	75~110	50~60	22~24	反面用垫板，单面单层焊接
3	不开坡口对接	3	12~14	150~180	45~55	19~21	
5	不开坡口对接	3	16~18	220~250	80~90	18~20	
6	不开坡口对接	4	18~20	250~280	70~80	13~15	
10	V 形坡口对接	4	20~22	280~320	80~90	11~12	
12	V 形坡口对接	4	22~25	300~340	90~100	9~11	

（1）活化钨极氩弧焊（A-TIG 焊）的优点　由于钨电极在焊接中的发热烧损以及镁合金的高导热性，导致 TIG 焊焊接镁合金得到的熔深很浅（<3mm）。活化钨极氩弧焊工艺可使传统 TIG 焊的熔深增加 1 倍以上。此方法是使用特殊研制的活化材料（活性剂）焊前涂敷到焊件表面，在焊接参数不变的情况下，与常规的 TIG 焊相比，其能增大熔深 1 倍以上，而且并不增加正面焊缝宽度。

（2）活化钨极氩弧焊（A-TIG 焊）的活性剂　镁合金活性剂主要分为单质型、氧化物型、卤化物型和复合型。

1）单质型。单质型活性剂分为金属型和非金属型，金属型包括 Ti、Zn、Cd 和 Cr 等。非金属型包括 Te、Si 等。Cd 和 Zn 分别使焊缝熔深达到传统 TIG 焊的 150%和 180%；Ti 对焊缝熔深影响不大；Cr 使焊缝熔深减小。Cd 和 Zn 活性剂增加镁合金焊缝熔深的主要机理可能是活性剂使交流电正半波期间电弧导电通道收缩。Te 粉使熔深达到传统 TIG 焊的 160%，焊缝深宽比达到 0.43。Te 增加镁合金 A-TIG 焊焊缝熔深主要跟活性剂粒子与电子复合导致的电弧收缩有关。

2）氧化物型。多数氧化物型活性剂对焊缝熔深的作用大于单质型活性剂。已研究过的氧化物型活性剂主要有 SiO_2、TiO_2、Cr_2O_3、V_2O_5、CaO、MnO_2、MgO 和 Al_2O_3 等。TiO_2 涂覆量的变化对 AZ31 镁合金 A-TIG 焊焊接接头的影响为：TiO_2 涂覆量为 4.84mg/cm² 时焊缝成形良好，深宽比最大，但随着涂覆量的增加，焊缝的熔合区粗化，显微硬度值逐渐降低，断裂方式由韧性断裂转变为脆性断裂。活性剂的加入使得焊缝晶界处有脆性相 $Al_{12}Mg_{17}$ 的偏析，易形成裂纹源。Ti 元素主要集中在焊缝中，而电弧中没有发现 Ti 元素的存在。TiO_2 活性剂主要通过影响焊接熔池增加熔深。活性剂 MgO、CaO、TiO_2、MnO_2 和 Cr_2O_3 使镁合金 A-TIG 焊焊接接头熔深达到传统 TIG 焊的 200%以上，但熔合区的晶粒容易长大，接头的抗拉强度有所降低，其中 TiO_2 和 Cr_2O_3 降低 10%左右。

研究发现，活性剂对电弧电压影响显著，其中 TiO_2 使电弧电压下降，Cr_2O_3 使电弧电压升高；活性剂对电弧形态影响较小。

3）卤化物型。卤化物是发现并研究最早的活性剂，因具有较低的熔点、沸点和分解温度等特点而使电弧特性发生改变，从而大幅度增加焊缝熔深，成为镁合金活性焊接中重要的活性剂。研究过的活性剂主要有 $MnCl_2$、$CdCl_2$、$CaCl_2$、$MgCl_2$、$NiCl_2$、$ZnCl_2$、ZnF_2、CaF_2、

AlF_3 等。$CaCl_2$、$CdCl_2$、$PbCl_2$、$CeCl_3$ 等氯化物均可增大熔深，认为活性剂导致焊接电压和电弧温度的升高是熔深增加的主要原因。

4）复合型。单一活性剂容易导致焊缝组织晶粒粗大，熔深增加效果不理想，焊缝的力学性能不能得到明显改善。复合型活性剂则可以充分利用各类单一活性剂的优势。复合型活性剂有氧化物复合型，氧化物和卤化物复合型，其中卤化物具有吸湿性、毒性。

ZnO、Cr_2O_3、CaO_2、TiO_2 和 MnO_2 复合活性剂使 AZ31B 镁合金焊接的焊缝熔深达到常规 TIG 焊的 350% 左右，焊接接头的抗拉强度约为母材的 91%。复合型活性剂的加入减少了接头脆性相 $Al_{12}Mg_{17}$ 的生成。焊缝晶粒与涂覆单一活性剂 TiO_2 相比明显细化，接头组织中树枝状晶粒数量大大减少，粒状共晶组织数量增加。这可能是由于复合型活性剂中各种氧化物的金属元素原子大小不一，阻碍晶核生长和增加形核率所致。

$MnCl_2$、$CaCl_2$、MnO_2、ZnO 组成的复合型活性剂，得到的焊缝熔深增加 2～3 倍，且有效控制了焊接变形，提高了焊接接头强度。

TiO_2、Cr_2O_3、MgO、MnO_2 和 CaO 组成的复合形活性剂，焊缝成形良好，减小了焊接接头的变形，接头质量较高，强度可达母材的 95% 以上，比涂覆单一活性剂提高了 60.7% 以上。

2.3.2 MIG 焊

1. 焊接参数

镁合金熔化极氩弧焊 MIG 焊的熔滴过渡形式有三种：短路过渡、颗粒过渡和射流过渡。过渡形式受到焊丝直径、焊接电流及送丝速度的影响。但是，常规 MIG 焊无法实现熔滴稳定过渡，焊接过程中有大量飞溅，这是波形单一导致的。重新对波形进行设计，实现了触发短路电弧与脉冲的叠加，飞溅得到有效控制，使用该方法获得的 3.2mm 厚镁合金接头强度达到母材的 80%。表 2-13 给出了镁合金 MIG 焊典型的焊接参数。

表 2-13 镁合金 MIG 焊典型的焊接参数

母材厚度 /mm	坡口形式	焊道数	焊丝 直径 /mm	送丝速度 /cm·min⁻¹	单位长度焊缝的焊丝用量 /kg·m⁻¹	电流 /A	电压 /V	氩气流量 /L·min⁻¹
短路过渡								
0.6	I形①	1	1	354	0.09	25	13	19~28
1	I形①	1	1	582	0.013	40	14	19~28
1.6	I形①	1	1.6	468	0.026	70	14	19~28
2.2	I形①	1	1.6	624	0.035	95	16	19~28
3.1	I形②	1	2.4	342	0.045	115	14	19~28
4	I形②	1	2.4	300	0.055	135	15	19~28
5	I形②	1	2.4	522	0.068	175	15	19~28
颗粒过渡③								
1.6	I形①	1	1	912	0.021	50	21	19~28
3	I形①	1	1.6	888	0.042	110	24	19~28
5	I形①	1	1.6	1206	0.070	175	25	19~28
6	V形，60°⑥	1	2.4	738	0.096	210	29	19~28

（续）

母材厚度 /mm	坡口形式	焊道数	焊　丝			电流 /A	电压 /V	氩气流量 /L·min⁻¹
			直径 /mm	送丝速度 /cm·min⁻¹	单位长度焊缝的焊丝用量 /kg·m⁻¹			
射流过渡⑤								
6	V 形，60°④	1	1.6	1344	0.062	240	27	24~38
9	V 形，60°④	1	2.4	720~786	0.085	320~350	24~30	24~38
12	V 形，60°④	2	2.4	135~152	0.158	360~400	24~30	24~38
16	X 形，60°⑥	2	2.4	140~156	0.186	370~420	24~30	24~38
25	X 形，60°⑥	4	2.4	140~156	0.309	370~420	24~30	24~38

注：焊接速度 60~66cm/min。

① 不留根部间隙。

② 根部间隙 2.2mm。

③ 除厚度为 5mm 时要采用脉冲电压 52V 外，其他厚度时脉冲电压为 55V。

④ 钝边 1.6mm，不留根部间隙。

⑤ 也可用于母材厚度相同的角焊缝。

⑥ 钝边 3.2mm，不留根部间隙。

2. 镁合金 MIG 焊熔滴过渡特点

熔滴过渡直接决定焊缝熔深、焊道的几何形状及表面成形。熔滴过渡是保证焊接过程顺利进行的先决条件。镁合金在 MIG 焊过程中会出现各种问题，主要有以下几个原因。

1）镁的熔点、沸点相近（熔点 650℃、沸点 1090℃），且蒸气压比铝的蒸气压高三个数量级，容易造成熔滴的瞬间爆炸与蒸发，其严重影响焊接过程的稳定性。这就要求能有效调节热输入量，而对 MIG 焊，热输入的精确控制在实际操作过程中却是很难实现的。

2）熔滴的脱落过程实际上是一个受力过程，重力是促进熔滴过渡的主要作用力之一。而镁合金密度低，重力较小，从而导致了熔滴长时间停留在焊丝端部，熔滴尺寸较大，轴向性差，飞溅严重。熔融状态下镁合金的表面张力小，在熔滴过渡的后半段，即熔滴体积大于半球但未脱离焊丝端头时，表面张力产生的缩颈作用小，使得熔滴过渡难度增大。

3）镁合金焊丝质软，塑性较差，影响熔滴过渡的稳定性。镁合金焊丝在成形的过程中存在较大的困难，因此国内市场上小直径的焊丝较少，这在一定程度上限制了镁合金的焊接。同时，由于技术原因，国内生产的镁合金焊丝在直径上的偏差太大，而焊丝直径在很大程度上影响熔滴过渡的方式，从而限制了镁合金 MIG 焊的实际应用与研究。

2.3.3　冷金属过渡焊

冷金属过渡（coldmetal transfer，CMT）焊接是对 MIG 焊接的改良。这种焊接技术始于 1999 年，当时的福尼斯（Fronius）公司将 1997 年问世的无飞溅引弧（SFI）技术用于焊接。21 世纪初，福尼斯公司于 2010 年开发出了用于 CMT 焊接技术的电源，形成了交流 CMT 及交流 CMT+P 技术。

CMT 技术的基础是短路过渡。短路过渡的机制是熔滴形成→与熔池接触→焊丝爆断→熔滴金属过渡、飞溅。但是交流 CMT 技术则是：熔滴形成→与熔池接触→切断电流，使得熔滴在无电流状态下，只是借助于焊丝的运动，实现了"冷过渡"，避免了飞溅。CMT 焊机的输出特性如图 2-1 所示，其过渡过程为电弧加热→熔滴短路→焊丝回抽→电弧重燃+送丝。

由于熔滴过渡时，无电流加热，实现了冷过渡，没有了飞溅，降低了热输入。图 2-2 所示为 CMT 焊接过程示意图。这种方法还可以与激光形成复合热源，使得电弧更加稳定，熔深增加。CMT 焊接具有成本低、热输入低、飞溅小、质量高、可以焊接薄板等特点。

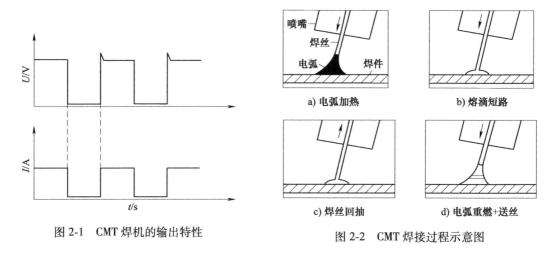

图 2-1　CMT 焊机的输出特性　　　　图 2-2　CMT 焊接过程示意图

2.3.4　电子束焊

电子束焊是将能量密度极高的电子束动能转化为热能，使焊件加热和熔化而实现焊接。这种方法具有热输入低、能量密度高、焊件变形小以及焊接速度快等各种优点。

焊接速度对纯镁板焊接接头组织和性能的影响不大，其接头的抗拉强度和冲击韧度值接近于母材。

焊接速度对镁合金，如 AZ31 镁合金的组织和性能的影响较大。焊接速度为 350mm/min 时，接头的强度及断后伸长率出现最大值，强度为母材强度的 95% 以上，断后伸长率约为母材断后伸长率的 20%。

对 AZ61 镁合金进行电子束焊焊接接头微观组织和硬度分布的研究表明，焊缝金属为细小晶粒，较母材等轴晶粒细化 20 倍左右，且有白色粒状 β 相分散于焊缝区晶界处，较母材沿晶界分布的 β 相变小，且形貌发生改变，焊缝中相结构主要为 α-Mg 和 $Al_{12}Mg_{17}$，焊缝的硬度约为 75HV，而母材与热影响区硬度略小，拉伸后试样断口均为韧窝形貌。

1. 真空电子束焊

真空电子束焊的焊接过程在真空状态下，焊接速度可以很高，输入能量比常规焊接方法小，因此热影响区小，接头性能好。用电子束焊焊接镁合金时，在电子束下镁蒸气立即产生，熔化的金属流入所产生的空穴中。由于镁金属蒸气压高，因而容易产生气孔，焊缝根部也会产生气孔。因此，必须密切控制操作工艺以防止气孔和过热。电子束的圆形摆动或采用稍微散焦的电子束，都有利于获得优质焊缝。

镁合金的电子束焊的主要问题是气孔，特别是焊缝根部的气孔。铸造镁合金比变形镁合金更容易产生气孔，这是因为铸件含气量较高，铸件还容易形成缩孔，铸件焊补时就容易产生气孔。由于镁的蒸气压较高，因此，容易产生气孔。如果合金中 Zn 含量较高（质量分数大于 1%），由于它的蒸气压更高，更容易产生气孔。镁合金焊缝中的气孔主要是氢气孔，这是因为焊接镁合金时的保护比较好，其他气体不容易进入焊接区。由于电子束焊的熔深很大，而且冷却速度很快，焊缝金属中的气体不容易逸出而在根部形成气孔。

为了避免铸件补焊时产生气孔，首先改进铸造工艺，以减少含气量，并加强焊件清理；其次是降低焊接速度，必要时，对焊缝根部进行电子束重熔。

2. 非真空电子束焊

由于镁的蒸气压较高，真空电子束焊时，镁的蒸发对真空的污染很大。研究表明，镁合金可以采用非真空电子束焊方法进行，镁合金在非真空条件下更易获得较好的焊接接头，且耐疲劳性能较好。

进行加丝电子束焊可以得到无缩孔、气孔的接头，其力学性能接近母材，而耐蚀性和疲劳性能还高于母材。

3. 镁合金电子束焊缺陷

由于镁合金的物理特性比较特殊，容易出现焊接缺陷，如凹陷、下塌、气孔等。这些缺陷的存在，容易影响焊接质量，降低焊件的连接效果。

对 10mm AZ31 镁合金板进行真空电子束焊，发现焊缝正面形貌美观，但背部出现间断性凹陷，原因如下。

1）镁熔化后表面张力降低，使得根部液态金属出现下塌。

2）镁沸点较低，焊接时极易汽化，背面蒸气会对液态产生很大影响，出现凹陷。

3）电子束焊速度极快，短时间内气体汇聚到焊缝根部，出现气孔，且焊缝受到多种元素的蒸发烧损，形成了混合断裂形貌。

2.3.5　激光焊

1. 传统激光焊

激光焊是利用高能量的激光束作为热源的一种高效精密焊接方法，具有高能量密度、高焊接速度、无须真空条件、小变形、深穿透、高效率、高精度及适应性强等优点，在航空航天、汽车制造、轻工电子等领域得到广泛应用。

气孔、裂纹是 AZ31 镁合金 CO_2 激光焊接头中存在的主要缺陷。另外，在有些情况下还容易产生夹渣、未熔合和未焊透、咬边、下塌等缺陷；但只要焊接过程中焊接参数选择合适，并采用有效的焊前、焊后处理措施，这些缺陷是可以避免或减少的。

激光脉冲宽度是影响焊接接头性能的主要因素。通过控制激光脉冲宽度可以获得高质量的镁合金焊接接头。对组织进行观察发现，母材为粗大的等轴晶；焊接接头组织致密，晶粒细小；焊缝由细小的等轴晶组成，是因为激光焊冷却速度快使晶粒细化；热影响区没有晶粒长大现象，因为在焊接过程中激光能量高度集中，镁合金热导率高，致使焊接接头处的温度梯度很大限制了晶粒长大。镁合金激光焊接头热影响区（HAZ）、焊缝区（WZ）中的硬度与母材（BMZ）差别不大，其原因主要是焊缝中晶粒的细化，提高了强度，在熔合区由于沉淀相的析出而使硬度略有提高。

2. 激光焊-电弧复合焊

镁合金激光焊可以不用填充材料，但这容易产生焊接缺陷，如合金烧损、气孔、裂纹及表面凹陷等，所以通常选用与母材成分匹配的填充金属进行激光焊。

激光焊-电弧复合焊是一种加入填充金属的激光焊工艺，即先进行自熔化焊，然后在接头表面的凹坑缺陷内放置1~2根焊丝，利用一定直径的光斑进行激光扫描，使其熔化形成补焊接头。

控制激光-电弧复合热源的能量分布状态，进行镁合金与钢铁、铝等异种金属材料的焊接，能够控制金属间化合物的形成，有利于使激光-电弧复合焊具有更广阔的发展空间。

激光-电弧复合焊是同时利用激光和电弧两个热源进行焊接，但是，它并不是两个热源简单叠加，而是存在相互作用。

图2-3所示为激光焊、激光-氩弧焊和氩弧焊堆焊焊缝的成形照片。从中可以看到，激光-氩弧焊焊接镁合金的熔深接近激光焊的4倍，而接近氩弧焊的2倍。在激光与电弧复合时，电弧被吸附到激光与材料的冲击点上，电弧被收缩，温度急剧升高，可达20000℃。电弧与周围环境的温差加大，电弧进一步收缩，电弧能量进一步集中，增大了熔深，电弧也更加稳定。

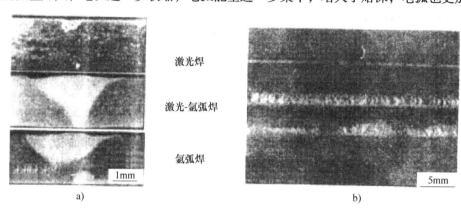

激光焊

激光-氩弧焊

氩弧焊

a)

b)

图2-3 激光焊、激光-氩弧焊和氩弧焊堆焊焊缝的成形照片

2.3.6 搅拌摩擦焊

搅拌摩擦焊（FSW）是英国焊接研究所1991年针对焊接性差的铝合金和镁合金等轻质有色金属开发的一种新型固态连接技术。它具有无裂纹、气孔、夹渣、焊接变形小等焊接特点，被誉为"继激光焊后又一次革命性的焊接技术"，受到广泛的重视。利用FSW焊接AZ31镁合金可以得到表面光滑、没有裂纹、气孔、飞边的接头，背部成形良好。由于动态再结晶的作用，搅拌摩擦区由很细的等轴晶组成，平均显微硬度要高于母材。接头最大抗拉强度能够达到母材的93%。

1. 搅拌摩擦焊原理

搅拌摩擦焊是通过搅拌头的强烈搅拌作用，使被加工材料发生剧烈塑性变形、混合、破碎，实现微观结构的致密化、均匀化和细化。加工过程中高速旋转的搅拌针伸进材料内部进行摩擦和搅拌，其旋转产生的剪切摩擦热将搅拌针周围的金属变软进而热塑化，使加工部位的材料产生剧烈塑性流变。搅拌摩擦焊原理如图2-4所示。它是利用非耗损的较硬的搅拌头，旋转着压入焊件的接头部，搅拌头与焊件的摩擦使得搅拌头附近材料的温度升高，塑性化。搅拌头沿着焊件的接头部向前移动时，在搅拌头高速摩擦以及挤压下，塑性化材料从搅拌头前部向后部移动。在热-机械的联合作用下，冷却之中发生再结晶，而形成致密的焊接接头，如图2-5所示。

2. 搅拌摩擦焊技术特点

搅拌摩擦焊作为一种新型的固相连接技术，具有普通熔化焊所不具有的特点。

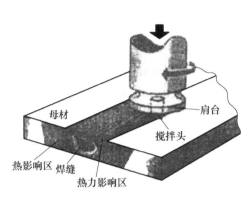

图 2-4　搅拌摩擦焊原理

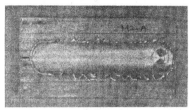

a) 焊缝表面

b) 焊缝横截面

图 2-5　AM60B 搅拌摩擦焊接头照片

（1）搅拌摩擦焊的优点

1）焊接温度低，焊后应力和变形小。搅拌摩擦焊焊接温度较低，热影响区小，焊接后焊件的残余应力和变形量都比传统熔化焊小很多。

2）焊接接头的力学性能好（包括疲劳、拉伸、弯曲），焊缝表面平整，无焊缝凸起，不变形，接头不产生类似熔化焊接头的铸造组织缺陷，没有裂纹、气孔、夹渣等熔化焊常见的焊接缺陷，并且其组织由于塑性流动而细化。

3）适用范围广，可以焊接多种材料，能够进行全位置的焊接。由于搅拌摩擦焊可以减少熔化焊过程常见的多种缺陷，因此可以焊接对热比较敏感的材料，如镁和铝等；可以实现不同材料的连接，如铝和银的连接；可以取代传统的氩弧焊，实现铝、铜、镁、锌、铅等材料的对接、搭接、T 形等多种接头形式的焊接，甚至可以焊接厚度变化的结构和多层材料；另外这种焊接方法特别适合于高强铝合金、铝锂合金、钛合金等宇航材料的焊接。

4）焊接适应性好，效率高，成本低。搅拌摩擦焊具有适合于自动化和机器人操作的优点。焊前及焊后处理简单。焊接过程中不需要保护气体、填充材料。焊接过程中无烟尘、辐射、飞溅、噪声及弧光等有害物质产生，是一种环保型工艺方法。

（2）搅拌摩擦焊的不足

1）焊接时需要夹具和垫板，防止焊件移动和被焊穿。不同形式的接头类型需要不同的工装夹具，灵活性较差。

2）由于其利用摩擦生热进行焊接，速度上受到限制，比一些熔化焊方法焊接速度低。

3）"匙孔"问题。焊接结束后搅拌针所处的位置会留下一个小孔，称为"匙孔"。解决这个问题，可以通过增加引出板，焊后切除；或是在"匙孔"处用其他材料填满，也可以用其他焊接方法填满。还有一种方法就是设计长度可调整的搅拌头，这样不仅可以解决"匙孔"问题，还可以实现变厚度材料的焊接。

3. 搅拌摩擦焊接头的分区

搅拌摩擦焊接头的分区如图 2-6 所示。D 为焊核区，是受到剧烈搅拌的金属混合的区域，相当于焊缝；C 为热机影响区，其靠近焊核区，受到搅拌头搅拌而发生塑性变形的区域，但是它并没有脱离母材；*B* 为热影响区，它没有受到搅拌头的影响，没有发生塑性变形，只是受到热的作用；*A* 区为没有受到影响的母材。

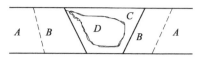

图 2-6 搅拌摩擦焊接头的分区

4. 搅拌摩擦焊接头形式

搅拌摩擦焊虽然基于摩擦焊的基本原理，但与常规摩擦焊相比，其不受轴类零件的限制，是长、直焊缝（平板对接和搭接）的理想焊接方法。搅拌摩擦焊可以进行多种接头形式的焊接，如图 2-7 所示。搅拌摩擦焊也适用于环形、圆形、非线性和立体焊缝。由于重力对这种固相焊接方法没有影响，搅拌摩擦焊也可以用于全位置焊接，如横焊、立焊、仰焊、环形轨道自动焊等。在实际的工业应用中，搅拌摩擦焊已成功地焊接了火箭推进器燃料箱的纵向对接焊缝和环形搭接焊缝。

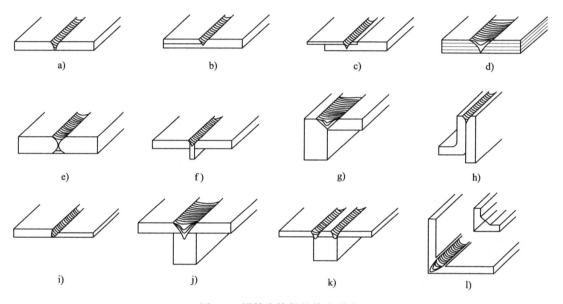

图 2-7 搅拌摩擦焊的接头形式

5. 搅拌摩擦焊焊接参数

搅拌摩擦焊焊接参数主要有搅拌头旋转速度和焊接速度。

此外，还有搅拌摩擦点焊，搅拌摩擦胶接点焊。

2.3.7 电阻点焊

1. 电阻点焊概述

电阻点焊也是镁合金常用的焊接方法之一。焊前须对焊接表面进行清理，除掉氧化物。电阻点焊时，镁合金焊件和铜电极之间易生成金属间化合物而发生黏附现象，影响焊接质量，所以镁合金电阻点焊时要加强电极冷却，且电极和焊件之间的电阻要分布均匀。镁合金点焊时焊件容易产生较大变形，应采用小热输入。

镁合金电阻点焊有产生液化裂纹的可能。液化裂纹主要是由低熔点液化膜及冷却过程中产生的拉应力所致。它可以延伸到接头的表面。断裂形式主要有纽扣断裂及结合面断裂。

2. 镁合金的电阻点焊工艺

可以对 0.5~3.3mm 厚度的镁合金很好地进行各种电阻点焊。表 2-14 给出了镁合金电阻点焊时适用的焊点距离和端口距离。在不同厚度或者不同合金的焊接中，这种接头应当根据强度较低的合金或者厚度较薄合金的厚度来设计，厚度差不应超过 2.5∶1。在点焊异种金属时，可以采用较小半径电极及更高热输入的合金来补偿热导率和电导率之差。表 2-15~表 2-18 给出了各种不同条件下镁合金点焊的焊接参数。

表 2-14 镁合金电阻点焊适用的焊点距离和端口距离

厚度[1] /mm	焊点距离		端口距离	
	最小值/mm	名义值/mm	最小值/mm	名义值/mm
0.5	6.4	12.7	5.6	7.9
0.6	6.4	12.7	5.6	7.9
0.8	7.9	15.7	6.4	9.1
1.0	9.7	19.0	7.1	9.7
1.3	11.2	20.3	7.9	10.4
1.6	12.7	25.4	9.7	12.2
2.0	16.0	31.7	11.2	13.7
2.5	22.3	38.1	11.9	14.2
3.2	23.9	44.5	14.2	17.0

[1]若厚度不等则为较薄部分的厚度。

镁合金点焊前后都需要仔细清理。焊前清理自不必说，焊后清理主要是清理铜电极可能带来的铜污染，因为铜污染可能损害接头的耐蚀性。可以用 10% 的醋酸溶液擦洗表面。如果有暗点，需要用机械去除。

表 2-15 用三相变频机电阻点焊 AZ31A 镁合金的焊接参数

厚度[1] /mm	电极[2]		电极压力		顶锻延迟时间[3] /周波数	焊接加热或脉冲时间[3] /周波数	脉冲数	焊后加热时间[3] /周波数	大致电流值/A		熔核直径 /mm	焊点平均剪切力 /N
	直径 /mm	球面半径 /mm	焊接 /N	顶锻 /N					焊接时	焊后加热		
0.5	12.7	76	3600	—	—	1	2	—	25400	—	4.8	865
0.6	12.7	76	3600	—	—	1	1	2	20200	4.0	3.6	890
0.8	12.7	76	4540	—	—	1	2	—	26400	—	5.1	1470
1.0	15.9	76	5450	—	—	1	2	—	28300	—	5.3	1890
1.3	15.9	102	6350	15900	2	2	2	5	29000	10.3	4.8	1935
1.3	15.9	102	7250	—	—	2	1	—	31000	—	4.8	1955
1.6	15.9	102	7950	—	—	3	1	—	35200	—	5.6	2580
1.6	22.2	102	5450	17700	3	3	1	—	43600	—	6.4	3070
1.6	15.9	102	5450	8700	3	3	1	6	43600	24.8	7.4	3560
2.3	22.2	102	9050	19500	2	3	1	5	42700	15.0	6.6	4050
3.2	22.2	152	20400	—	—	5	6	—	66900	—	11.7	9320

① 两焊件相同厚度。

② 两头球形工作面电极。

③ 周波数 60Hz。

表 2-16　用单相交流机电阻点焊镁合金的焊接参数

厚度① /mm	电极②		电极压力 /N	焊接时间③ /周波次	大致电流值 /A	熔核直径 /mm	焊点平均 剪切力/N
	直径 /mm	球面半径 /mm					
AZ31B 合金							
0.4	9.5	51	1350	2	16000	2.5	620
0.5	9.5	76	1600	3	18000	3.6	780
0.6	9.5	76	1800	3	22000	4.1	955
0.8	9.5	76	2050	4	24000	4.6	1200
1.0	12.7	76	2250	5	26000	5.1	1535
1.3	12.7	102	2500	5	29000	5.8	1915
1.6	12.7	102	2700	6	31000	6.9	2425
1.8	12.7	102	2950	7	32000	7.4	2715
2.0	12.7	102	3150	8	33000	7.9	3070
2.3	12.7	102	3400	9	34000	8.1	3425
2.5	12.7	152	3600	10	36000	8.6	3850
3.2	12.7	152	4550	12	42000	9.7	4805
M1A 合金							
0.4	9.5	51	135	3	17000	2.0	310
0.5	9.5	76	135	3	20000	3.0	425
0.6	9.5	76	160	4	24000	3.6	580
0.8	9.5	76	180	5	26000	4.1	780
1.0	9.5	76	205	6	28000	4.6	1000
1.3	12.7	102	225	7	30000	5.3	1310
1.5	12.7	102	250	8	32000	6.1	1710
1.8	12.7	102	270	9	33000	6.6	1915
2.0	12.7	102	295	10	35000	7.1	2200
2.3	12.7	102	315	11	36000	7.4	2490
2.5	12.7	152	340	12	38000	7.9	3025
3.2	12.7	152	430	14	45000	8.9	3560

① 两焊件厚度相等。

② 两头球形工作面电极。

③ 周波数 60Hz。

表 2-17　用电容储能电阻点焊 AZ31B 镁合金的焊接参数

厚度① /mm	电极②		电极压力 /N	供电电压 /kV	熔核直径 /mm	焊点平均剪切力 /N
	直径 /mm	工作面半径 /mm				
0.5	12.7	76	2950	1.4	3.6	645
1.0	12.7	76	3300	2.2	5.1	1495
1.3	15.9	102	3800	2.2	5.8	1935
1.6	15.9	102	4900	2.2	6.9	2490
2.5	19.1	152	4900	2.2	8.6	4380
3.2	22.2	152	10300	2.2	9.6	5375

① 两焊件厚度相等。

② 两头球形工作面电极。

表 2-18　用直流整流机电阻点焊 AZ31B 镁合金的焊接参数

厚度[1] /mm	电极[2]		电极压力		顶锻延迟时间[3] /周波数	焊接时间[3] /周波数	焊后加热时间[3] /周波数	大致电流值/A		熔核直径 /mm	焊点平均剪切力 /N
	直径 /mm	球面半径 /mm	焊接时 /N	顶锻 /N				焊接时	焊后加热		
0.5	15.9	76	1350	2700	0.6	1	1	21000	14700	3.5	645
0.8	15.9	76	1800	4000	1.0	2	1	24000	16900	4.6	1090
1.0	15.9	76	2150	4550	1.2	2	2	26000	18000	5.1	1495
1.3	15.9	76	2650	5750	1.5	3	2	28500	20000	5.6	1935
1.6	15.9	102	3150	7000	1.8	3	3	29300	20500	6.9	2490
2.1	22.2	102	3900	8550	2.4	4	4	35750	25000	7.9	3290
2.4	22.2	152	4400	9750	3.9	6	4	38750	27100	8.1	3805
2.6	22.2	152	4750	10500	4.5	7	4	41300	28800	8.6	4380
3.2	22.2	152	5750	12600	7.7	10	6	48000	33400	9.6	5375

① 两焊件厚度相同。

② 两头球形工作面电极。

③ 周波数 60Hz。

镁合金的电阻点焊生产率高、操作灵活性好，但也存在许多局限性，主要表现在以下几方面。

1）焊接过程需要提供大电流，能耗大。

2）焊件表面氧化膜造成电极寿命明显缩短。

3）由于焊接大电流的作用，焊件将产生明显热变形，焊缝中易出现缺陷，焊点质量不稳定，焊接接头质量差。

4）焊接过程中有飞溅，点焊工作环境差。

5）点焊的搭接接头不仅增加了构件的重量，且因在两板间焊核周围形成夹角，致使接头的抗拉强度和疲劳强度较低。

因此，研究开发新的点焊连接技术替代传统的电阻点焊技术，对扩大镁合金的应用，推动运载工具轻量化发展以及提高航空、航天运载能力具有十分重要的意义。

2.3.8　镁合金的钎焊

镁合金钎焊技术的研究始于二十世纪六七十年代，其中火焰钎焊、炉中钎焊均适用于镁合金的连接。到目前为止，镁合金钎焊的发展仍然比较慢，新型钎料与母材的润湿依然是制约镁合金钎焊技术发展的瓶颈。随着轻金属在航空航天等领域的应用，镁合金钎焊又成为研究热点。镁合金在钎焊过程中容易被氧化，阻碍钎料铺展，因此在钎焊过程中通常采用氩气进行保护。

镁合金钎焊时采用炉中高频感应加热，并根据镁合金特点，制作特殊感应线圈以及气体保护装置，获得了较好的效果。

在氩气保护筒式电阻炉中钎焊 AZ31B 镁合金，利用自动控温仪进行温度精确控制，获得了较好的钎焊接头。

在钎焊 AM60B 镁合金时，采用 Mg65-Cu22-Ni3-Y10 钎料，在 500℃左右进行钎焊，得到了较好的钎焊接头，没有缺陷，仅有少量的 Cu 偏聚于界面。镁合金钎焊的研究应着重于镁合金钎料的研发，如晶态三元镁基、铝基及锌基钎料，通过添加稀土元素及合金调整开发具有低熔点、固液相线区间狭窄的镁合金钎料。

（1）钎料 表2-19给出了镁合金用钎料。BMg-1类似于AZ92A的成分，但是含有质量分数为0.0006%~0.0008%的铍，加入铍是为了抑制钎料熔化时的急剧氧化，因为这种钎料的钎焊温度较高，其也只适用于较高熔点镁合金的钎焊。对于熔点较低的镁合金要用AZ125A钎料，其铍含量较高，质量分数为0.0008%~0.001%。对于熔化温度更低的ZK60A，适合于应用GA432作为钎料（含有质量分数为43%Mg、55%Zn、2%Al，无Be）。

表2-19 镁合金用钎料

可钎焊的合金	熔化温度/℃	填 充 材 料		
		BMg-1	AZ125A	GA432
AZ10A	630~645	可	可	可
AZ31B	565~625	不可	可	可
AZ61A	510~615	不可	不可	可
K1A	650	可	可	不可
M1A	640~650	可	可	可
ZE10A	595~645	不可	可	可
ZK60A	500~635	不可	不可	可

（2）炉中钎焊 炉中钎焊采用粉状钎料，也可以用苯、甲苯或者氯苯制成膏状。但是膏状钎料应当在175~205℃下干燥5~15min。

（3）钎焊后清理 钎焊之后必须进行清理，因为残留的钎剂对接头会产生严重的腐蚀。采用流动的热水清洗，然后浸入稀红矾钾溶液中1~2min，再在沸腾的去溶剂清洗液中浸洗2h。

2.3.9 镁合金的粘接

1. 镁合金粘接的特点

1）它适用于任何形状与尺寸的任何材料（当然包括镁合金），是异种材料很好的连接方法。

2）粘接可以得到光滑的表面，这是航空动力学所希望的。

3）粘接对于要求高疲劳强度的部件最为合适，因为它没有应力集中，而且，粘接剂的弹性模量小，不会如刚性接点那样传递应力。

2. 粘接前部件准备

必须彻底清理材料表面，不能有油污、杂质，要去除表面氧化物。

3. 粘接接头质量

表2-20给出了适用于镁合金的粘接剂的特性。采用酚醛橡胶基树脂粘接剂粘接2.2mm冷轧镁合金板时，搭接宽度对粘接接头抗剪强度的影响，如图2-8所示。图2-9所示为温度对1.6mm镁合金粘接接头抗剪强度的影响。

表 2-20　适用于镁合金的粘接剂的特性

粘接剂类型	固化条件			粘接剂厚度 /mm	20℃时的剪切强度/MPa
	温度/℃	时间/min	压力/MPa		
酚醛树脂加聚乙烯醇甲醛粉末	130	32	0.3～3.4	0.08～0.15	11～18
酚醛橡胶基树脂	160	20	1.4	0.08～0.15	15～18
酚醛合成橡胶基粘接剂	175	40	0.05～0.8	0.13～0.50	7～17
热固树脂	175	60	0.7	0.13～0.50	14～20
环氧树脂（液体、粉末或像钎料那样用的胶）	200	60	接触	0.03～0.15	10～15
环氧树脂，两种液体	20	24h	接触	0.03～0.15	10～15
环氧树脂膏加液态活化剂	95	60	接触	0.08～0.13	<20
橡胶基粘接剂	200	8	1.4	0.25～0.38	12～16
乙烯基酚醛粘接剂	150	8（预热）	可变	0.10～0.30	7～12
	135～200	70～4	可变	0.10～0.30	7～12
环氧型树脂	95	45	接触	0.50～0.75	8～12
	95	45	0.1	0.50～0.75	8～12
酚醛粘接剂	150	15	0.2	0.50～1.00	<16
改性环氧树脂	175	60	接触	0.06～0.13	19～30
环氧-酚醛粘接剂	115	15～30	0.02～0.2	0.30～0.75	5～16（68～26℃）
高温型环氧-酚醛粘接剂	165	30	0.02～0.2	0.30～0.75	5～16（68～26℃）

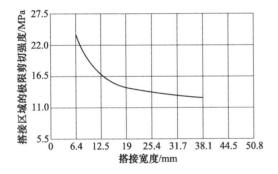

图 2-8　搭接宽度对粘接接头抗剪强度的影响

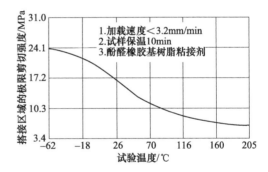

图 2-9　温度对 1.6mm 镁合金粘接接头抗剪强度的影响

2.4　镁合金焊后热处理

2.4.1　镁合金焊后热处理工艺

　　表 2-21 和表 2-22 分别为镁合金和变形镁合金焊后去应力退火的工艺。为了避免应力腐蚀开裂，铝的质量分数大于 1.5% 的变形镁合金的焊接接头需要焊后去应力退火。

　　表 2-23 给出了镁合金铸件的焊后热处理工艺参数。焊后不要求固溶处理的 Mg-Al-Zn 系镁合金铸件应当在 260℃ 之下去除应力退火 1h。如果需要焊后固溶处理+时效，表 2-24 给出了适用于镁合金的固溶处理+时效。Mg-Al-Zn 系镁合金热处理时，焊件应当在 260℃ 的炉中慢慢升温到固溶温度，以避免非平衡共晶熔化而形成空洞。焊件从 260℃ 升温到固溶温度所

需要的时间由焊件尺寸、化学成分、质量、断面厚度而定，但是，不少于2h。而其他镁合金可以在固溶处理温度之下装入炉中，保温适当时间之后空冷。

表 2-21　镁合金焊后去应力退火的工艺

合　　金	状　　态	热处理工艺
Mg-Al-Mn	所有状态	260℃ 1h
Mg-Al-Zn	所有状态	260℃ 1h
ZK61A	T5	330℃ 2h，然后130℃ 48h
ZE41A	所有状态	330℃ 2h

表 2-22　变形镁合金焊后去应力退火的工艺

合　　金		温度/℃	时间/min
板材	AZ31B-O	345	120
	AZ31B-H24	150	60
挤压材	AZ31B-F	260	15
	AZ61A-F	260	15
	AZ80A-F	260	15
	AZ80A-T5	200	60
	ZC71A-T5	330	60
	ZK21A-F	200	60
	ZK60A-F	260	15
	ZK60A-T5	150	60

表 2-23　镁合金的焊后热处理工艺参数

合金	焊　　条	焊前状态	焊后要求状态	焊后热处理
AZ63A	AZ63A 或 AZ92A[1]	F	T4	385±6℃ 12h[2]
		F	T6	385±6℃ 12h 加 220℃ 5h
		T4	T4	385±6℃ 1/2h
		T4 或 T6	T6	385±6℃ 1/2h 加 220℃ 5h
AZ81A	AZ92A 或 AZ101	T4	T4	413±6℃ 1/2h[3]
AZ91C	AZ92A 或 AZ101	T4	T4	413±6℃ 1/2h[3]
		T4 或 T6	T6	413±6℃ 1/2h[3] 加 215℃ 4h 或 170℃ 16h
AZ92A	AZ92A	T4	T4	407±6℃ 1/2h[3]
		T4	T4	407±6℃ 1/2h[3] 加 260℃ 4h 或 220℃ 5h
EQ21A	EQ21A	T4rT6	T6	505±6℃ 1h，淬火，205℃ 16h
EZ33A	EZ33A	F 或 T5	T5	345℃ 2h[4] 和/或 215℃ 5h 或 220℃ 24h
QE22A	QE22A	T4 或 T6	T6	510±6℃ 1h，淬火，205℃ 16h
WE43A	WE43A	T4 或 T6	T6	510±6℃ 1h，淬火，205℃ 16h
WE54A	WE54A	T4 或 T6	T6	510±6℃ 1h，淬火，205℃ 16h
ZC63A	ZC63A	T4 或 T6	T6	425±6℃ 1h，淬火，205℃ 16h

（续）

合金	焊　条	焊前状态	焊后要求状态	焊后热处理
ZE41A	ZE41A[⑤]	F 或 T5	T5	330℃ 2h
ZK51A	ZK51A[⑤]	F 或 T5	T5	330℃ 2h 加 175℃ 16h

① 焊接 F 态的 AZ63A 必须用 AZ63A 焊条，因为 385℃12h 会导致用 AZ92A 焊条焊接的焊点晶粒过分长大；AZ92A 焊条常用于 T4 或 T6 状态的 AZ63A 的焊接，除非按规范要用 AZ63A 焊条。

② 先加热到 260℃，以不高于 83℃/h 的速度加热到指定温度。

③ 用二氧化碳或二氧化硫作为保护气氛。

④ 345℃ 2h 导致蠕变强度稍有降低。

⑤ 或 EZ33A。

时效温度和时效时间对材料和焊接接头的力学性能都有影响。图 2-10 和图 2-11 分别所示为 AZ63A 和 AZ92A 的屈服强度与时效温度和时效时间的关系及 250℃ 时效时时效时间对 WE54A-6T 硬度和拉伸性能的影响。

表 2-24　适用于镁合金的固溶处理+时效

合金	最终状态	时效[①] 温度（±6℃）/℃	时效[①] 时间[②]/h	固溶处理[③] 温度（±6℃）/℃	固溶处理[③] 时间[②]/h	最高温度/℃	固溶处理后时效 温度（±6℃）/℃	固溶处理后时效 时间[②]/h
镁-铝-锌合金[④]								
AM100	T5	232	5	—	—	—	—	—
	T4	—	—	424[⑤]	16~24[⑤]	432	—	—
	T6	—	—	424[⑤]	16~24[⑤]	432	232	5
	T61	—	—	424[⑤]	16~24[⑤]	432	218	25
AZ63A	T5	260[⑥]	4[⑥]	—	—	—	—	—
	T4	—	—	385	10~14	391	—	—
	T6	—	—	385	10~14	391	218[⑥]	5[⑥]
AZ81A	T4	—	—	413[⑤]	16~24[⑤]	418	—	—
AZ91C	T5	168[⑦]	16[⑦]	—	—	—	—	—
	T4	—	—	413[⑤]	16~24[⑤]	418	—	—
	T6	—	—	413[⑤]	16~24[⑤]	418	168[⑧]	16[⑧]
AZ92A	T5	260	4	—	—	—	—	—
	T4	—	—	407[⑨]	16~24[⑨]	413	—	—
	T6	—	—	407[⑨]	16~24[⑨]	413	218	5
镁-锌-铜合金								
ZC63A[⑩]	T6	—	—	440	4~8	445	200	16
镁-锆合金								
EQ21A[⑩]	T6	—	—	520	4~8	530	200	16
EZ33A	T5	175	16	—	—	—	—	—
QE22A[⑩]	T6	—	—	525	4~8	538	204	8
QH21A[⑩]	T6	—	—	525	4~8	538	204	8
WE43A[⑩]	T6	—	—	525	4~8	535	250	16
WE54A[⑩]	T6	—	—	527	4~8	535	250	16
ZE41A	T5	329[⑪]	2[⑪]	—	—	—	—	—
ZE63A[⑫]	T6	—	—	480	10~72	491	141	48
ZK51A	T5	177[⑬]	12[⑬]	—	—	—	—	—
ZK61A	T5	149	48	—	—	—	—	—
	T6	—	—	499[⑭]	2[⑭]	502	129	48

57

（续）

合金	最终状态	时效①		固溶处理③		最高温度/℃	固溶处理后时效	
		温度（±6℃）/℃	时间②/h	温度（±6℃）/℃	时间②/h		温度（±6℃）/℃	时间②/h
变形制品								
ZK60A	T5	150	24	—	—	—	—	—
AZ80A	T5	177	16~24	—	—	—	—	—
ZC71A⑩	T5	180	16	—	—	—	—	—
ZC71A⑩	T6	—	—	430	4~8	435	180	16

① 从加工的 F 态时效至 T5 状态。

② 除不同的引用外。

③ 除另有说明外，固溶处理后以及随后时效前铸件用快速风冷至室温。400℃以上用二氧化碳、二氧化硫或二氧化碳中加 0.5%~1.5%的六氟化硫作为保护气氛。

④ 镁-铝-锌合金固溶处理时装入 260℃的炉中并以均匀的升温速度在 2h 以上达到所需温度。

⑤ 为防止晶粒过分长大采用另一种热处理：（413±6）℃ 6h，（352±6）℃ 2h，（413±6）℃ 10h。

⑥ 另一种处理：（232±6）℃ 5h。

⑦ 另一种处理：（216±6）℃ 4h。

⑧ 另一种处理：（216±6）℃ 5~6h。

⑨ 为防止晶粒过分长大，采用另一种处理：（407±6）℃ 6h，（352±6）℃ 2h，（407±6）℃ 10h。

⑩ 从固溶处理温度在 65℃的水或其他适当的介质中淬火。

⑪ 为开发满意的性能，这种处理是适当的；可随后在（177±6）℃加热 16h 以使力学性能稍有改善。

⑫ ZE63A 合金必须在特殊的氢气氛中固溶处理，因为通过它的某些合金元素的氢化可使其力学性能得到提高，氢化时间与切面厚度有关；作为一个标准，6.4mm 切面需要近 10h，而 19mm 切面需要大约 72h，随后的固溶处理，ZE63A 应该在油、水雾或吹风中淬火。

⑬ 另一种处理：（218±6）℃ 8h。

⑭ 另一种处理：（482±6）℃ 10h。

2.4.2 镁合金焊后热处理可能遇到的问题

1. 氧化

镁合金极易氧化，甚至于燃烧。为此，应当在充满惰性气体的炉中进行热处理。

2. 熔化空洞

Mg-Al-Zn 系镁合金焊接接头热处理时，焊件在 260℃炉中升温太快，或者含有 Zn 或 Zr 的镁合金超过固溶温度或者超过固相线时，会形成空洞。因此 Mg-Al-Zn 系镁合金焊接接头热处理时，焊件在 260℃炉中需要 2h 以上的时间逐步升温到固溶温度，并且保证固溶温度不超过设计温度，就可以防止上述问题的发生。

3. 晶粒长大

为了防止晶粒长大，采用表 2-24 中注⑤和注⑨的方法就可以。

4. 燃烧着火

镁合金很容易剧烈氧化而发生燃烧着火，镁合金表面的油脂、污物、水分及炉中的污染物和湿气等都会发生燃烧着火。

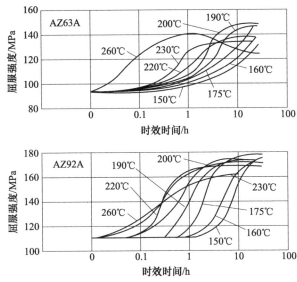

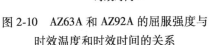

图 2-10　AZ63A 和 AZ92A 的屈服强度与
时效温度和时效时间的关系

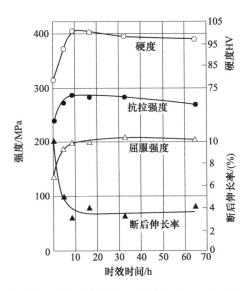

图 2-11　250℃时效时时效时间对 WE54A-6T
硬度和拉伸性能的影响

　　镁合金燃烧着火，不能用水来灭火。一旦发生燃烧着火，首先关闭所有能源、燃料及保护气，可以采取将镁合金与氧及空气隔绝，用专门用于镁合金的灭火粉末覆盖来灭火，还可以用三氟化硼（BF$_3$）或者三氯化硼（BCl$_3$）气体，将其导入炉中：三氟化硼（BF$_3$）最小浓度达到质量分数的 0.04%，直到火灭及炉温降到 370℃以下；三氯化硼（BCl$_3$）最小浓度达到质量分数的 0.4%，三氯化硼与加热的镁合金反应，能够形成一种保护膜，也直到火灭及炉温降到 370℃以下。

第3章

典型镁合金的焊接

3.1 AZ31 镁合金的焊接

3.1.1 AZ31 镁合金的 TIG 焊

AZ31 镁合金属于镁-铝-锌系合金。该系列合金中加入了铝和锌，可阻止焊接时晶粒长大，焊后经热处理淬火后，焊缝的抗拉强度、断后伸长率均有显著提高。但是随着铝和锌含量的增高，结晶温度区间增大，共晶体的数量增多，焊接时产生裂纹和晶粒过热的倾向增大。镁合金中的铝含量（质量分数）低于 10%，铝具有细化晶粒、防止焊接裂纹、提高焊接性的作用。在采用合适的填充材料的情况下，镁合金具有良好的焊接性，可得到性能良好的焊缝。

1. AZ31 镁合金的 TIG 焊的裂纹倾向

由于 AZ31 镁合金的结晶温度区间高达 200℃以上（镁的熔点为 650℃、铝的熔点为 660℃、其共晶温度为 437℃），因此焊接热裂纹倾向较大，其裂纹从焊缝表面起，向内部延伸（图 3-1 和图 3-2）。裂纹具有沿晶和穿晶性质（图 3-3）。没有发现冷裂纹。采用小焊接热输入量可以减少热裂纹的产生。

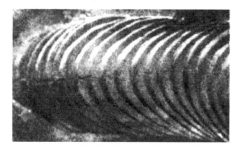

图 3-1　AZ31 镁合金的 TIG 焊热裂纹的表面形态

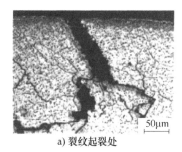

a) 裂纹起裂处　　　　b) 分叉裂纹　　　　c) 裂纹扩展尖端

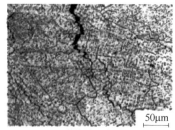

图 3-2　AZ31 镁合金的 TIG 焊热裂纹的扩展

2. 薄板 AZ31 镁合金的 TIG 焊

（1）材料　母材为厚度 2.0mm 的 AZ31 镁合金，填充材料为 AZ31、AZ61 或 AZ91 镁

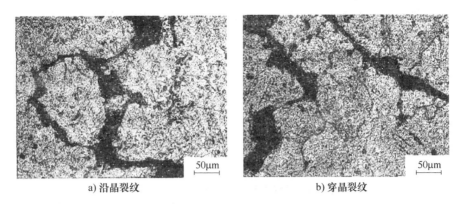

a) 沿晶裂纹　　　　　　　　　　　　　　b) 穿晶裂纹

图 3-3　AZ31 镁合金的 TIG 焊热裂纹形态

合金。

（2）焊接参数　表 3-1～表 3-3 分别给出了电极直径与焊接电流、保护气体流量与喷嘴直径和焊丝（填充材料）直径与焊接电流之间的关系。

表 3-1　电极直径与焊接电流之间的关系

电极直径 /mm	焊接电流/A		
	直流 GTAW 焊接（电极负极性）	交流 GTAW 焊接	
	钍钨、铈钨、镧钨、纯钨	钍钨、铈钨	纯钨
0.5	5～20	5～20	5～15
1.0	15～80	15～80	10～60
1.6	70～150	70～150	50～100
2.4	150～250	150～235	100～160
3.2	150～400	225～325	150～210
4.0	400～500	300～425	200～275

表 3-2　保护气体流量与喷嘴直径之间的关系

保护气体流量/（L/min）	喷嘴直径（喷嘴 No.）
3～6	6.5mm（No.4）
4～8	8.0mm（No.5）
5～10	9.5mm（No.6）
6～12	11.0mm（No.7）

表 3-3　焊丝（填充材料）直径与焊接电流之间的关系

焊接电流/A	焊丝直径/mm
10～20	0～1.0
20～50	0～1.6
50～100	1.0～2.4
100～200	1.6～3.0
200～300	2.4～4.5
300～400	3.0～6.4
400～500	4.5～8.0

（3）焊后热处理　热处理工艺为退火温度为150℃，退火时间为1h，随炉冷却。

（4）焊缝成形

1）母材表面状态对焊缝成形的影响。表3-4给出了母材表面状态对焊缝成形的影响，可以看到母材表面清理越彻底，熔深越大，熔宽越小。这是因为在焊接参数相同的情况下，焊接热输入相同，而焊缝表面氧化膜的熔点与母材相比要高，使氧化膜熔化的热量要比使母材熔化的热量多，熔化氧化膜的时间也要长，热量在使氧化膜熔化的同时，会横向传导，从而获得的焊缝熔宽大，熔深小。所以有效去除母材表面的氧化膜有利于增大焊缝的深宽比，获得优质的焊缝。

表3-4　母材表面状态对焊缝成形的影响

表面状态	表面未处理	丙酮除油，再砂布打磨	砂布打磨
熔深 H/mm	0.6	1.14	1.04
熔宽 B/mm	5.27	4.28	4.5
深宽比（H/B）	0.114	0.266	0.231

2）焊接电流的影响。图3-4所示为焊接电流对焊缝成形的影响。

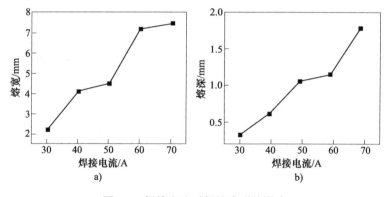

图3-4　焊接电流对焊缝成形的影响

3）保护气体流量的影响。图3-5所示为保护气体流量对焊缝成形的影响，可以看到在焊接电流相同，其他焊接参数都不改变的条件下，保护气体流量是影响焊缝表面成形及熔池形状的一个重要参数，保护气体气流对熔池产生的冲击力将对熔深起重要作用。如图3-5所示，在其他条件不变时，随着保护气体流量的增加，焊缝的熔宽开始时变大，然后变小，随

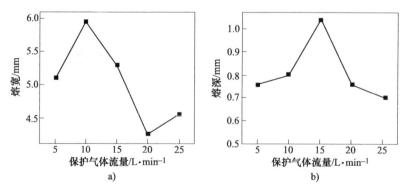

图3-5　保护气体流量对焊缝成形的影响

着保护气体流量进一步增加，焊缝的熔宽又开始变大；随着保护气体流量的增加，焊缝的熔深先变大，后变小。

氩气流量太小，焊缝的熔深浅，熔宽大。氩气流量太大，焊缝的熔深浅，熔宽也有所减小。当气体流量为 15L/min 时，焊缝的深宽比最大。这可能是因为如果气体流量过小，氩气挺度不够，对熔池所产生的冲击力减弱，获得的焊缝熔深浅。气体流量过大，会引起喷出气流流态的变化，使层流区缩短，紊流区扩大，气流对熔池的冲击力也弱，使得熔深也浅。同时，紊流易使空气卷入保护区，保护效果不佳。当氩气流量为 15L/min 时，气体流量适当，故焊缝能获得最大的深宽比。因此，在焊接时，应选取一个合适的值，控制好氩气的流量，才能得到满意的焊缝。

4）焊丝成分的影响。表 3-5 给出了母材和无焊丝及加焊丝焊缝金属的化学成分。

表 3-5　母材和无焊丝及加焊丝焊缝金属的化学成分

位　置	化学成分（质量分数，%）		
	Mg	Al	Zn
母材	94.43	3.72	1.85
无焊丝的焊缝	91.76	4.91	3.33
加 AZ31 焊丝的焊缝	91.02	5.26	3.72
加 AZ61 焊丝的焊缝	91.14	5.29	3.57
加 AZ91 焊丝的焊缝	89.95	6.22	4.03

表 3-6 给出了不同焊丝（填充材料）对焊缝成形的影响，可以看到加入填充材料之后，其熔深变浅，熔宽变窄，深宽比变小，而焊丝成分影响不大。这是由于熔化焊丝吸收热量的缘故。

表 3-6　不同焊丝（填充材料）对焊缝成形的影响

焊丝牌号	无焊丝	AZ31	AZ61	AZ91
熔深 H/mm	0.89	0.19	0.20	0.18
熔宽 B/mm	4.6	2.3	2.33	2.26
深宽比（H/B）	0.193	0.083	0.086	0.08

（5）接头组织　不同焊丝（填充材料）时焊缝金属的显微组织如图 3-6 所示，可以看出随着焊丝铝含量的增多，析出相也增多。

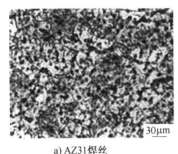 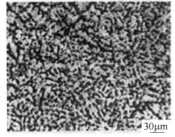 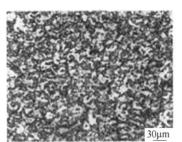

a) AZ31焊丝　　　　　　　　b) AZ61焊丝　　　　　　　　c) AZ91焊丝

图 3-6　不同焊丝（填充材料）时焊缝金属的显微组织

（6）焊接接头力学性能

1）焊接接头显微硬度分布。图 3-7 所示为焊接电流为 40A 和 45A 时的焊接接头显微硬度分布。

2）焊接接头拉伸性能。表 3-7 给出了采用不同焊丝时的接头拉伸性能，可以看到采用 AZ91 焊丝的接头拉伸性能最高，说明焊缝金属含铝量提高有利于提高接头拉伸性能。

3）焊后热处理对力学性能的影响。表 3-8 给出了母材及采用不同焊丝的热处理前后的接头力学性能，可以看到经过热处理之后，接头力学性能有所提高。

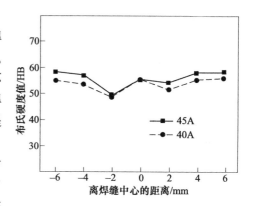

图 3-7　焊接电流为 40A 和 45A 时的焊接接头显微硬度分布

表 3-7　采用不同焊丝时的接头拉伸性能

焊接电流 /A	材料-焊丝	抗拉强度/MPa	断后伸长率（%）	强度系数（%）
	AZ31 母材	300	12	—
40	AZ31-AZ31	221	4.75	73.7
40	AZ31-AZ61	236	4.89	78.7
40	AZ31-AZ91	244	5.17	81.3
50	AZ31-AZ31	251	5.81	83.7
50	AZ31-AZ61	258	5.23	86
50	AZ31-AZ91	265	6.23	88.3

表 3-8　母材及采用不同焊丝的热处理前后的接头力学性能

材料-焊丝	抗拉强度/MPa	伸长率（%）	强度系数（%）
AZ31 母材	262	10.1	—
AZ31-AZ31	208.45	3.49	79.6
AZ31-AZ61	214.27	5.78	81.7
AZ31-AZ91	217.01	6.26	82.8
AZ31-AZ31（热处理）	215.89	4.43	82.4
AZ31-AZ61（热处理）	223.59	6.89	85.3
AZ31-AZ91（热处理）	229.58	9.33	87.6

3. 厚板 AZ31 镁合金的 TIG 的多层焊

（1）焊前准备　坡口加工如图 3-8 所示。

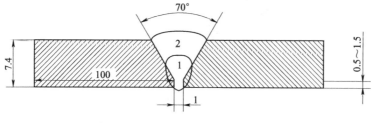

图 3-8　坡口加工

（2）焊接工艺　AZ31 镁合金交流 TIG 焊焊接参数，见表 3-9。焊接时采用平板对接，单面焊双面成形工艺，焊接层数为两层，为保证焊缝成形良好，每层都要填充焊丝。

表 3-9　AZ31 镁合金交流 TIG 焊焊接参数

试验编号	焊接电流/A	焊接电压/V	焊丝直径/mm	钨极直径/mm	喷嘴直径/mm	氩气流量/L·min^{-1}	焊接层数	接头形式
1	160	16	3	4	9	12	2	V 形坡口对接
2	190	16	3	4	9	12	2	V 形坡口对接
3	220	16	3	4	9	12	2	V 形坡口对接

（3）焊接接头显微组织　图 3-9 所示为焊接电流为 190A 时焊接接头显微组织照片。从图 3-9a、b 可以看出，封面焊和打底焊焊缝区组织均为细小的等轴晶，晶界上分布着颗粒状析出相，导致腐蚀时留下腐蚀坑，但仍然可以明显看到焊缝晶界。由于镁合金的热导率大，散热快，焊接时背面又有垫板导热，可以促进焊缝区金属快速凝固，晶粒来不及长大，晶粒细小。对比图 3-9a、b 可以看出，打底焊焊缝基体晶粒尺寸相对于封面焊焊缝基体晶粒尺寸较大。这是因为打底焊焊缝热输入大，而且经过两次焊接热循环，促进了晶粒进一步长大。在另外两组焊接电流下同样存在此种现象。

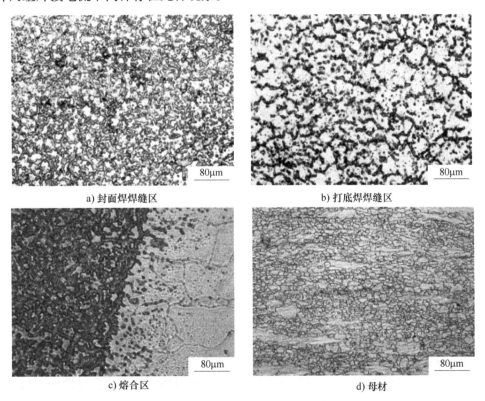

a) 封面焊焊缝区　　　　　　　　　　b) 打底焊焊缝区

c) 熔合区　　　　　　　　　　　　　d) 母材

图 3-9　焊接电流为 190A 时焊接接头显微组织照片

图 3-9c 所示为焊接接头熔合区组织，左侧区域为焊缝，右侧区域为热影响区，可以看出熔合线附近热影响区上也有少量的颗粒状析出相；热影响区晶粒较粗大，为母材和焊缝晶粒尺寸的几十倍，属于典型的过热组织。这是由于镁合金的熔点低，导热快，TIG 焊时加热

源功率大，焊缝附近母材吸收的热量大，使得热影响区组织发生晶粒长大。

（4）焊接电流对焊接接头显微组织的影响　随着焊接电流的增大，焊接接头显微组织（包括焊缝和热影响区）发生明显粗化。这是因为随着焊接电流的增大，焊接热输入增加，熔池高温停留时间增加，冷却速度降低，从而导致焊缝组织和热影响区组织明显增大。

图 3-10 所示为焊缝区和母材的 X 射线衍射图，可以看到焊缝区和母材的组织都是由 Mg 固溶体和 $Al_{12}Mg_{17}$ 组成。

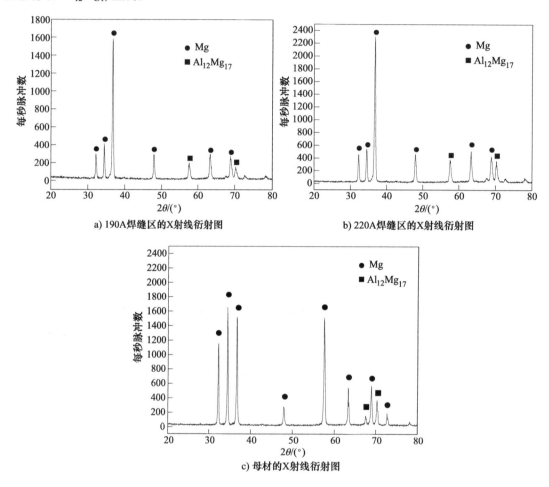

图 3-10　焊缝区和母材的 X 射线衍射图

（5）焊接接头力学性能

1）焊接接头的显微硬度分布。图 3-11a 所示为焊接电流为 190A、220A 时，AZ31 镁合金 TIG 焊焊接接头横向显微硬度分布。可以看出，两种焊接电流下接头显微硬度均呈 "W" 形分布，焊缝区硬度较母材的硬度高，热影响区硬度值最低。

接头显微硬度值的上述分布规律主要与接头显微组织有关。焊缝区组织为细小的等轴状 α-Mg 基体相，沿晶界上析出了较多细小的 β-$Al_{12}Mg_{17}$ 相，在细晶强化和沉淀强化的共同作用下，使焊缝区具有高的硬度；热挤压态的母材晶粒尺寸更细小，经过热挤压制得，位错密度较大，硬度较高；热影响区组织经过较高温度的焊接热循环后，晶粒尺寸粗大，导致该区

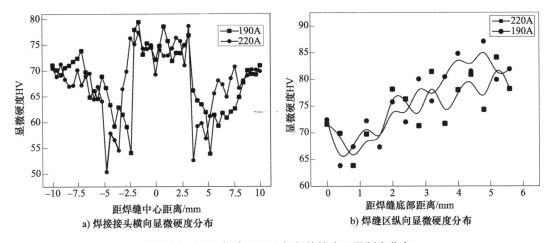

a) 焊接接头横向显微硬度分布　　　b) 焊缝区纵向显微硬度分布

图 3-11　AZ31 镁合金 TIG 焊焊接接头显微硬度分布

硬度明显降低。

此外还可以看出，220A 时热影响区硬度低于 190A 时热影响区硬度，这是由于随着焊接电流增大，热输入增加，导致热影响区晶粒进一步长大。因此，热影响区成为焊接接头的薄弱地带，易导致接头力学性能的下降。

图 3-11b 所示为焊缝区纵向显微硬度分布。可以看出，两种焊接电流下，从焊缝底部到焊缝顶部显微硬度值均有逐渐升高的趋势。这主要是由于焊缝区底部和顶部的晶粒尺寸大小不同所造成。打底焊焊缝热输入大，而且经过两次焊接热循环，促进了打底焊焊缝基体晶粒的长大，使得打底焊焊缝基体晶粒尺寸相对于封面焊焊缝基体晶粒尺寸较大，从而导致焊缝区显微硬度值从底部到顶部呈递增的趋势。但焊缝区显微硬度值在逐渐递增的趋势下，又有较大的波动。这主要是由于焊缝区沿晶界上析出了较多细小的 β-$Al_{12}Mg_{17}$ 相，颗粒状的 β-$Al_{12}Mg_{17}$ 相具有硬脆特性，硬度值较高，而基体 α-Mg 相相对较软，硬度值低。

此外，焊接电流为 190A 时，焊缝区整体显微硬度较 220A 时焊缝区整体显微硬度高。这是因为随着电流的增大，焊接热输入增加，焊缝区晶粒均有粗化，从而导致显微硬度的整体降低的趋势。

2）焊接接头拉伸性能。测定了三种焊接电流下焊接接头的拉伸性能，见表 3-10。可以看出，随着焊接电流的增大，抗拉强度先升高后降低。

表 3-10　AZ31 镁合金 TIG 焊焊接接头拉伸结果

试验编号	焊接电流 /A	抗拉强度/MPa		接头强度系数 （%）	断后伸长率 （%）	断裂位置
		测量值	平均值			
1	160	111、141、127	126.3	50.9	1.9	焊缝
2	190	209、225、221	218.3	88.1	6.2	热影响区
3	220	156、178、187	173.7	70.1	3.2	热影响区

从宏观断面上看，焊接接头的断口表面粗糙不平，断裂前几乎没有缩颈。成形良好的接头试样，断裂位置在热影响区，断裂方向与母材表面几乎垂直。

分别取三种焊接电流下抗拉强度值最大的试样进行 SEM 断口观察，如图 3-12 所示。焊接电流为 160A 时，拉伸断口有明显的焊接缺陷，如图 3-12a 所示，从而导致接头抗拉强度极大降低；在高倍下观察，断口由细小的韧窝、撕裂棱及解理面组成，整个断口形貌表面较平整，表现为混合断裂特征，如图 3-12b 所示。焊接电流为 190A 时，断口上分布着大量的韧窝以及撕裂棱，韧窝尺寸较大，通过撕裂棱相互连接起来，属于韧脆混合断裂，韧性断裂特性相对较明显，如图 3-12c 所示。焊接电流为 220A 时，热影响区断口中解理面、台阶较明显，韧窝尺寸较小，且数量较少，表现为韧脆混合断裂特征，如图 3-12d 所示。

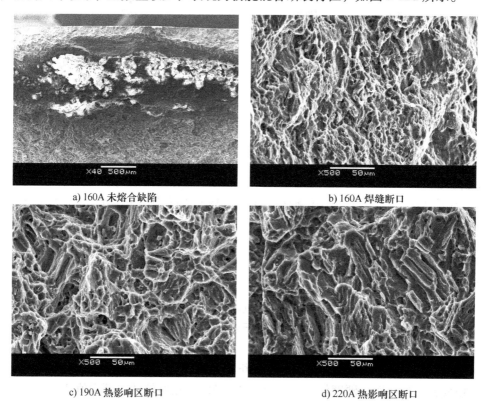

a) 160A 未熔合缺陷　　　　　　　　　　　　　b) 160A 焊缝断口

c) 190A 热影响区断口　　　　　　　　　　　　d) 220A 热影响区断口

图 3-12　TIG 焊接头拉伸断口 SEM 照片

4. AZ31 镁合金外加磁场作用下的脉冲钨极氩弧焊

（1）焊接方法　外加磁场为放置在焊件下面的励磁线圈产生的间歇交变纵向磁场。励磁线圈的匝数为 430 匝，线圈与焊件的距离约为 8mm。磁场占空比、频率及电流大小均可以调节。焊件放在线圈的中心位置，使得焊件上磁力线与电弧轴线平行，形成纵向同轴磁场。试验过程中占空比为 50%。采用交流脉冲钨极氩弧焊机手工施焊，焊接参数为：焊接电流为 60A、气体流量为 7~9L/min、喷嘴直径为 10mm、钨极直径为 2mm、钨极伸出长度为 1.5~3mm，进行外加磁场 GTAW 焊。

（2）外加磁场对焊缝成形的影响　成形系数 $\phi = B/H$ 随磁场电流和磁场频率的变化如图 3-13 所示。可以看出，除了磁场频率 $f = 5$Hz 外，其他几条曲线的变化趋势基本相同，即随着磁场电流的增大，镁合金焊接接头的成形系数也增加，即随着磁场电流的增大，焊缝熔宽的增大幅度要大于熔深的增大幅度。出现这种现象的主要原因是，在外加纵向磁场作用下，焊接电弧受到电磁力的作用，其形态为"钟罩型"，其中大部分带电粒子集中在电弧的外表面，内部几近真空，这使得焊缝的成形系数明显增大，基本都在 $\phi = 3.2$ 以上；随着磁场电流的增大，外加磁场强度的增大使得电弧受力增大，其"钟罩"更加明显，大量带电粒子集中到外侧，加之镁合金的热导率大，使得大量热量被焊缝表层，且靠近外侧的金属吸收，进而导致熔宽增幅大于熔深增幅，最终导致焊接接头的成形系数随磁场电流的增大而增大。但是当 $f=5$ Hz 时，变化规律明显区别于其他参数，其原因主要是磁场频率太小使得电弧受力也小，电弧发生"飘移"现象，使焊缝的成形性能变差，焊接接头的成形系数在不同磁场电流下的变化规律不尽相同。焊缝的成形系数大小直接决定着焊缝中杂质、气孔等缺陷的上浮时间以及焊接的生产率。当焊缝成形系数较小时，焊缝中杂质、气孔等缺陷上浮通道较小，上浮路径增长，这使得焊缝中易出现夹杂及气孔等缺陷；但当焊缝成形系数较大时，焊缝的熔深较小，这样焊接效率较低，尤其对于中厚板的焊接尤为明显，因此，焊缝的成形系数应适中，当磁场电流为 2A，磁场频率为 20Hz 时，此值较为适合。

（3）外加磁场对焊接接头拉伸性能的影响　图 3-14 所示为焊接接头抗拉强度随磁场电流和磁场频率的变化。从图 3-14 可以发现，在不同的磁场频率状态下，各曲线变化趋势基本一致，都是随着磁场电流的增大，抗拉强度先增大后减小，而且各曲线的最高点均出现在同一参数下，即磁场电流为 2A 处。在图 3-15 和图 3-16 中，类似于图 3-14 中的规律再次出现。在一定的磁场频率下，焊接接头的断后伸长率及断面收缩率随着磁场电流的增大，先增大然后减小，其最大值均出现在磁场电流为 2A 处。

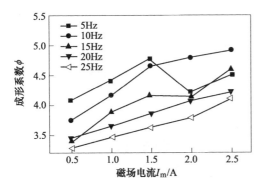

图 3-13　成形系数随磁场电流
和磁场频率的变化

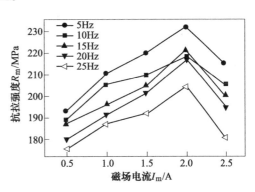

图 3-14　焊接接头抗拉强度随磁
场电流和磁场频率的变化

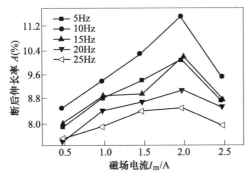

图 3-15　焊接接头断后伸长率随
磁场电流和磁场频率的变化

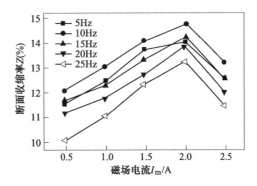

图 3-16　焊接接头断面收缩率随
磁场电流和磁场频率的变化

（4）外加磁场对显微组织的影响 从上述力学性能分析发现，当磁场频率为20Hz时，焊接接头的力学性能达到了其最佳值。磁场频率$f=20$Hz时，不同磁场电流状态下的显微组织如图3-17所示。从图3-17a中可以看出，当磁场电流较小时，焊接接头的显微组织较无磁场状态下变化较小，主要由α-Mg组成，晶界处有较多第二相β-$Al_{12}Mg_{17}$。大量的第二相β-$Al_{12}Mg_{17}$连续分布，降低焊接接头的承载能力。随着磁场电流的增加，焊接接头的显微组织得到细化，在磁场电流为2A时细化效果最明显，此时显微组织由细小的α-Mg基体和弥散分布第二相β-$Al_{12}Mg_{17}$组成，如图3-17b所示。这时第二相弥散分布，焊接接头被第二相强化。由于晶粒细化而产生的细晶强化，使得此时焊接接头的抗拉强度和硬度得到显著提高，而且其塑性也得到了明显地改善。但是当磁场电流进一步增加，焊接接头的显微组织反而出现了粗化现象，如图3-17c所示。镁合金焊接接头的显微组织出现上述变化的主要原因是磁场的作用：外加磁场产生的电磁搅拌作用，使熔池发生旋转运动，这种运动可以对沿母材两侧先生长的枝晶进行冲刷，这将使得部分枝晶被折断进入液态熔池中，并作为异质形核单元存在，提高形核率，起到细化作用；但是，当磁场强度大到一定程度（磁场电流为2A）时，焊接接头的显微组织和力学性能均出现逆向变化，出现这种现象的原因主要是，此时磁场产生的电磁阻尼作用效果明显，已明显大于电磁搅拌作用，使得焊缝中的晶粒吸收热量增加，使得晶粒生长时间延长，出现大量粗晶，如图3-17c所示，这对焊接接头的力学性能是不利的。因此综合上述分析，说明磁场电流为2A、磁场频率为20Hz时，焊接接头的组织和力学性能均达到最佳匹配。

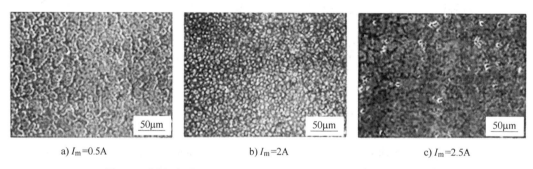

a) I_m=0.5A   b) I_m=2A   c) I_m=2.5A

图3-17 磁场频率$f=20$Hz时，不同磁场电流状态下的显微组织

5. 镁合金钨极氩弧焊接头深冷处理

（1）试验材料 镁合金母材（厚度为7mm），填充焊丝AZ61。

（2）焊接工艺 采用交流钨极氩弧焊方法，氩气纯度为99.99%，坡口形式V形，坡口角度为60°，钝边为1.5mm，接头间隙为1mm，单面焊双面成形，焊接参数是：焊丝直径为2.8mm，焊接电流为175~185A，焊接速度为162~231mm/min，钨极直径为2.4mm，喷嘴直径为12mm，氩气流量为13L/min。

（3）深冷处理工艺 采用气体法深冷焊接接头，降温速度为6℃/min，-160℃保温8h，保温后在深冷箱中缓慢升至室温。

（4）深冷焊接接头显微组织与结构 未深冷焊接接头显微组织如图3-18所示，镁合金基体为固溶体组织，沿晶界分布有Mg与Al元素的化合物，-160℃、8h深冷焊接接头显微组织如图3-19所示，深冷-160℃、8h后镁合金焊接接头基体组织中弥散分布的第二相颗粒状物质数量增多，颗粒尺寸比未深冷时要细小，分布较均匀。透射电镜观测的深冷处理前后 AZ31 镁合金焊接接头位错形态如图 3-20 所示。

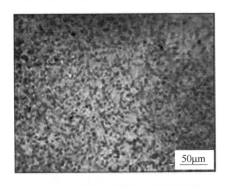

图 3-18　未深冷焊接接头显微组织

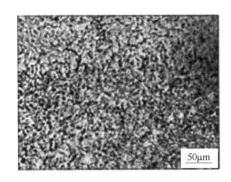

图 3-19　-160℃、8h 深冷焊接接头显微组织

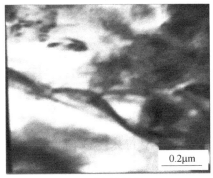

a) 未深冷处理

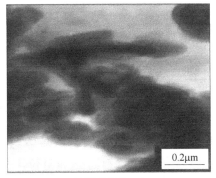

b) 深冷处理

图 3-20　透射电镜观测的深冷处理前后 AZ31 镁合金焊接接头位错形态

图 3-20 表明，未处理的 AZ31 镁合金焊接接头组织存在线形位错，深冷处理后，出现了位错环。深冷处理可减小镁合金焊接接头残余应力。在深冷处理的内应力释放过程中，位错遇到较硬析出相颗粒发展为位错环。

进行-160℃、8h 深冷处理后，镁合金焊接接头组织中存在平行的孪生带，出现了细小亚晶，深冷处理使 AZ31 镁合金 TIG 焊焊接接头出现了孪晶结构。

（5）深冷焊接接头力学性能　深冷处理接头的应力-应变曲线如图 3-21 所示。图 3-21 表明，经过深冷处理后焊接接头的屈服强度和断后伸长率提高。焊接接头深冷前后的力学性能见表 3-11。

表 3-11 表明，深冷镁合金焊接接头的抗拉强度及断后伸长率增大，接头强度系数提高。扫描电镜观测的深冷处理前后焊接接头室温拉伸断口形貌如图 3-22 所示。图 3-22 表明，深冷处

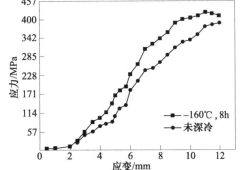

图 3-21　深冷处理接头的应力-应变曲线

理后试样断口局部区域表现出韧性断裂的特征。在图 3-22b 所示的断口有撕裂棱和细小的韧窝，呈现出韧性断裂的特征，表明深冷处理后接头韧性有了一定提高。

表 3-11　焊接接头深冷前后的力学性能

试　样	平均抗拉强度 R_m/MPa	断后伸长率 A（%）	接头强度系数 ϕ（%）
0 号	212.4	5.93	83.7
1 号	246.6	9.32	97.1

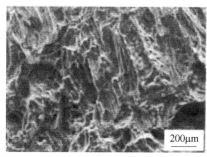

a) 未深冷处理　　　　　　　　　　　　b) 深冷处理

图 3-22　扫描电镜观测的深冷处理前后焊接接头室温拉伸断口形貌

（6）焊接接头深冷强化机制　晶体急冷到低温，空位来不及向位错、晶界等处扩散，因而晶体在低温下含有过饱和空位。AZ31 镁合金焊接接头深冷过程从室温以较快的冷却速度冷至 -160℃，接头组织的空位更加饱和，会引起空位运动、聚合和消失，使基体组织产生亚晶，亚晶与位错相互作用，增强结构稳定性。热力学不稳定的位错为降低其能量，可以发生分解和合成反应，形成多种位错组态。深冷处理过程中，AZ31 镁合金焊接接头组织中的过饱和空位与位错相遇时，由于晶格收缩、应力应变等造成位错的攀移。

在深冷处理过程中，过饱和空位浓度施加给位错，位错通过攀移进行增值。深冷处理使 AZ31 镁合金焊接接头位错发展成为位错环，位错环使颗粒间距减小，后续位错绕过颗粒困难，使切应力提高，位错运动中遇到阻力增大，不仅要克服第二相粒子阻碍，而且还要克服第二相粒子周围位错环对位错反作用力，需增大外力做功。因此，AZ31 镁合金 TIG 焊焊接接头的力学性能得到提高。深冷处理使 AZ31 镁合金焊接接头的第二相颗粒均匀、弥散析出，析出相体积分数增加，使析出相颗粒平均直径减小，因此也强化 AZ31 镁合金 TIG 焊焊接接头。

3.1.2　AZ31B 镁合金的 MIG 焊

1. 采用 AZ31B 焊丝

图 3-23 和图 3-24 所示为采用 AZ31B 焊丝的 AZ31B 镁合金 MIG 焊焊缝光学显微照片和 X 射线衍射图。可以看到，焊缝金属的相结构主要为 α-Mg 固溶体，没有出现 β-Al$_{12}$Mg$_{17}$ 金属间化合物的衍射峰，这表明焊缝金属主要是由 α-Mg 固溶体组成。

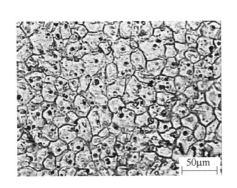

图 3-23　采用 AZ31B 焊丝的 AZ31B
镁合金 MIG 焊焊缝光学显微照片

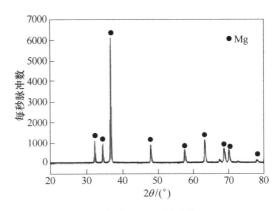

图 3-24　采用 AZ31B 焊丝的 AZ31B
镁合金 MIG 焊焊缝 X 射线衍射图

2. 采用 AZ61 焊丝

图 3-25 所示为采用 AZ61 焊丝的 AZ31B 镁合金 MIG 焊焊缝光学显微照片。由图 3-25 可见，焊缝晶粒为较细小的等轴晶，晶粒尺寸约为 $25 \sim 50 \mu m$。如图 3-26 所示，焊缝区的相结构主要为 α-Mg 固溶体和极少量 β-$Al_{12}Mg_{17}$ 金属间化合物。计算得到焊缝金属中 α-Mg 固溶体和 β-$Al_{12}Mg_{17}$ 金属间化合物含量（质量分数）分别为 98.45% 和 1.54%。

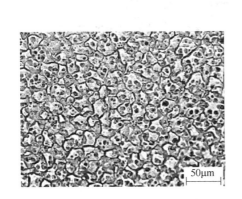

图 3-25　采用 AZ61 焊丝的 AZ31B
镁合金 MIG 焊焊缝光学显微照片

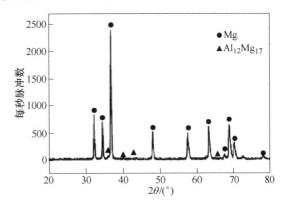

图 3-26　采用 AZ61 焊丝的 AZ31B 镁
合金 MIG 焊焊缝 X 射线衍射图

3. AZ31B 镁合金的冷金属过渡（CMT）焊

（1）材料　采用厚度为 3mm 的 AZ31B 镁合金母材和直径为 1.6mm 的 AZ61 镁合金焊丝。

（2）焊接参数　焊接电流为 76A，送丝速度为 6m/min，焊接速度为 8mm/s，装配间隙为 1.5mm，氩气流量为 25L/min。

（3）接头组织　AZ31B 镁合金 CMT 焊焊接接头的金相显微组织如图 3-27 所示。图 3-27a 所示为焊缝截面形貌。图 3-27b 所示为母材，晶粒为大小不均匀的等轴晶。母材、热影响区和焊缝金属的显微组织有着明显差异，焊缝金属的黑色析出物最多，且多分布在晶界处。图 3-27d 所示白色部分为 AZ31B 镁合金基体组织 α-Mg，第二相黑色析出物为

β-$Al_{12}Mg_{17}$，β-$Al_{12}Mg_{17}$呈小颗粒状弥散不均匀地分布在α-Mg基体组织上。

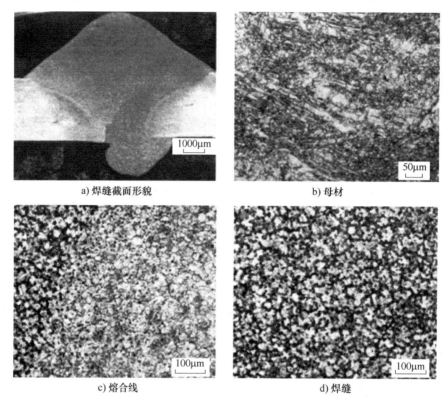

a) 焊缝截面形貌   b) 母材

c) 熔合线   d) 焊缝

图 3-27   AZ31B 镁合金 CMT 焊焊接接头的金相显微组织

（4）焊接接头力学性能

1）AZ31B 镁合金 CMT 焊焊接接头的显微硬度。图 3-28 所示为 AZ31B 镁合金 CMT 焊焊接接头的显微硬度，可以看到焊缝区的显微硬度最高。

2）接头及母材拉伸性能。表 3-12 给出了接头及母材拉伸性能。拉伸试验断裂位置位于焊接接头的热影响区，断口呈 45°，焊缝区域有明显的塑性变形。

3）断口形貌。图 3-29 所示为断口形貌。AZ31B 镁合金在室温下的拉伸断口呈现出明显的塑性断裂特征，断口中存在一些较深的韧窝，但韧窝底部第二相颗粒很少，韧窝之间有明显

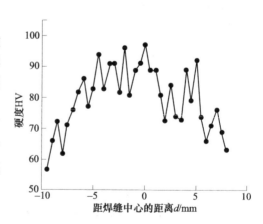

图 3-28   AZ31B 镁合金 CMT
焊焊接接头的显微硬度

的撕裂棱，并沿着不同方向扩展。从图 3-29b 中可以看到部分解理特征，同时存在韧窝和撕裂棱，表面具有韧-脆混合的形貌特征。拉伸断口的 EDS 测试结果如图 3-30 所示。焊缝区晶粒最细。焊缝晶粒越细小，焊缝金属强度越高。同时，小颗粒 β-$Al_{12}Mg_{17}$ 析出物具有弥散强化作用，在形变过程中会阻碍位错运动，这使得焊缝强度有所提高。

表 3-12 接头及母材拉伸性能

序号	材　料	$R_{p0.2}$/MPa	R_m/MPa	A（%）
1	焊接接头	194.6	248.8	7.16
2	母材	197.8	257.4	7.26

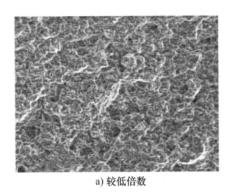
a) 较低倍数

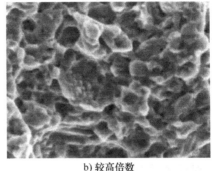
b) 较高倍数

图 3-29 断口形貌

4. 镁合金的双弧焊接

（1）双弧焊接原理 双弧焊接原理如图 3-31 所示。将 GMAW 焊枪和 GTAW 焊枪相组合，其中 GTAW 焊枪构成旁路，GMAW 焊枪与焊件构成主路，焊丝端部是主路电弧和旁路电弧共同的阳极，主回路与焊件之间采用直流反接，旁路采用恒压电源，主路采用等速送丝的平特性恒压电源，流经焊丝的焊接电流 I 由两部分组成，一是母材电流 I_{bm}，二是旁路电流 I_{bp}，这样作用于焊丝上的电流数值较高，有利于提高焊丝的熔化速度，从而提高熔敷率。而另一只 GTAW 焊枪构成的旁路，分流了一部分通过焊丝的焊接电流，在保证熔敷率的同时，减小了作用于母材的热输入。由于有效降低了母材输入电流，使作用于熔池上的电弧压力变小，较小的电弧压力可有效防止高效焊接时咬边和驼峰焊道的出现。通过焊丝的焊接电流 I（即总的焊接电流）是由送丝速度和焊接电压决定的，这如同常规的 GMAW 焊接的情况。而通过改变旁路电流 I_{bp} 就可以调节作用于母材上的电流。

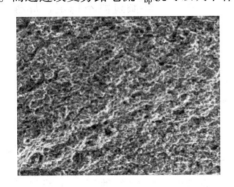
图 3-30 拉伸断口

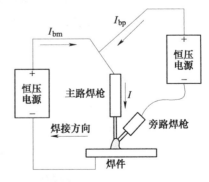
图 3-31 双弧焊接原理

焊接电流组成的基本关系为

$$I = I_{bm} + I_{bp} \tag{3-1}$$

由式（3-1）可知，由于旁路电流的存在，使熔化焊丝的电流和母材输入电流实现了解耦。

（2）焊接工艺

1）双弧焊接系统。双弧焊接系统包括焊接电源、焊接小车、简单开关引弧系统、冷却系统和供气系统。首先，通电冷却系统对钨极进行冷却并且驱动焊接小车，然后起动 MIG 电弧，与此同时保护气体会被送入；再起动 TIG 电弧进行焊接；最后，MIG 与 TIG 电弧同时熄弧。采用单线优化的方法不断地调节焊接参数直至获得质量较高、成形较好的焊缝。

2）焊接参数。采用 AZ31B 热挤压镁合金作为母材，厚度为 2mm；选用与母材同质的 AZ31B 镁合金作为焊丝，直径为 1.2mm，氩气流量为 25L/min。

（3）焊缝成形

1）总电流对 AZ31B 镁合金焊缝成形的影响。在其他参数一定的条件下，随着总电流的增加，电弧抵抗偏移的能力增强，焊接过程的稳定性提高，熔滴也会由颗粒过渡转变成射流过渡，母材热输入增大，热源位置下移，这就有利于热量向熔池深度方向传导，使熔深增大。总电流对焊接过程的影响见表 3-13。与此同时，弧柱直径增大，电弧潜入焊件的深度也增大，电弧斑点移动范围受到限制，导致熔宽的增加量较小。当总电流增大到一定值时，导致弧长变短，电弧能量集中，电弧对熔池冲击增大，致使焊缝凹陷甚至下塌。

表 3-13　总电流对焊接过程的影响

总电流 /A	旁路电流 /A	焊接电压 /V	焊接速度 /m·min^{-1}	焊接过程的影响
130	105	21	2.54	粗滴过渡，熔滴较大
140	105	21	2.54	熔滴减小，过渡频率增大
150	105	21	2.54	射流过渡，焊丝末端呈尖锥状
165	105	21	2.54	短路过渡，导致焊缝凹陷

2）旁路电流对 AZ31B 镁合金焊缝成形的影响。在其他参数一定的条件下，随着旁路电流的增加，焊丝的熔化速度加快，焊接过程趋于稳定，当焊丝的熔化速度等于送丝速度时焊接过程达到稳定状态，熔滴过渡均匀，焊缝成形较好。当旁路电流增大到一定值时，旁路电弧对主路电弧的冲击增强，致使主路电弧偏移并且不断摇摆，熔滴过渡不稳定，焊缝成形差。旁路电流对焊接过程的影响见表 3-14。焊丝末端与钨极末端的间距为 3mm。

表 3-14　旁路电流对焊接过程的影响

总电流 /A	旁路电流 /A	焊接电压 /V	焊接速度 /m·min^{-1}	焊接过程的影响变化
140	105	21	2.54	焊接过程比较稳定，焊缝成形较好
140	115	21	2.54	焊接过程稳定，焊缝成形好
140	125	21	2.54	熔滴四处飞溅，无法形成有效焊缝

3）弧长对 AZ31B 镁合金焊缝成形的影响。在其他参数一定的条件下，随着弧长的增加，弧柱直径增大，电弧散热增加，输入焊件的能量密度减小，故焊缝熔深减小而熔宽增大。同时，由于焊丝的熔化速度不变，所以焊缝余高减小。而且随着弧长增大，电弧挺度下降，旁路电弧对主路电弧的影响增大，熔滴过渡不稳定，从而使焊缝成形不均匀。

4）焊接速度对 AZ31B 镁合金焊缝成形的影响。在其他参数一定的条件下，提高焊接速度会导致焊件单位长度上的热输入减少，焊缝熔深减小，而且由于焊丝的熔化速度不变，焊件单位长度上的焊丝熔敷量减小，焊缝余高和熔宽减小。随着焊接速度的增大，母材热输入降低，熔池高温停留时间缩短，熔池的冷却速度和过冷度增大，易形成细小的晶粒，有利于提高焊缝的质量。但是，过大的焊接速度导致熔池中的氢气来不及析出而形成气孔，降低焊缝的力学性能，而且易造成驼峰焊缝甚至焊缝严重不连续。

3.1.3 AZ31B 镁合金的等离子弧焊

1. AZ31B 镁合金的等离子弧搭接焊

（1）焊接工艺 图 3-32 所示为厚度为 2.5mm 的 AZ31B 镁合金的等离子弧搭接焊的接头形式。表 3-15 给出了厚度为 2.5mm 的 AZ31B 镁合金的等离子弧搭接焊的焊接参数。

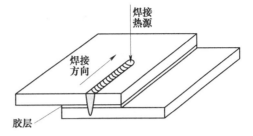

图 3-32 厚度为 2.5mm 的 AZ31B 镁合金的等离子弧搭接焊的接头形式

表 3-15 厚度为 2.5mm 的 AZ31B 镁合金的等离子弧搭接焊的焊接参数

焊接电流 I/A	焊接速度 $v/mm \cdot min^{-1}$	等离子气流量 $Q/L \cdot min^{-1}$	保护气流量 $Q/L \cdot min^{-1}$	弧长 L/mm
160~170	350~550	1.6~2	15	1

（2）焊接接头组织 图 3-33 所示为镁合金母材的组织形貌。图 3-34 所示为焊接接头宏观组织。图 3-35 所示为图 3-34 中对应区域的显微组织。可以看到，焊缝中没有气孔，但是有从两板焊缝交界处向焊缝发展的裂纹。

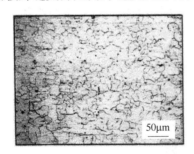

图 3-33 镁合金母材的组织形貌

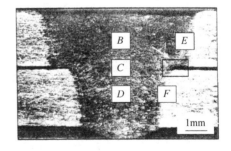

图 3-34 焊接接头宏观组织

图 3-36 所示为等离子弧搭接焊的焊接裂纹。由于镁合金线膨胀系数较高，因此其在焊接过程中会产生大的焊接变形，从而引起较大的热应力，导致镁合金焊接接头易出现裂纹缺陷，降低接头力学性能。此外，焊缝两侧的应力集中也容易导致在上下板材接触面处产生裂纹。

2. AZ31B 镁合金的等离子弧胶焊

（1）接头形式 AZ31B 镁合金的等离子弧胶焊与等离子弧搭接焊的接头形式相似（图 3-32）。

（2）等离子弧胶焊的焊接参数 表 3-16 给出了等离子弧胶焊的焊接参数。

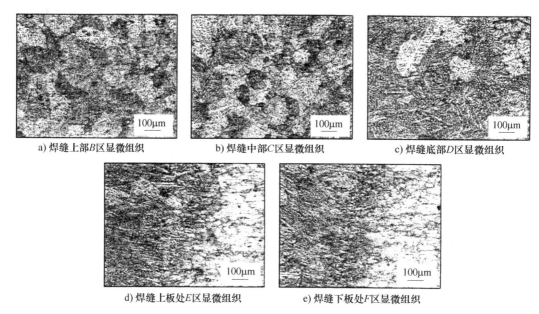

a) 焊缝上部B区显微组织　　b) 焊缝中部C区显微组织　　c) 焊缝底部D区显微组织

d) 焊缝上板处E区显微组织　　e) 焊缝下板处F区显微组织

图 3-35　图 3-34 中对应区域的显微组织

表 3-16　等离子弧胶焊的焊接参数

焊接电流 I/A	焊接速度 $v/\mathrm{mm \cdot min^{-1}}$	等离子气流量 $Q/\mathrm{L \cdot min^{-1}}$	保护气流量 $Q/\mathrm{L \cdot min^{-1}}$	弧长 L/mm
160~170	350~550	1.6~2	15	1

（3）焊接接头组织　图 3-37 和图 3-38 所示为等离子弧胶焊接头的宏观组织和不同区域的显微组织。

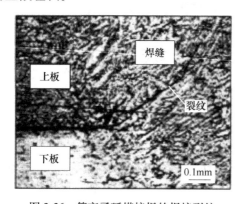

图 3-36　等离子弧搭接焊的焊接裂纹

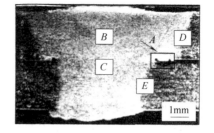

图 3-37　等离子弧胶焊接头的宏观组织

（4）等离子弧胶焊焊缝中的气孔　图 3-39 所示为等离子弧胶焊焊缝中的气孔，可以看出在胶焊接头中存在大量的气孔，并且大多分布在接头熔池的上部，气孔内壁是较光滑的。表 3-17 给出了图 3-39 中对应气孔内壁电子探针分析结果，可以认为气孔内壁上的碳、氧成分均来自于胶黏剂。

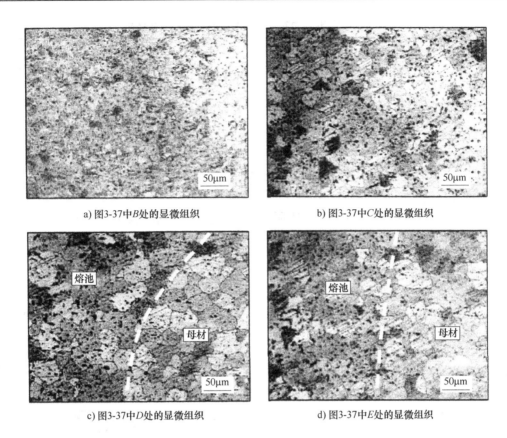

a) 图3-37中B处的显微组织

b) 图3-37中C处的显微组织

c) 图3-37中D处的显微组织

d) 图3-37中E处的显微组织

图 3-38　等离子弧胶焊不同区域的显微组织

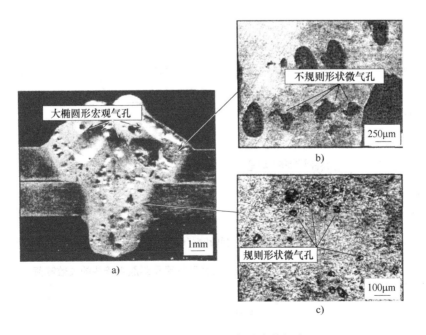

图 3-39　等离子弧胶焊焊缝中的气孔

表 3-17　图 3-39 中对应气孔内壁电子探针分析结果

气孔位置	化学成分（摩尔分数，%）				
	Mg	O	C	Al	Zn
图 3-39a 中的大椭圆形宏观气孔	70.348	16.502	10.058	2.592	0.500
图 3-39b 中的不规则形状微气孔	82.835	8.913	6.527	1.249	0.476
图 3-39c 中的规则形状微气孔	0.245	1.165	96.75	—	1.84

影响气孔的因素如下。

1）焊接电流对气孔的影响。图 3-40 所示为焊接电流对气孔的影响，可以看到，随着焊接电流的增大，气孔总面积明显下降。

2）焊接速度对气孔的影响。图 3-41 所示为焊接速度对气孔的影响，可以看到，随着焊接速度的增大，气孔总面积明显提高。

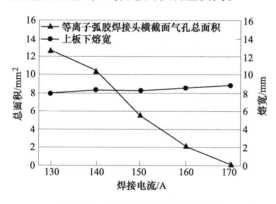

图 3-40　焊接电流对气孔的影响

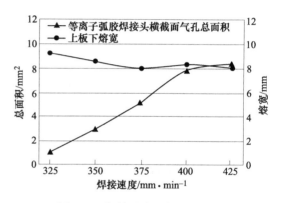

图 3-41　焊接速度对气孔的影响

3）焊接热输入对气孔的影响。图 3-42 所示为焊接热输入对气孔的影响，可以看到，随着焊接热输入的增大，气孔总面积明显下降。

（5）接头的失效载荷　表 3-18 给出了等离子弧焊接头、胶接接头和等离子弧胶焊接头的失效载荷。

3.1.4　AZ31 镁合金的搅拌摩擦焊

1. 焊接参数

AZ31 镁合金的搅拌摩擦焊焊接参数为：旋转

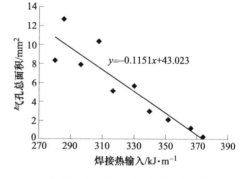

图 3-42　焊接热输入对气孔的影响

速度为 $600 \sim 1000 r/min$、焊接速度为 $160 \sim 240 mm/min$、轴肩下压量为 $0.2 \sim 0.3 mm$。

表 3-18　等离子弧焊接头、胶接接头和等离子弧胶焊接头的失效载荷

接　头　类　型	失效载荷 F/kN			平均失效载荷 F/kN
等离子弧焊接头	4.53	4.50	4.34	4.46
胶接接头	4.32	3.96	4.53	4.27
等离子弧胶焊接头	6.45	5.76	6.50	6.24

2. 焊接接头组织

（1）焊接接头的宏观组织　焊接接头的宏观组织如图 3-43 所示。焊缝组织致密，未发现气孔、夹杂等缺陷，可以看到较为明显的焊核区（NZ）、热机影响区（TMAZ）和热影响区（HAZ）。焊接方向和搅拌针方向相同的一侧为前进侧（AS），相反的一侧为后退侧（RS）。前进侧和后退侧热机影响区组织存在较大的区别。前

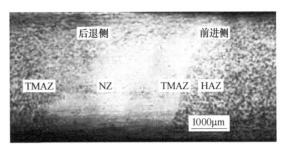

图 3-43　焊接接头的宏观组织

进侧热机影响区和热影响区组织形态区别明显，可以看到明显的界限；后退侧热机影响区和焊核区组织形态区别较小，变化较为和缓，分界不明显。

（2）热影响区组织　图 3-44a、e 所示为热影响区的组织，晶粒比较粗大，大小不均匀，并有部分粗大晶粒保持母材原有形貌特征。在搅拌摩擦焊过程中，热影响区金属既没有受到搅拌针强烈的搅拌作用，也没有受到轴肩的旋转摩擦作用，只受到简单的热传导作用，只是一个动态回复过程，没有发生动态再结晶，在焊接热循环作用下，晶粒有所粗化。

（3）前进侧热机影响区组织　图 3-44b 所示为前进侧热机影响区的组织，与焊核组织相比晶粒尺寸有所增大，且大小不够均匀，并有部分晶粒发生变形，沿金属塑性流动方向被拉长。热机影响区金属位于搅拌头搅拌作用的边缘，在搅拌头的挤压和旋转摩擦作用下，该区

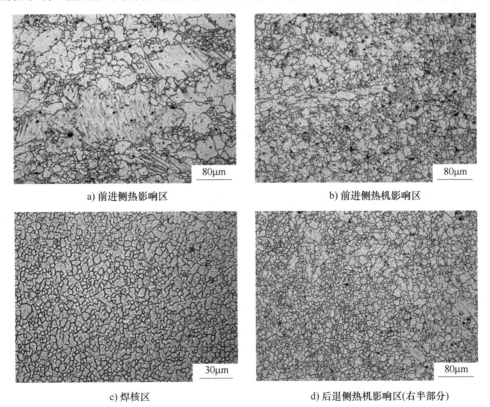

a) 前进侧热影响区　　　　　　　　　b) 前进侧热机影响区

c) 焊核区　　　　　　　　　d) 后退侧热机影响区(右半部分)

图 3-44　AZ31 镁合金搅拌摩擦焊焊接接头各区的显微组织

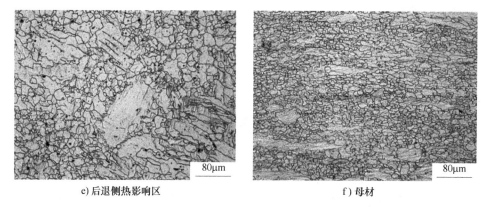

e) 后退侧热影响区   f) 母材

图 3-44   AZ31 镁合金搅拌摩擦焊焊接接头各区的显微组织（续）

金属产生了塑性流动，组织发生了一定程度的变形和破碎现象，并在焊接热循环作用下，热机影响区的大部分组织经历了一个高温自回复过程，晶粒发生了动态回复和再结晶，由于所受的搅拌作用不如焊核区强烈，晶粒没有焊核区晶粒细小均匀。

（4）后退侧热机影响区组织   图 3-44d 所示为后退侧热机影响区与焊核区交界处的组织形貌，左半部分为焊核区，右半部分为热机影响区。与前进侧热机影响区相似，后退侧热机影响区金属在搅拌头旋转搅拌作用的带动下，产生了塑性流动，并在焊接热循环作用下，晶粒发生了动态回复和再结晶，形成大小不均匀的晶粒。与前进侧热机影响区组织相比，后退侧热机影响区组织变形不明显，这是由于搅拌摩擦焊过程中，焊缝两侧搅拌头旋转方向与焊接方向不同，焊缝金属受到搅拌头摩擦、挤压作用不同，造成焊缝两侧塑性金属产生不同的流变行为，导致焊核两侧热机影响区晶粒形貌的差异。

（5）焊核区组织   图 3-44c 所示为高倍下的焊核区显微组织照片。可以看出，焊核区组织由细小等轴晶粒组成，平均晶粒尺寸为 5μm 左右。与母材组织（图 3-44f）相比，焊核区组织发生了很大变化，晶粒变得细小、均匀。在搅拌摩擦焊过程中，搅拌头高速旋转摩擦生热，使金属达到或超过回复和再结晶的温度，同时搅拌头的机械搅拌使原始晶粒破碎，这为焊核区金属的动态再结晶提供了条件。破碎的晶粒在搅拌热和摩擦热的作用下发生动态回复与再结晶，但由于镁合金的热导率大，散热快，晶粒来不及长大，于是形成了细小等轴晶的组织。

焊核区组织 SEM 形貌如图 3-45 所示。可以看出，焊核区顶部组织晶粒尺寸较底部组织晶粒尺寸粗大。这是由于搅拌摩擦焊时，热量主要来自于搅拌头轴肩与焊件表面的摩擦热，而且产热量大，使得焊核区温度从顶部到底部呈递减的趋势。因此位于轴肩下方的焊核区顶部温度高，晶粒吸收热量多，促使晶粒进一步长大；而焊核区底部温度相对较低，并且底部有垫板，散热快，不利于晶粒的长大，所以晶粒细小。

此外还可以看出，焊核区有少量的细小白色颗粒存在，并弥散分布在基体晶界上。基体主要由镁元素构成，并含有少量铝元素；而白色颗粒相中镁、铝元素的含量较高，并含有少量的锰元素，可以大致推断该相主要由镁、铝元素组成。

3. 影响显微组织的因素

（1）焊接速度对形成缺陷的影响   图 3-46 所示为焊接速度对镁合金焊接接头前进侧热机影响区显微组织的影响（转速为 6000r/min）。可以看到，焊接速度降低至 200mm/min，

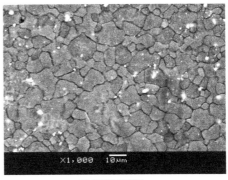

a) 焊核区底部　　　　　　　　　　　　b) 焊核区顶部

图 3-45　焊核区组织 SEM 形貌

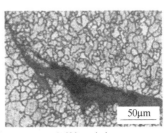

a) 100mm/min　　　　　b) 200mm/min　　　　　c) 600mm/min

图 3-46　焊接速度对镁合金焊接接头前进侧热机影响区显微组织的影响（转速为 6000r/min）

没有缺陷，如图 3-46b 所示；焊接速度为 600mm/min 时，在热机影响区附近（焊核区底部）出现隧道型孔洞缺陷，如图 3-46c 所示。

（2）焊接速度对显微组织的影响　图 3-47 所示为焊接速度对镁合金焊接接头焊核区显微组织的影响（转速为 6000r/min）。可以看到，随着焊接速度的增大，焊核区的晶粒尺寸逐渐减小。

（3）搅拌头转速对显微组织的影响　图 3-48 所示为搅拌头转速对镁合金焊接接头焊核区显微组织的影响（焊接速度为 600mm/min）。结果表明，当焊接速度保持恒定时，焊核区晶粒尺寸随转速增大而增大，但是仍然小于母材。

4. 焊接接头力学性能

（1）焊接接头显微硬度分布　图 3-49 所示为 AZ31 镁合金焊接接头的显微硬度分布。从图 3-49a 可以看出，焊接接头横向显微硬度呈"W"形分布，焊核区显微硬度与母材的显微硬度相当，热影响区硬度值最低，热机影响区硬度值较热影响区硬度值高，但比焊核区硬度值低。硬度最低值位于前进侧的 TMAZ/HAZ 过渡区。

焊接接头横向显微硬度值与接头显微组织有关。晶粒尺寸越小，晶界数目就越多，位错运动受到的阻力就越大，材料的硬度也就越高。在搅拌摩擦焊焊接过程中，焊核区金属在搅拌头的强烈搅拌摩擦作用下，发生显著的塑性变形和完全动态再结晶，形成细小的等轴晶，并弥散分布着细小的 $\beta\text{-Al}_{12}\text{Mg}_{17}$ 相。在细晶强化和沉淀强化的共同作用下，使得焊核区具有较高的硬度。热挤压态的母材晶粒大小不均匀，但细小晶粒偏多，而且经过热挤压后，位错密度较大，硬度也较高。热机影响区在搅拌头的作用下发生不同程度的塑性变形和部分再结

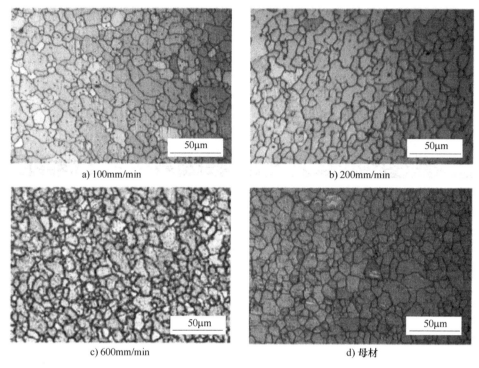

a) 100mm/min
b) 200mm/min
c) 600mm/min
d) 母材

图 3-47　焊接速度对镁合金焊接接头焊核区显微组织的影响（转速为 6000r/min）

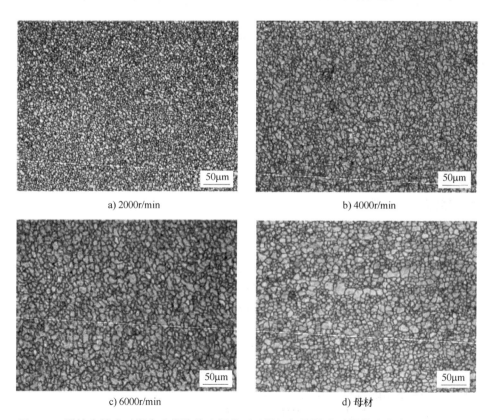

a) 2000r/min
b) 4000r/min
c) 6000r/min
d) 母材

图 3-48　搅拌头转速对镁合金焊接接头焊核区显微组织的影响（焊接速度为 600mm/min）

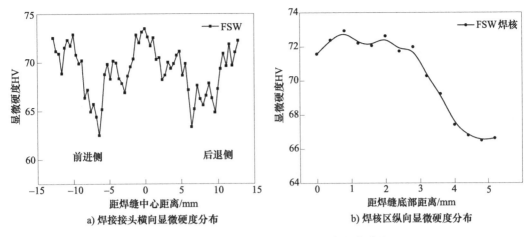

a) 焊接接头横向显微硬度分布　　b) 焊核区纵向显微硬度分布

图 3-49　AZ31 镁合金焊接接头的显微硬度分布

晶，并且晶粒有所长大，因此显微硬度要低于焊核区。热影响区组织经过较高温度的焊接热循环后，晶粒尺寸粗大，从而导致该区硬度明显降低。因此，热影响区成为焊接接头的薄弱地带，易导致接头力学性能的下降。

图 3-49b 所示为焊核区纵向显微硬度分布。可以看出，从焊核底部到焊核顶部显微硬度值有逐渐降低的趋势。这主要是由于焊核区底部和顶部的晶粒尺寸大小不同所造成。搅拌摩擦焊焊接过程中，轴肩与焊缝上表面金属相互摩擦，产热量大，有利于焊核顶部晶粒的长大，而焊缝下表面与工作台相接触，其冷却速率比上表面大，使得焊缝从上到下温度呈递减分布，正是由于这个原因使得焊核区晶粒从顶部到底部有一定程度的细化（图 3-45），从而导致焊核区显微硬度值从底部到顶部呈递减的趋势。

（2）焊接接头拉伸性能

1）拉伸试验结果。表 3-19 给出了接头和母材的拉伸试验结果。接头抗拉强度的平均值为 215.34MPa，母材抗拉强度的平均值为 241.29MPa，焊接系数为 89%，接头断后伸长率的平均值为 8.3%，母材断后伸长率的平均值为 15.2%，可见接头断后伸长率低于母材断后伸长率。AZ31 镁合金采取 TIG 焊，接头强度系数仅为 79%，接头断后伸长率为 3.49%。可见，搅拌摩擦焊的接头性能优于 TIG 焊。

表 3-19　接头和母材的拉伸试验结果

试样位置	R_m/MPa	A_s(%)	断裂位置	接头强度系数（%）
接头	（223.94~206.73）/215.34	（10.4~6.2）/8.3	HAZ	89%
母材	（241.67~240.90）/241.29	（16.0~14.4）/15.2	—	—

2）影响接头拉伸性能的因素。图 3-50 所示为转速和焊接速度对接头拉伸性能的影响。可以看到，在焊接速度不变的条件下，存在一个最佳搅拌头旋转速度；而在搅拌头旋转速度不变的条件下，随着焊接速度的提高，其接头强度有下降的趋势。

（3）接头弯曲性能　表 3-20 给出了弯曲试验结果。可以看到，背弯试样平均弯曲角度为 56°，正弯试样平均弯曲角度为 64°，正弯试样弯曲角度稍微高于背弯试样弯曲角度。接头正弯抗弯强度的平均值为 255MPa，背弯抗弯强度的平均值为 294MPa。接头的背弯强度比

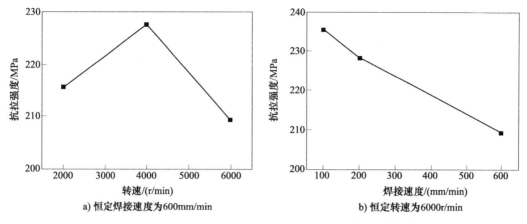

a) 恒定焊接速度为600mm/min   b) 恒定转速为6000r/min

图 3-50   转速和焊接速度对接头拉伸性能的影响

正弯强度高，是因为搅拌摩擦焊焊缝底部晶粒比上部细小，底部塑性比上部高，或在焊接过程中焊缝底部塑化材料流动充分。

表 3-20   弯曲试验结果

类　型	抗弯强度/MPa	弯曲角度/(°)	断裂位置
背弯	(305.0~289.0)/294	(63~50)/56	焊核与过渡区交界处 焊缝中心
正弯	(282.0~229.0)/255	(68~60)/64	热影响区

（4）接头冲击韧度　表 3-21 给出了冲击试验结果。可以看到，AZ31 镁合金搅拌摩擦焊接头的冲击吸收能量大于母材的冲击吸收能量，接头冲击韧度高于母材，说明经搅拌摩擦焊后镁合金的冲击韧度有了很明显的提高。

表 3-21   冲击试验结果

缺口位置	冲击吸收能量/J	摆锤角度/(°)	冲击载荷/N
焊核区	3.4	150	107.1
热机影响区	4.0	150	107.1
热影响区	3.9	150	107.1
母材	2.4	150	107.1

5. AZ31 镁合金搅拌摩擦焊工艺的改进

（1）焊接方法　对热轧供应状态的厚度为 2mm 的 AZ31 镁合金，搅拌摩擦焊焊接参数见表 3-22。改进工艺将纳米添加剂平铺在被焊材料表面。

表 3-22   搅拌摩擦焊焊接参数

工艺方法	旋转速度 /(r/min)	焊接速度 /(mm/min)	搅拌头倾斜角度 /(°)	纳米添加剂 （质量分数,%）
传统工艺	900	170	2	0
改进工艺	800	150	2	0.5

（2）接头力学性能　表 3-23 给出了两种焊接工艺焊接接头的力学性能。

表 3-23　两种焊接工艺焊接接头的力学性能

焊接工艺	断裂部分尺寸/mm		剪切断面率（%）	抗拉强度/MPa
	长度	宽度		
传统工艺	6.0	3.5	74	144.6
改进工艺	4.5	3.0	83	236.1

众所周知，剪切断面率越大，材料的韧性越好。因此，可以认为改进工艺可有效提高 AZ31 镁合金搅拌摩擦焊焊缝的韧性。从表 3-23 中还可以看到，当采用改进工艺时，AZ31 镁合金搅拌摩擦焊焊缝的抗拉强度较传统工艺得到了显著提高，从 144.6MPa 增大至 236.1MPa。这主要是因为新型工艺中添加了纳米添加剂，有效增强了 AZ31 镁合金搅拌摩擦焊过程中焊缝成形性和焊缝质量；同时，旋转速度和焊接速度的适当调整也有利于形成更好力学性能的焊缝。

（3）焊缝组织　图 3-51 所示为传统工艺与改进工艺获得的搅拌摩擦焊焊缝组织。由此可知，改进工艺后，焊缝组织发生明显变化，焊缝组织得到细化，析出第二相的数量明显增多，并且大部分以球状颗粒的形式析出于枝晶界上；热影响区组织粗大的现象得到了很好控制。

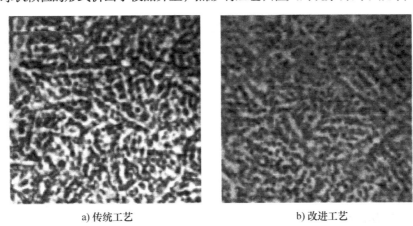

a) 传统工艺　　　　　　　　　　　　　b) 改进工艺

图 3-51　传统工艺与改进工艺获得的搅拌摩擦焊焊缝组织

综上所述，可以认为改进工艺有利于提高 AZ31 镁合金搅拌摩擦焊焊缝的力学性能。

3.1.5　AZ31 镁合金激光-TIG 焊

1. 激光-TIG 焊概述

激光-TIG 焊原理图如图 3-52 所示。利用激光和电弧两个热源复合焊接镁合金，就是通过电弧形成熔池，以提高材料对激光束的吸收率，同时借助激光束的作用在材料表面形成镁金属的等离子体以稳定焊接电弧，实现镁合金的高速焊接。材料对激光束的吸收率随着温度而变化：单独激光焊接时，激光束与固体镁合金接触，只有 10%~20% 的激光束能量被材料吸收，其余的激光束能量被反射；但是当激光束与熔化的液态金属作用时，激光束能量的 90% 被材料吸收，只有少量的能量被反射，大大提高了激光束能量的利用水平。在采用激光-TIG 焊复合热源焊接镁合金时，首先通过 TIG 焊将镁合金熔化，形成液态熔池，然后将激光束作用在镁合金的焊接熔池中，就可以显著提高镁合金对激光束能量的吸收率。同时一般的激光焊接速度高，但是形成焊缝的能力较差，而 TIG 焊形成焊缝的能力强，但是焊接速度低。激光-TIG 焊将激光焊和 TIG 焊结合起来，发挥各自的优点，可以提高焊接效率和焊接质量。

采用激光-TIG 焊可以成功焊接镁合金，如厚度为 2~3mm 的镁合金，采用激光-TIG 焊，其焊接速度可达 2~5m/min，而单独的 TIG 焊的

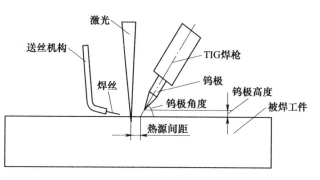

图 3-52　激光-TIG 焊原理图

焊接速度只有 0.3~0.4m/min。激光-TIG 焊的焊缝成形美观，对接接头强度可以达到母材强度，搭接接头抗剪强度达到母材的 80% 以上。

2. 焊接工艺

表 3-24 给出了激光-TIG 焊焊接参数。

表 3-24　激光-TIG 焊焊接参数

激光功率/W	电弧电流/A	焦距/mm	焊接速度/(mm/min)	倾角 θ/(°)	电弧与激光束距离 D/mm
400	100	-2	1100	45	2

3. 焊接熔深

（1）激光束与 TIG 电弧相对位置的影响

图 3-53 所示为正反向熔深。正向焊接的焊缝完全熔透，而反向（激光在前）焊接时熔深只有正向（激光在后）的 45%。因此在利用激光-TIG 焊进行深熔化焊时，应采用正向焊接以达到最大的熔深。

（2）不同焊接方法对熔深的影响

图 3-54 所示为激光-TIG 焊、TIG 焊和激光焊的熔深。其中激光焊与 TIG 焊的能量相当，由于镁合金对激光的吸收率很低，所以单独使用激光束焊接镁合金时，熔深很小，仅 0.4mm 左右；TIG 焊焊接时熔深较大，约 1~1.5mm

a）反向

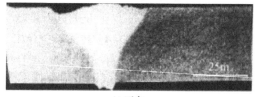

b）正向

图 3-53　正反向熔深

左右，但电弧的能量比较分散，焊接接头明显宽大；而对于激光-TIG 焊，可以看出熔深明显增大，比两种热源单独焊接时形成的熔深简单相加还要大，是单独电弧的两倍左右。这一现象表明两种热源之间存在一定耦合作用，使得在相互作用中提高了整体的有效能量。镁合金对激光吸收率很低，但随着材料表面温度的升高而升高，在熔化状态下更高。当采用复合热源正向焊接时，由于 TIG 焊电弧在前，先熔化了金属表层，增加了金属对激光的吸收率，激光的能量得到了充分利用，显著增加了焊缝熔深。

图 3-55 所示为各参数对表面成形及熔深的影响。从图 3-55 中可以看出，激光频率对表面成形影响最大，其次是焊接电流。这主要是因为，镁的表面张力低，当激光频率比较低

时，激光对熔池的冲击连续性较差，当熔池凝固后，焊缝表面起伏较大，尤其当焊接速度较高时更加明显；而焊接电流对熔深影响最大。

图 3-54　激光-TIG 焊、TIG 焊和激光焊的熔深

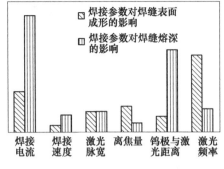

图 3-55　各参数对表面成形及熔深的影响

4. 焊接接头力学性能

（1）接头拉伸性能　三组焊接参数的焊接接头抗拉强度如图 3-56 所示。从图 3-56 中可以看出，参数 A 的抗拉强度与母材强度相当，参数 B 稍低，仍能达到母材的 90% 以上，而参数 C 低于母材的 90%。

（2）接头韧度和疲劳强度　激光-TIG 焊焊接接头优良。表 3-25 给出了镁合金的激光-TIG 焊复合焊接头与氩弧焊接头性能的对比。可以看到，

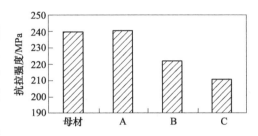

图 3-56　三组焊接参数的焊接接头抗拉强度

镁合金的激光-TIG 焊复合焊接头的抗拉强度、疲劳强度和冲击韧度都比氩弧焊接头高。

表 3-25　镁合金的激光-TIG 焊复合焊接头与氩弧焊接头性能的对比

焊接方法	接头抗拉强度系数	接头疲劳强度系数	冲击韧度系数
激光-TIG 焊	95%以上	100%	118%
氩弧焊	90%以上	70%	75%

3.1.6　AZ31B 镁合金的电阻点焊

1. 焊接工艺

母材厚度为 1.2mm。图 3-57 所示为焊接循环示意图。

2. 焊接接头显微组织

（1）焊接接头的组织形貌　图 3-58 所示为焊接接头的显微组织。由图 3-58 可见，电阻点焊接头主要由焊核和热影响区（HAZ）构成。焊核边缘具有明显的联生结晶特点，且晶体生长方向近似垂直于熔合线。

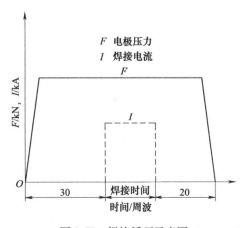

图 3-57　焊接循环示意图

从镁合金电阻点焊焊核的 X 射线衍射图（图 3-59）可以看到，焊核是由大量的 α-Mg 相和少量的 β-$Al_{12}Mg_{17}$ 相所组成。

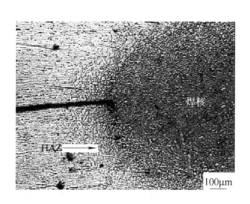

图 3-58　焊接接头的显微组织

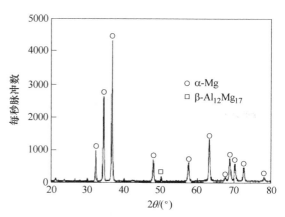

图 3-59　镁合金电阻点焊焊核的 X 射线衍射图

（2）焊接参数对组织的影响

1）焊接时间的影响。图 3-60 所示为焊接时间对焊核尺寸的影响。图 3-61 所示为焊核界面区的高倍组织。图 3-62 所示为不同焊接时间下焊核边缘的胞状树枝晶。焊接时间对焊核枝晶间距也具有一定的影响。随着焊接时间的增加，焊核的枝晶间距从 4.76μm 增加到 7.12μm，如图 3-63 所示。

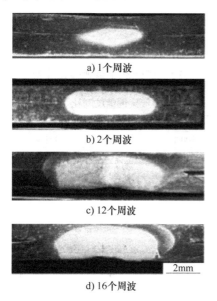

a) 1 个周波

b) 2 个周波

c) 12 个周波

d) 16 个周波

图 3-60　焊接时间对焊核尺寸的影响

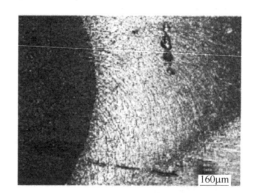

图 3-61　焊核界面区的高倍组织

2）焊接电流的影响。随着焊接电流的增加，热输入增大，从而降低了焊核的冷却速度，形核率随之下降，晶粒获得较长时间长大而使组织粗化（图 3-64）。焊接电流过高（达到 25kA 以上）容易引起焊核金属的喷溅。

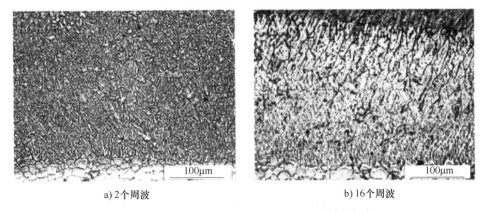

a) 2个周波　　　　　　　　　　　b) 16个周波

图 3-62　不同焊接时间下焊核边缘的胞状树枝晶

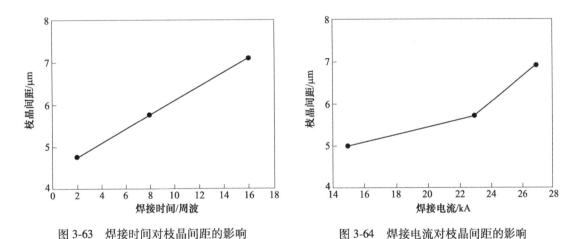

图 3-63　焊接时间对枝晶间距的影响　　　　图 3-64　焊接电流对枝晶间距的影响

3）电极压力的影响。电极压力也是影响电阻点焊质量的一个重要因素。一方面影响总电阻的数值，从而影响热输入的多少；另一方面影响焊件向电极的散热情况。在 8 个周波的焊接时间、23kA 的焊接电流的条件下，电极压力在 1.5～4.5kN 变化时，随着电极压力的增加，焊接区接触面积增大，总电阻和电流密度均减小，随之热输入减少，然而焊接区散热增加，因此焊核尺寸缩小，焊透率显著下降（从 100% 下降到 29.2%），如图 3-65 和图 3-66 所示。

3. 焊接接头的力学性能

焊接参数对接头拉剪力有重要的影响。

（1）焊接时间的影响　图 3-67 所示为焊接时间对接头拉剪力和焊核直径的影响，可以看到，随着焊接时间的延长，接头拉剪力增加，但是增加到一定程度之后就不再增加，而保持不变。接头强度与焊核尺寸和显微组织有密切关系。在较短的焊接时间（1～6 个周波）内，焊核直径是主要的影响因素，随着焊接时间的增加，焊核直径增加，接头强度提高。在较长的焊接时间（8～16 个周波）内，虽然焊核直径随着焊接时间的延长继续增加，但其显微组织明显粗化，枝晶间距和接头压痕深度增加，以至于接头强度增加并不显著。

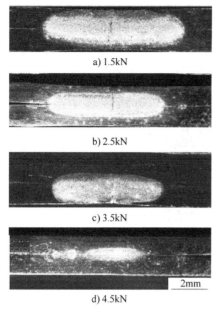

a) 1.5kN

b) 2.5kN

c) 3.5kN

2mm

d) 4.5kN

图 3-65 电极压力对焊核尺寸的影响

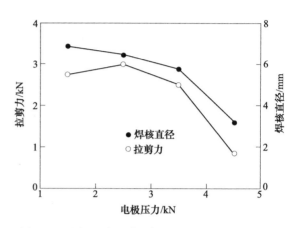

图 3-66 电极压力对接头拉剪力和焊核直径的影响

（2）焊接电流的影响 图 3-68 所示为焊接电流对接头拉剪力和焊核直径的影响。结果表明，焊接电流在喷溅点（23kA）以下，拉剪力主要受焊核直径的影响，随着焊接电流的增大，焊核直径增加，接头拉剪力也增加，但是在喷溅点以上，随着焊接电流的增加，焊核直径继续增加，但接头拉剪力却减小了。其主要原因是：焊核金属喷溅增加了接头的压痕深度，且容易在焊核中引起缩孔和裂纹，同时还破坏了焊核缩性环的完整性，在焊核边缘产生应力集中，因此严重影响了接头的力学性能；随着焊接电流的增加，焊核的显微组织粗化。因此，在实际生产中应避免出现有金属喷溅的电阻点焊接头。

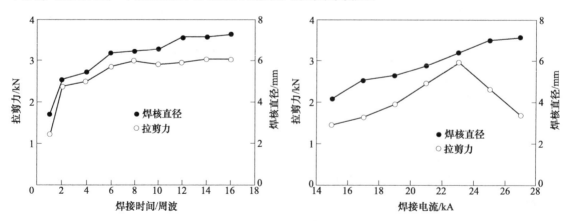

图 3-67 焊接时间对接头拉剪力和焊核直径的影响 图 3-68 焊接电流对接头拉剪力和焊核直径的影响

（3）电极压力的影响 电极压力对焊核直径和拉剪力也有影响。当电极压力增加时，焊核直径减小。由于焊核尺寸的减小，拉剪力的值也随之减小。当电极压力过小时，导致总电阻增大、热输入量过多且散热较差，焊接区金属的塑性变形范围及变形程度不足，造成因电流密度过大而引起加热速度大于塑性环扩展速度，从而产生喷溅。焊核中液态金属的喷溅使焊核形状和尺寸发生变化，容易在焊核中引起缩孔和裂纹，并且破坏了焊核缩性环的完整性，在焊核的边缘产生应力集中，最终使电极压力降低。因此，应当选择略大于喷溅点的电极压力值。

4. 电阻点焊接头的断裂特点

（1）电阻点焊接头的断裂模式　镁合金电阻点焊接头的断裂有两种模式：结合面断裂和纽扣断裂，如图 3-69 所示。图 3-70 所示为焊核直径对拉剪力和断裂模式的影响。可以看到，在焊接热输入较小时，焊核直径较小，能够承受的拉剪力较低，容易发生结合面断裂，一般认为发生结合面断裂的接头不能满足对强度的要求，因此，应该避免发生。在焊接热输入较大时，焊核直径较大，能够承受的拉剪力较高，容易发生纽扣断裂，焊核被完全从一块金属板中拉出，在这块板中留下一个孔洞。而在焊接热输入过大时，由于焊核发生喷溅，接头拉剪力又降低。

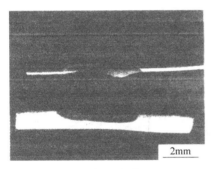

a) 结合面断裂

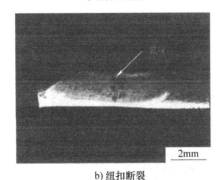

b) 纽扣断裂

图 3-69　镁合金电阻点焊接头的断裂模式

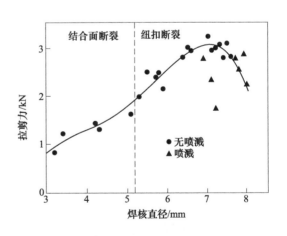

图 3-70　焊核直径对拉剪力和断裂模式的影响

（2）结合面断裂　结合面断裂的断口形貌如图 3-71 所示，图 3-71b 所示为图 3-71a 中的 A 区，其表面比较平整，而且有金属光泽，属于脆性断裂形貌；在断口表面还有裂纹存在，所以，拉剪力较小。

图 3-72 所示为结合面断裂时的力-位移曲线，可以看到，在起裂之后还有一个延续过程才能完全断裂。

（3）纽扣断裂　由于纽扣断裂的方向近似于垂直结合面（图 3-73），因此结晶裂纹对于纽扣断裂的接头性能影响不大。图 3-74 所示为纽扣断裂时的力-位移曲线。

 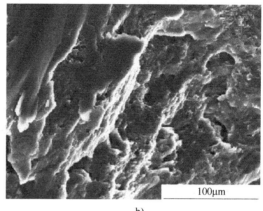

a)   b)

图 3-71 结合面断裂的断口形貌

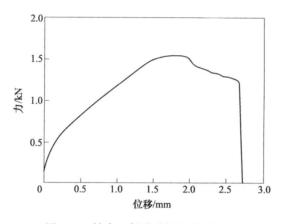

图 3-72 结合面断裂时的力-位移曲线

 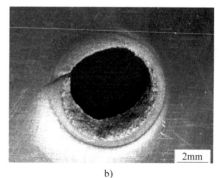

a)   b)

图 3-73 纽扣断裂的断口形貌

5. 镁合金电阻点焊中的焊接缺陷

（1）镁合金电阻点焊中的结晶裂纹　在镁合金电阻点焊焊核中，经常能够观察到裂纹的存在。由图 3-75 可以看出，在焊核的横截面上，裂纹的方向近似垂直于结合面，属于结晶裂纹。在裂纹边缘,通过 EDS 分析,能够探测到 Al 和 Mn 元素的偏析,其促进了晶间低熔点液态薄膜的形成。焊接参数(焊接时间、焊接电流和电极压力)对焊核裂纹敏感性具有明显的影响。相对高的焊接热输入(相对长的焊接时间、大的焊接电流或者低的电极压力)将增加焊核的裂纹敏感性。

(2)电阻点焊接头中的孔洞

1)表面状态的影响。由两块未做任何处理的镁合金板电阻点焊而形成的接头横断面,如图 3-76 所示。在焊核中观察到较多孔洞生成,其尺寸、形状不一。图 3-77a 所示为由 4 种不同表面状态镁合金板焊接而形

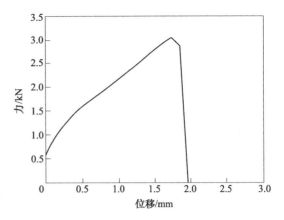

图 3-74 纽扣断裂时的力-位移曲线

成的接头中孔洞数量的分布。图 3-77b 所示为一块板、洁净板、未处理板、浸润板 4 类接头中的孔洞面积分数。如图 3-77b 所示,这 4 类接头中的孔洞面积分数依次增大。这主要是因为直径 5~30μm 的孔洞在一块板、洁净板、未处理板、浸润板 4 类接头中依次增加。但是由于这些孔洞的面积很小,对孔洞面积分数影响较小;而对孔洞面积分数起主导作用的大孔洞(直径大于 200μm)的数量在这 4 类接头中几乎相同。所以,4 类接头中的孔洞面积分数相差较小,如图 3-77b 所示呈缓升趋势。

图 3-75 镁合金电阻点焊焊核中的结晶裂纹

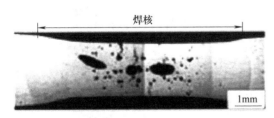

图 3-76 接头横断面

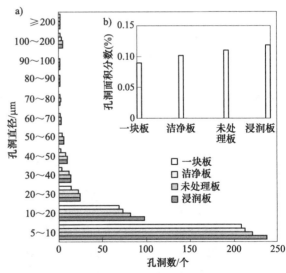

图 3-77 孔洞数量的分布

2)母材状态的影响。铸造镁合金板、压延镁合金板对于电阻点焊接头孔洞的影响,两者相差无几。由制造工艺特点可知,铸造镁合金母材存在的原始孔洞远高于压延镁合金。这一结果显示了母材内存在的原始孔洞对镁合金电阻点焊过程中孔洞的产生没有影响。

3)减少孔洞的方法。

① 延长电流缓降时间。在焊接电流为 10kA、焊接时间为 10 周波、电极压力为 2kN 的

条件下，获得的接头的孔洞面积占比随电流缓降时间的变化趋势，如图3-78所示。随电流缓降时间的延长，接头的孔洞面积占比呈下降趋势。但当电流缓降时间延长至10周波以后，接头的孔洞面积占比就趋于稳定在0.025%左右，再进一步延长电流缓降时间，抑制孔洞生成效果就不再明显了。所以，可以利用延长电流缓降时间抑制镁合金电阻点焊接头中孔洞的生成。

② 增大焊接压力。在焊接电流为10kA、焊接时间为10周波、电流缓降时间为0周波的条件下，获得的接头的孔洞面积分数随电极压力的变化趋势，如图3-79所示。增大电极压力可有效抑制镁合金电阻点焊过程中孔洞的生成。

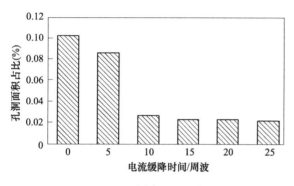

图3-78　电流缓降时间对接头的
孔洞面积占比的影响

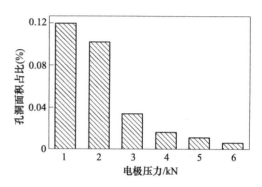

图3-79　电极压力对接头的
孔洞面积占比的影响

（3）喷溅　镁合金电阻点焊过程中产生的内部喷溅和外部喷溅，如图3-80所示。由于镁合金的导热性和导电性极强，在电阻点焊镁合金时需要的电流大，加热速度极快，因而焊点温度上升过快，焊核区的扩展速度大于塑性环的扩展速度，塑性环被逐步熔化，最终液态金属在电极压力及自身膨胀力的作用下冲破塑性环的束缚飞出而形成内部喷溅。焊核金属的内部喷溅减少了焊核内液态金属的量，容易引起缩孔的出现。另外，在加热过程中，液态金属从焊核内高速喷出将促进焊核内液态金属的流动，从而在焊核附近的固相中引起较高的拉应力和拉应变。

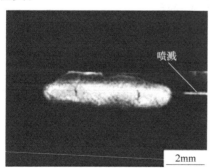

a）内部喷溅

b）外部喷溅

图3-80　镁合金电阻点焊过程中产生的内部喷溅和外部喷溅

焊件和电极端面接触不良将会引起外部喷溅。它会严重影响接头的表面质量和电极的使用寿命，而对接头强度的影响较小。

3.1.7　AZ31B 镁合金的钎焊

1. 镁合金的钎焊性

钎焊时，母材金属与钎料间的润湿是钎料铺展的前提。在标准润湿性试验下，Mg-Al-Zn系钎料与 AZ31B 母材间的润湿角最低可以达到 13.3°，完全可以达到镁合金钎焊的润湿性要求。镁合金的熔点约 500～680℃，化学性质比较活泼，在空气中进行加热时容易被空气氧化，形成氧化镁和氢氧化镁等复杂氧化膜。镁合金钎焊时，使用钎剂和氩气等惰性气体保护，可以有效防止镁合金在高温时氧化。镁合金钎料中的元素大都是镁、铝、锌、锡等电极电位低的元素，可以避免钎焊接头的腐蚀。镁合金高的线膨胀系数易形成焊接裂纹和焊接残余应力。钎焊温度比母材熔点低，低的焊接温度可以降低高线膨胀的危害。表 3-26 给出了可钎焊镁合金的化学成分及物理性能。

表 3-26　可钎焊镁合金的化学成分及物理性能

ASTM[①] 牌号	化学成分（质量分数,%）						密度 /g·cm^{-3}	固相线 /℃	液相线 /℃	钎焊温度 /℃
	Al	Zn	Mn[②]	Zr	Rc	Mg				
AZ10A	1.2	0.4	0.20	—	—	余量	1.75	632	643	582～616
AZ31B	3.0	1.0	0.20	—	—	余量	1.77	566	627	582～593
AZ63A	6.0	3.0	0.25	—	—	余量	1.82	455	610	430～450
AZ91C	8.7	0.7	0.20	—	—	余量	1.81	468	598	430～460
K1A	—	—	—	0.70	—	余量	1.74	649	650	582～616
M1A	—	—	1.20	—	—	余量	1.76	648	650	582～616
ZE10A	—	1.2	—	—	0.17	余量	1.76	593	646	582～593
ZE21A	—	2.3	—	0.60	—	余量	1.79	626	642	582～616

① 美国材料试验学会。

② Mn 为最小值。

2. 镁合金钎焊方法

镁合金钎焊方法有炉中钎焊、火焰钎焊、浸渍钎焊等。镁合金炉中钎焊，其保护气氛不但可以还原镁合金表面的氧化膜，而且能防止钎焊过程中镁合金的进一步氧化。镁合金炉中钎焊的保护气氛很便宜，能以较低的单件成本钎焊大批量组件。镁合金火焰钎焊，用可燃气体与氧气燃烧的火焰作为热源进行钎焊，设备简单，操作方便，可根据焊件形状用多火焰同时进行加热。镁合金浸渍钎焊，将镁合金放入液体介质中进行钎焊，通过液体介质加热焊件，钎焊过程中会挥发出有毒气体，必须采取有效通风措施进行排除。

采用氩气保护电阻炉钎焊 AZ31B 镁合金时的钎焊接头的抗剪强度达到 80.42MPa；钎焊AZ61、AZ91 镁合金时，钎焊接头的抗剪强度均在 70MPa 以上。

采用高频感应钎焊方法焊接 AZ31B 镁合金，对接接头的抗拉强度可以达到 77MPa，搭接接头的抗剪强度可以达到 56MPa。

采用超声波钎焊方法，在大气环境下对 AZ31B 镁合金板材进行搭接钎焊。超声振动可以破坏钎焊时的氧化膜。随着振动时间的增加，接头强度先增大后减小。当超声振动时间在2～4s 时，钎焊接头的抗剪强度可以达到 80MPa 以上。

3. 镁合金钎焊材料

（1）镁合金钎料　镁合金钎焊的钎料主要以二元和三元镁基合金钎料为主。二元镁基合金钎料有 Mg-Al 系、Mg-Zn 系，三元镁基合金钎料有 Mg-Al-Zn 系、Mg-Al-Si 系、Mg-Zn-Sn 系。目前，市场上用于镁合金钎焊的钎料有 BMg-1、BMg-2a 和日本标准钎料 MC3。钎料 BMg-1 铝的质量分数为 8.3% ~ 9.7%，锌的质量分数为 1.7% ~ 2.3%，钎焊温度为 582 ~ 616℃；钎料 BMg-2a 铝的质量分数为 11.0% ~ 13.0%，锌的质量分数为 4.5% ~ 5.5%，钎焊温度为 570 ~ 595℃；钎料 MC3 铝的质量分数为 8.3% ~ 9.7%，锌的质量分数为 1.6% ~ 2.4%，钎焊温度为 605 ~ 615℃。三种商业钎料的钎焊温度较高，只有少数可钎焊镁合金。AZ10A、K1A、M1A、ZE21A 的固相线温度高于这三种钎料的钎焊温度。如果要对镁合金进行大范围钎焊，就必须研制低熔点镁合金钎料。可以在二元和三元镁基合金钎料的基础上加入其他元素，如稀有元素等，降低钎料液相线温度，改善钎缝组织，提高接头性能。Mg-Al-Zn-Er 钎料熔点低于 335℃，熔化区间低于 10℃，使用该钎料钎焊 AZ31B 镁合金时接头的抗剪强度可以达到 59.7MPa。图 3-81 所示为 Mg-Al-Zn-Er 钎料的钎缝显微组织。钎料中弥散分布着较多的 Al_3Er 相。Al_3Er 的熔点远高于钎料的熔点，这些 Al_3Er 相在钎焊时作为 α-Mg 的形核质点，增加钎缝凝固时的形核率，起到细化晶粒的作用。

用纯银作为中间层，用共晶钎焊工艺对 AZ31B 镁合金进行焊接，实现了镁合金板材间的有效连接。由镁银二元合金相图可知，温度升高，银在镁中的扩散能力增强。当温度达到共晶温度后，界面处生成处于过饱和状态的液相组织，形成的共晶反应区成分是很不均匀的，随着银原子扩散时间的延长，反应区的元素种类和数量发生变化，使共晶反应层熔点升高，最终形成冶金反应扩散区。结合区域元素的扩散距离约为 40μm，结合区域的镁元素的质量分数为 16.59%，铝元素的质量分数为 64.88%，银元素的质量分数为 18.52%。

用铜模浇注法制备非晶态 Mg65-Cu22-Ni3-Y10 钎料，在 420 ~ 540℃下对 AM60B 镁合金进行钎焊。母材中铝元素主要以低熔点 $β-Al_{12}Mg_{17}$ 的形式沉淀析出于晶界，在焊接时发生溶解，铝元素迅速向液态钎料中扩散，钎缝中出现了富铝区。镁元素在焊接升温和冷却过程中，浓度梯度驱使在固态母材和液态钎料间相互扩散，镁元素在钎缝中重新分布，富镁的块状组织增多。大部分钇元素保留在钎缝中，少部分钇元素扩散到基体中。锰元素在部分区域出现富集和贫化。铜元素和镍元素分布均匀，无明显的偏聚现象。

Mg-8Al-3Zn-1.5RE-0.1Mn 钎料是在 Mg-Al-Zn 基钎料中加入 RE 元素和 Mn 元素。结果表明：RE 元素和 Mn 元素的加入改善了钎料的流动性，使钎料黏度降低，有利于钎料与母材金属的润湿。将 Mg-12Al-6Zn 钎料和 Mg-8Al-3Zn-1.5RE-0.1Mn 钎料分别炉中钎焊，得到的钎焊接头显微组织如图 3-82 所示。由此可以看出，加入 RE 元素和 Mn 元素可以细化 α-Mg 枝晶，使 $β-Al_{12}Mg_{17}$ 相分离开来且变细。Mg-12Al-6Zn 钎料的钎焊接头抗剪强度为 83.5MPa，加入 RE 元素和 Mn 元素后，钎焊接头抗剪强度可提升至 122.4MPa。

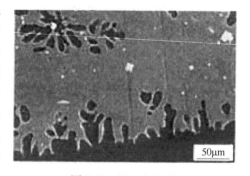

图 3-81　Mg-Al-Zn-Er
钎料的钎缝显微组织

镓基软钎料 Ga-4Mg-Cd-4Zn 和 Ga-26Zn-11Sn-4Mg-4Cd，对 M1A 镁合金进行钎焊，钎焊接头的抗剪强度最大可达 588.8MPa，但是所得到的钎焊接头容易受大气腐蚀。所以钎焊之后，需要对钎焊接头进行磷酸盐保护和铬化处理。

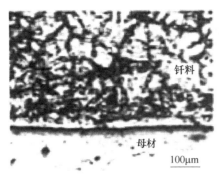
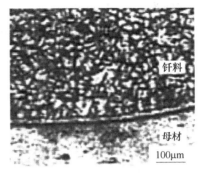

a) Mg-12Al-6Zn   b) Mg-8Al-3Zn-1.5RE-0.1Mn

图 3-82   Mg-12Al-6Zn 钎料和 Mg-8Al-3Zn-1.5RE-0.1Mn
钎料的钎焊接头显微组织

（2）镁合金钎剂   镁合金钎剂的主要成分为氯化物和氟化物，包括基质、表面活性剂和去膜剂。钎剂中的去膜剂的作用是去除液态钎料和母材上的氧化物，同时防止钎料和母材钎焊时的进一步氧化。钎剂中的表面活性剂的作用主要是提高母材和液态钎料间的润湿性。钎剂的存在形态有粉末状和膏状。钎焊时钎剂的使用可防止接头的氧化和促进钎料的填缝铺展，但钎剂具有一定腐蚀性，钎焊之后必须去除接头的钎剂残留。常用镁合金钎剂的化学成分及物理性能见表 3-27。

表 3-27   常用镁合金钎剂的化学成分及物理性能

钎剂牌号	化学成分（质量分数，%）											熔点/℃	钎焊温度/℃
	LiCl	NaCl	NaF	LiF	CdCl₂	ZnF₂	光卤石	冰晶石	ZnO	CaCl₂	KCl		
F380Mg	37	10	10	—	—	—	—	0.5	—	—	余量	380	380~600
F530Mg	21	23	3.5	10	—	—	—	—	—	—	余量	530	540~600
F540Mg	23	26	6	—	—	—	—	—	—	—	余量	540	540~650
F535Mg	—	12	4	—	—	—	—	—	—	30	余量	535	540~650
F450Mg	9	15	—	—	—	—	—	—	—	余量	—	450	450~650

低腐蚀性和低熔点镁合金钎剂已经成为目前镁合金钎剂的研究重点。已经研制了含有 CsF、Al_3F、ZnF 的钎剂。该钎剂可在 500℃ 以下有效去除氧化膜并促进钎料填缝。含有 $CaCl_2$、LiCl 和 NaCl 的钎的熔点可达 450℃ 以下。

3.2   AZ61 镁合金的焊接

3.2.1   AZ61 镁合金的钎焊

1. 材料

母材为厚度 3mm 的 AZ61 镁合金。

钎料为 Mg-31.5Al-10.0Sn。钎料的熔化温度为 443~458℃。钎料的熔化温度差为 15℃。钎料的熔化温度低于母材 AZ61 镁合金开始熔化的温度 525℃。钎料由两种相组成，分别是 β-$Al_{12}Mg_{17}$ 和 Mg_2Sn 相。钎料显微组织（SEM）如图 3-83 所示，图中白色颗粒状物质为

Mg_2Sn，黑色基体为 $\beta\text{-}Al_{12}Mg_{17}$。

钎焊时采用 QJ201 作为钎剂。钎剂 QJ201 的标准化学成分为 KCl-32LiCl-10NaF-8ZnCl2。钎剂 QJ201 的熔化温度范围为 460~620℃。

2. 焊接工艺

采用高频感应钎焊，钎焊温度为 490~510℃，钎焊时间为 100s，钎焊后焊件持续通氩气保护至室温，取出焊件后用清水冲洗并用钢丝刷去除钎焊接头上残留的钎剂。采用搭接钎焊，搭接长度 3mm，搭接间隙是 0.3mm。

3. 接头显微组织

（1）接头界面显微组织　接头界面显微组织如图 3-84 所示，从图中可以看出钎焊接头界面处显微组织中未发现裂纹和气孔。钎焊接头中钎缝与母材之间形成了比较明显的界面，但没有发现明显的扩散层。在界面处，灰色粗大骨骼状组织垂直于界面并向母材侧生长。镁合金接头界面区域钎缝侧生成了灰色粗大骨骼状组织和黑色的基体，白色颗粒状物质分散在钎缝侧。在界面显微组织中没有发现原始钎料中的显微组织形貌。EDS 分析发现钎缝中灰色粗大骨骼状组织为 $\alpha\text{-}Mg+\beta\text{-}Al_{12}Mg_{17}$ 共晶组织，黑色的基体为 $\alpha\text{-}Mg$ 固溶体，白色颗粒状物质为 Mg_2Sn。

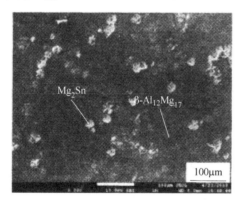

图 3-83　钎料显微组织（SEM）

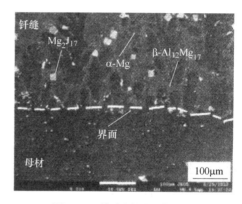

图 3-84　接头界面显微组织

（2）接头中间显微组织　光谱分析测得钎缝的化学成分（质量分数,%）为 Mg-13.5Al-3.3Sn。与原始钎料化学成分相比，钎缝中的 Mg 质量分数由原来的 58.5% 增加到 83.2%。钎缝的化学成分中 Mg 元素含量大量增加。这说明，在钎焊过程中固态镁合金 AZ61 母材侧的母材大量溶解进液态钎料中。当合金的温度低于液相线温度时，合金开始凝固，首先发生的是 $L\rightarrow\alpha\text{-}Mg$ 固溶体，初生的 $\alpha\text{-}Mg$ 相优先析出并长大，先析出的 $\alpha\text{-}Mg$ 相溶解的 Al 原子含量低，随着凝固过程的继续进行，由于 Al 原子在固相中的扩散缓慢，析出的 $\alpha\text{-}Mg$ 相的平均成分将偏离平衡固相线，多余的 Al 原子被推向液体中。随着温度的降低，在 437℃ 时将发生由液相转变为 $\alpha\text{-}Mg$ 相和 $\beta\text{-}Al_{12}Mg_{17}$ 相的共晶反应 $L\rightarrow\alpha\text{-}Mg+\beta\text{-}Al_{12}Mg_{17}$。在

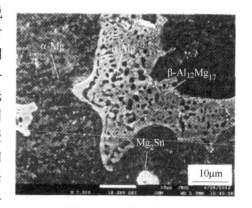

图 3-85　钎缝显微组织

437℃时，Al 在 Mg 中的溶解度最大，达到 12.7%，共晶点成分含 32.3%（质量分数）的 Al。当温度低于 437℃时，凝固并没有结束。共晶体就在 α-Mg 晶粒边界处独立长大。图 3-85 所示为钎缝显微组织。从图 3-85 中可以看出钎缝中心的显微组织与钎料的显微组织明显不同，黑色基体为 α-Mg，白色为 Mg_2Sn，灰色粗大骨骼状组织为 α-Mg+β-$Al_{12}Mg_{17}$ 共晶组织。灰色粗大骨骼状组织中的灰色物质为 β-$Al_{12}Mg_{17}$，黑色物质为 α-Mg。由于在钎焊过程中钎料与母材的相互作用中，不同区域的温度是不均匀的，并且钎焊温度在 490~510℃ 之间，钎料中的 Mg_2Sn+β-$Al_{12}Mg_{17}$ 共晶组织（共晶点温度 428℃）完全熔化，但是多余的钎料中的 Mg_2Sn 相（Mg_2Sn 熔点为 778℃）并没有熔化，所以在室温下钎缝中会有 Mg_2Sn 相出现。

4. 钎焊接头力学性能

钎焊对接接头的平均抗拉强度为 45MPa，搭接接头的平均剪切强度为 36MPa。钎焊接头的断裂位置很可能是主要产生在沿 α-Mg 晶界网状分布的粗大 α-Mg+β-$Al_{12}Mg_{17}$ 显微组织处。

3.2.2 AZ61 镁合金的电子束焊

10mm 厚的 AZ61 镁合金进行了电子束焊，其接头的横断面呈现上宽下窄的钉状形，焊缝深宽比达到 10∶1。母材等轴晶粒一般为 100~200μm，而焊缝晶粒均为 5~10μm 的细小晶粒，另外在焊缝区晶界处还分散有白色粒状 β 相（$Al_{12}Mg_{17}$），如图 3-86 所示。将其与母材处沿晶界分布的块状和片层状 β 相（$Al_{12}Mg_{17}$）进行比较可以看出，第二相显著变小，且形貌改变也非常显著。α-Mg 和 β-$Al_{12}Mg_{17}$ 是焊缝中相结构的主要构成部分，焊缝硬度高达 75~78HV，远超过母材 55HV 的硬度。然而经过测试，其热影响区硬度接近母材。

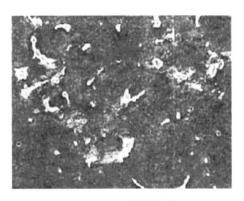

图 3-86　AZ61 镁合金电子束焊焊接接头显微组织

3.3 AZ91D 镁合金的焊接

3.3.1 AZ91D 镁合金的 TIG 焊

1. 焊接参数

采用 3mm 平板对接双面焊，正面焊接电流为 120A，背面焊接电流分别为 80A、90A 和 100A，焊接速度为 8mm/s，保护气体流量为 15L/min。

2. 焊接接头显微组织

图 3-87a 所示为 AZ91D 镁合金 TIG 焊焊接接头显微组织，可以看出各区分界明显，热影响区晶粒明显粗大。图 3-87b 所示为 AZ91D 镁合金母材组织，由细小不规则的等轴晶组成，这些等轴晶是由于热挤压过程中母材组织造成的，组织中不存在明显缺陷；晶内以 α-Mg 固溶体为基体，不同程度分布着颗粒状共晶物，其主要是 β-$Al_{12}Mg_{17}$，晶界清晰，在晶界上也存在共晶析出物。图 3-87c 所示为焊接热影响区的组织，与母材相同，只是其晶粒明

显粗化，为典型的过热组织，晶界有熔化现象。热影响区的晶粒长大，粗大的 β-Al$_{12}$Mg$_{17}$ 相连续分布于 α-Mg 固溶体周围。图 3-87d 所示为焊缝区，是由不规则的等轴晶和连续分布在晶界处得 β-Al$_{12}$Mg$_{17}$ 相组成，该区域晶粒细小。由于镁合金热导率大、散热快，焊接熔池冷却速度快，焊缝金属快速凝固，从而导致了焊缝金属晶粒细化。

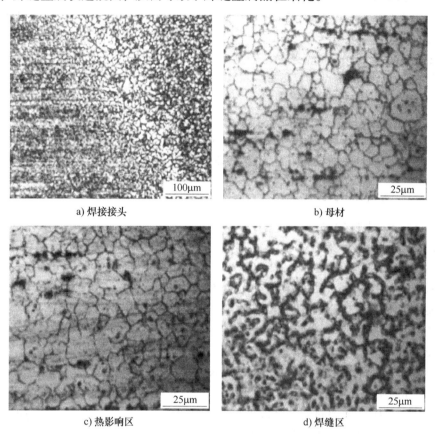

a) 焊接接头   b) 母材

c) 热影响区   d) 焊缝区

图 3-87　AZ91D 镁合金 TIG 焊焊接接头显微组织

图 3-88 所示为焊缝金属的 X 射线衍射图，可以看到，焊缝金属是由 Mg 的固溶体和 Al$_{12}$Mg$_{17}$ 金属间化合物组成。

3. 焊接缺陷

AZ91D 镁合金 TIG 焊焊接接头的焊接裂纹主要是热裂纹，包括焊缝金属的结晶裂纹和热影响区中的液化裂纹。

裂纹位置在焊缝中心，其起源于气孔（图 3-89a），从气孔向下扩展，裂纹扩展一段距离后止裂。裂纹在扩展过程中较窄。裂纹产生的原因是焊接电流大，焊接热输入大，焊缝金属收缩能量大，从而产生了

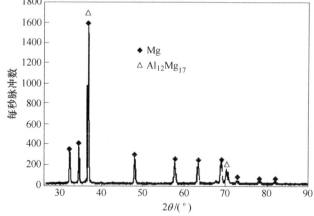

图 3-88　焊缝金属的 X 射线衍射图

较大的焊接应力，造成了裂纹的产生。

AZ91D 镁合金中主要元素 Mg、Al、Zn 的熔点都很低，在高温电弧的作用下，这些低熔点元素蒸发会导致焊缝中合金元素的损失，焊缝中金属和物相的含量与母材略有不同。AZ91D 镁合金焊缝组织是 α-Mg 固溶体和 β-$Al_{12}Mg_{17}$ 金属间化合物。镁合金的结晶温度区间大于 200℃，"液态薄膜" 存在时间较长，有利于裂纹产生。

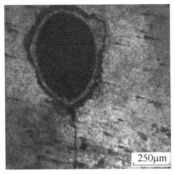 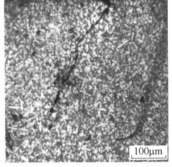 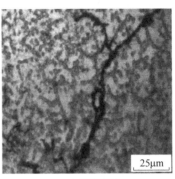

a) 裂纹起源　　　　　　b) 裂纹下部　　　　　　c) 裂纹形貌

图 3-89　焊接裂纹

4. 焊接接头力学性能

（1）焊接接头显微硬度分布

采用不同焊接电流得到的 AZ91D 镁合金 TIG 焊焊接接头的显微硬度分布（1、2 和 3 号试样分别为背面焊接电流为 80A、90A 和 100A），如图 3-90 所示。可以看出，热影响区的硬度最低，焊缝区的硬度高于母材。这是由于焊缝晶粒细小，所以该区域硬度较高；同时，Mg 元素烧损，Al 元素含量的增加，Al 元素对合金的强化效果增强；而且随着合金中 Al 元素含量的增加，合金中 β-

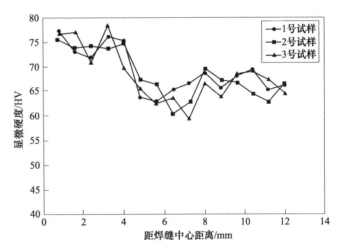

图 3-90　焊接接头显微硬度分布

$Al_{12}Mg_{17}$ 析出相增加，合金的弥散强化效果增强。所以，焊缝强度高于母材。而且，由于焊接热影响区的晶粒粗大，所以，焊接热影响区的硬度最低。

（2）焊接接头抗拉强度　不同焊接电流（1、2 和 3 号试样分别为背面焊接电流为 80A、90A 和 100A）得到的 AZ91D 镁合金 TIG 焊焊接接头的抗拉强度，见表 3-28。可以看出，焊接接头抗拉强度较小，与母材相比，其强度大大降低，最大抗拉强度仅为母材的 76%。随着焊接电流增大，试样的抗拉强度增加。

表 3-28　母材及焊接接头的抗拉强度

试　样	抗拉强度/MPa	试　样	抗拉强度/MPa
母材	322	试样 2	185
试样 1	119	试样 3	247

3.3.2 AZ91D 镁合金的瞬时液相扩散焊

1. 以纯铜为中间层的瞬时液相扩散焊

（1）材料　母材为厚度 3mm 的 AZ91D 镁合金。中间层材料为纯铜金属。中间层厚度分别为 $20\mu m$、$50\mu m$。

（2）焊接方法　在氩气气氛保护的电阻炉内进行瞬时液相扩散焊，采用真空度为 $6.0\times10^{-1}Pa$，加热平均升温速度为 $10℃/min$，加热至焊接温度，开始计保温时间（焊接时间），焊接温度误差 $\pm5℃$，保温至预定时间后，试样随炉冷却至 $100℃$ 取出。

中间层厚度为 $20\mu m$，焊接温度为 $530℃$，焊接时间为 $1\sim120min$，焊接试验在氩气气氛保护的电阻炉内进行。

（3）接头组织　焊接温度为 $530℃$，铜没有熔化，其连接完全靠扩散过程进行。从图 3-91 中可以看到，焊接时间达到 $120min$ 才能够得到比较充分扩散，形成化学成分分布比较均匀的组织。

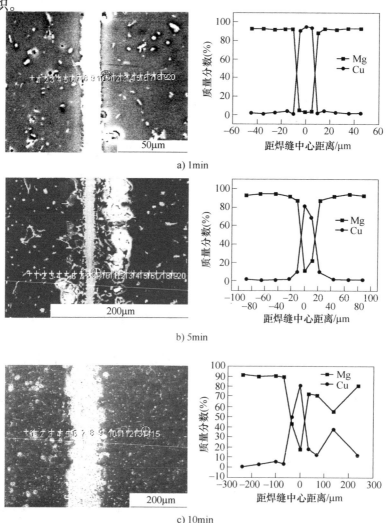

a) 1min

b) 5min

c) 10min

图 3-91　焊接温度为 $530℃$，不同焊接时间接头组织 SEM 照片和 EDS 分析结果

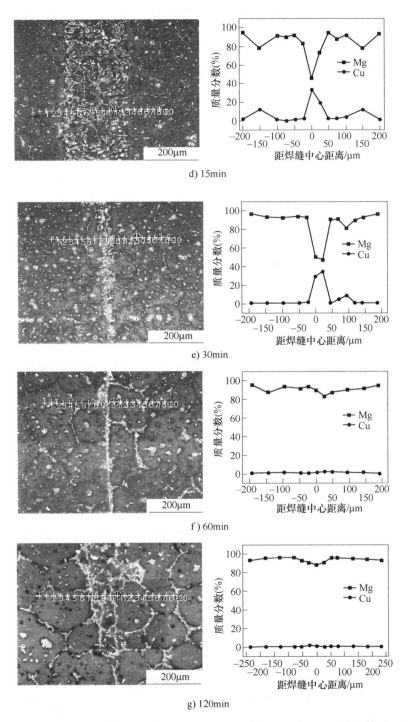

d) 15min

e) 30min

f) 60min

g) 120min

图 3-91 焊接温度为 530℃，不同焊接时间接头组织 SEM 照片和 EDS 分析结果（续）

从图 3-91a 中可以看到，由室温加热至 530℃，焊接 1min 的接头组织 SEM 照片和 EDS 分析结果。可以看出，接头中的铜并未熔化，只是与镁合金母材紧密接触，但与原始铜中间层厚度相比，接头中中间层的厚度减小。这意味着，在加热过程中，铜中间层发生了一定的塑性变形。EDS 分析表明，在这种条件下，中间层与母材之间存在 Cu、Mg 原子的固相扩散，中间层/母材界面处 Mg 的质量分数为 4.13%~5.04%

图 3-91b~d 所示为焊接温度为 530℃，焊接时间为 5min、10min、15min 的接头组织 SEM 照片和 EDS 分析结果。可以看到，当焊接时间为 5min 时，接头中间层/母材界面处已经开始熔化，形成不连续的液相区，液相区的 Mg、Cu 平均质量分数分别为 86.85% 和 10.37%。根据 Mg-Cu 二元合金相图，在 530℃条件下，该成分合金处于液-固相区，在冷却凝固过程中形成 α-Mg 固溶体和 $CuMg_2$ 金属间化合物。在镁合金瞬时液相扩散焊过程中，铜中间层的熔化速度是非常快的，很难观察到中间层的熔化过程。焊接时间增加至 10min 时，铜中间层已经完全熔化，液相区中心 Mg、Cu 的平均质量分数分别为 43.93% 和 49.16%，冷却凝固后，接头组织主要是 α-Mg 固溶体和 $CuMg_2$ 金属间化合物。进一步增加焊接时间至 15min 时，由图 3-91d 可见，液相区宽度明显增加，液相区中心 Mg 的平均质量分数增加到 45.50%，而 Cu 的平均质量分数降低到 33.34%，冷却凝固后，接头组织主要是 α-Mg 固溶体和 $CuMg_2$ 金属间化合物。随着焊接时间的增加，接头中 $CuMg_2$ 金属间化合物的含量有减少的趋势。在中间层及母材的熔化阶段，中间层和母材的熔化以及液相区的增宽主要归因于 Cu、Mg 原子在界面处的互扩散，导致降低其熔化温度。Cu、Mg 原子在中间层/母材界面处的互扩散导致该处的熔化温度降低，当熔化温度低于焊接温度（530℃）时，液相层首先在界面处形成。由于原子在液相中的扩散系数明显高于在固相中的扩散系数，因此铜中间层迅速熔化，形成液相区。随着焊接时间的增加，液相区的 Cu 原子不断向母材扩散，而母材中的 Mg 原子不断向液相区扩散，导致紧邻液相区的母材的熔化温度降低，母材熔化，致使液相区宽度增加。液相区的最大宽度可以由公式估算，即

$$W_{max} = W_0 \left(1 + \frac{C^{l\beta} - C^{l\alpha}}{C^{l\alpha}} \times \frac{\rho_B}{\rho_A} \right) \tag{3-2}$$

式中　ρ_A、ρ_B——母材和中间层材料的密度；

$C^{l\alpha}$ 和 $C^{l\beta}$——母材和中间层材料的成分；

W_0——中间层厚度。

（4）接头力学性能　采用纯铜为中间层，焊接温度为 530℃，焊接时间分别为 1min、5min、15min、30min、60min、120min 时的接头抗剪强度，如图 3-92 所示。可以看到，接头的抗剪强度随着焊接时间的升高而提高。但是，当焊接时间大于 30min 时，接头抗剪强度有所降低。这是由于随着焊接时间的增加，Mg/Cu 界面产生的液相越多，等温凝固过程越充分，接头抗剪强度越高。但是，当焊接时间大于 30min 时，晶粒粗化以及接头中脆性相晶粒的长大反而降低了接头抗剪强度。

焊接时间为 60min，焊接温度分别为 500℃、510℃、520℃、530℃、540℃时的接头抗剪强度，如图 3-93 所示。可以看到，接头的抗剪强度随着焊接温度的升高而提高。但是，当焊接温度高于 520℃时，接头抗剪强度有所降低。从 Mg-Cu 二元相图可知，焊接温度高于 490℃时，液相成分区域宽度与温度成正比。所以在 500~540℃之间保温时，温度越高，Mg/Cu 界面产生的液相越多，等温凝固过程越充分，接头抗剪强度越高。另一方面，温度的提高使得接头瞬时液相扩散焊过程加快，等温凝固开始时间前移，接头中脆性化合物 $Al_{12}Mg_{17}$ 数量减少，剪切强度增高。但是，当焊接温度高于 520℃时，晶粒粗化以及接头中脆性相晶粒的长大反而降低了接头抗剪强度。

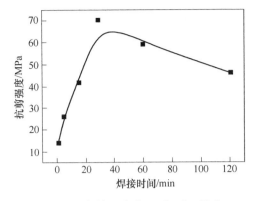

图 3-92　焊接温度为 530℃时，接头
抗剪强度与焊接时间的关系

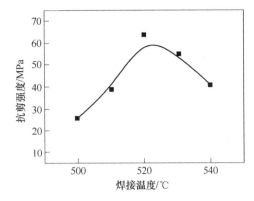

图 3-93　焊接时间为 60min 时，接头抗剪
强度与焊接温度的关系

2. 以纯铝为中间层的瞬时液相扩散焊

（1）材料　母材为厚度 3mm 的 AZ91D 镁合金。中间层材料为纯铝金属。中间层厚度分别为 10μm、30μm。

（2）焊接方法　在真空炉内进行瞬时液相扩散焊，采用真空度为 $6.0×10^{-1}$Pa，加热平均升温速度为 10℃/min，加热至焊接温度，开始计保温时间（焊接时间），焊接温度误差±5℃。保温至预定时间后，试样随炉冷却至 100℃取出。

中间层厚度为 10μm，连接温度为 480℃，焊接时间为 1~120min，焊接试验在真空炉内进行。

（3）接头组织　图 3-94 所示为焊接温度为 480℃，焊接时间为 1min 时接头组织的 SEM 照片、EDS 分析和 X 射线衍射图。可以看到，焊接时间 1min 时，铝中间层已经熔化

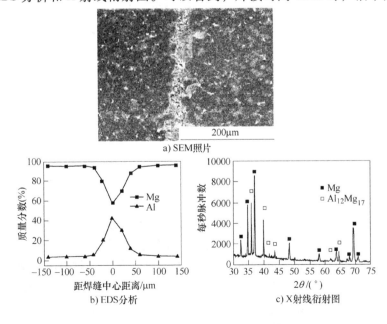

图 3-94　焊接温度为 480℃，焊接时间为 1min 时接头组织
的 SEM 照片 EDS 分析和 X 射线衍射图

（图 3-94a），接头中心 Al、Mg 的平均质量分数分别为 41.9% 和 56.8%（图 3-94b）。根据 Mg-Al 二元合金相图，该合金成分处于液相区，表明中间层已经熔化。从图 3-94c 中可以看到，此时接头组织主要为 α-Mg 固溶体和 β-$Al_{12}Mg_{17}$ 金属间化合物。这主要是因为在随后的冷却过程中，发生了共晶反应：L（液相）$\rightarrow$Mg(α)+$Al_{12}Mg_{17}$(β)。

图 3-95 所示为焊接温度为 480℃，焊接时间为 10min 时接头组织的 SEM 照片、EDS 分析和 X 射线衍射图。从图 3-95a 中可以看到，液相区宽度增大，约为 40μm。液相区中心 Al、Mg 的平均质量分数分别为 31.4% 和 67.1%（图 3-95b）。由于铝完全熔化时形成的液相成分与其紧邻的母材成分不平衡，因此，促使更多的母材（AZ91D）溶解于液相，导致液相区加宽。X 射线衍射图结果表明，接头的组织主要为 α-Mg 和 β-$Al_{12}Mg_{17}$，但是化合物 β-$Al_{12}Mg_{17}$ 的含量较焊接时间 1min 时有所减少。

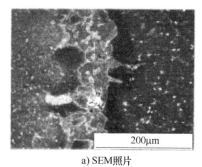

a) SEM照片

b) EDS分析　　c) X射线衍射图

图 3-95　焊接温度为 480℃，焊接时间为 10min 时接头组织的 SEM 照片、EDS 分析和 X 射线衍射图

图 3-96 所示为焊接温度为 480℃，焊接时间为 60min 时接头组织的 SEM 照片、EDS 分析和 X 射线衍射图。从图 3-96a 中可以看到，液相区消失，已经发生等温凝固，接头组织没有晶粒粗化现象。接头中心 Al、Mg 的平均质量分数分别为 10.8% 和 88.0%。由于母材镁合金不断溶解于液相，导致液相成分镁含量增加，当液相成分达到液相线时（480℃时，质量分数约为 15%），随着铝原子进一步向母材扩散，液相铝含量降低，熔点升高（高于 480℃），因此，液相开始等温凝固，α-Mg 固溶体不断地析出，固相以液相紧邻的母材表面开始向液相生长。此时接头组织主要为 α-Mg 和 β-$Al_{12}Mg_{17}$，但此时化合物 β-$Al_{12}Mg_{17}$ 的含量已经非常少。

焊接温度为 480℃，焊接时间为 120min 时的接头组织主要为 α-Mg 和 β-$Al_{12}Mg_{17}$。

（4）接头力学性能　采用纯铝为中间层，焊接温度为 480℃，接头抗剪强度与焊接时间的关系，如图 3-97 所示。焊接时间为 60min 时，接头抗剪强度与焊接温度的关系，如

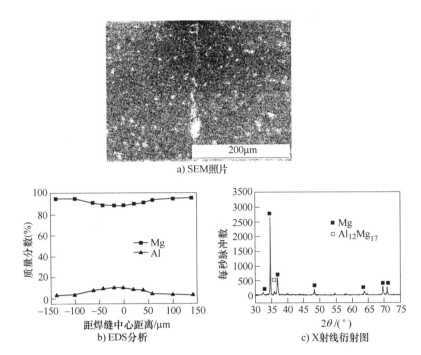

a) SEM照片

b) EDS分析

c) X射线衍射图

图 3-96 焊接温度为 480℃，焊接时间为 60min 时
接头组织的 SEM 照片、EDS 分析和 X 射线衍射图

图 3-98 所示。以铝为中间层时，镁合金瞬时液相扩散焊的接头强度，在相同的焊接温度下，焊接时间过短或过长，都将受到影响。在相同的焊接时间条件下，焊接温度过高或过低，也将影响接头的力学性能。

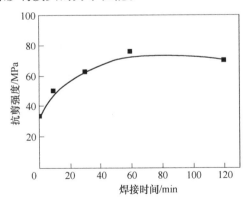

图 3-97 焊接温度为 480℃时，接头
抗剪强度与焊接时间的关系

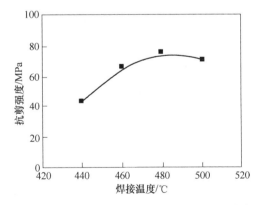

图 3-98 焊接时间为 60min 时，接头抗剪强度与
焊接温度的关系

3.4 AM50 镁合金的搅拌摩擦焊

1. 材料

采用厚度为 4mm 的镁合金 AM50，其化学成分见表 3-29。

表 3-29　AM50 镁合金的化学成分（质量分数,%）

Al	Zn	Mn	Be	Cu	Ni	Fe	Si	Mg
4.90	0.137	0.47	0.0007	0.0044	0.0004	0.0021	0.05	余量

2. 焊接参数

试验用搅拌头轴肩直径为 16.4mm，搅拌针长度为 3.8mm，焊接时固定搅拌头倾角为 2.5°，焊接速度为 50mm/min，旋转速度为 1200r/min，下压量为-3.95mm。

3. 显微组织

（1）起始阶段的显微组织　焊接起始阶段的显微组织如图 3-99 所示。冠状区位于焊核上部，主要受轴肩的热机械作用，使大量的晶粒破碎，并达到一定的温度，使晶粒发生动态再结晶过程。由于冠状区靠近焊缝上表面，散热非常快，再结晶晶粒来不及长大，就形成细小的等轴晶粒（图 3-99a）。

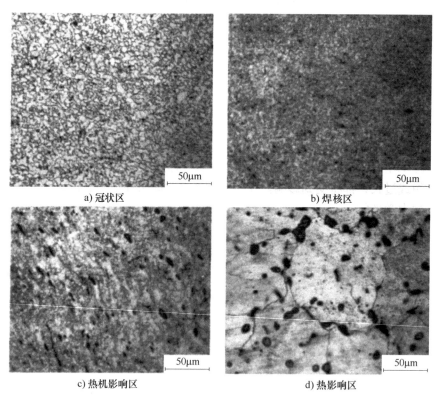

a) 冠状区　　　　　　　　b) 焊核区

c) 热机影响区　　　　　　d) 热影响区

图 3-99　焊接起始阶段的显微组织

焊核区因受到搅拌针的强烈搅拌作用，也发生动态再结晶过程。由于搅拌针产热小于轴肩产热，镁合金的热导率大于空气的热导率以及垫板导热的综合作用，使得焊核区的再结晶晶粒小于冠状区的晶粒（图 3-99b）。冠状区和焊核区的 β 相（$Al_{12}Mg_{17}$）都破碎为小颗粒，弥散分布于其中。

热机影响区同时受到机械挤压和焊接热循环的双重作用，使显微组织发生变化。热机影响区距搅拌针较近，在焊接过程中受到搅拌针的挤压。由于镁合金具有密排六方结构，随着焊接温度的升高，滑移开始沿各棱面剧烈地发展，而这些滑移系对于多重滑移和复杂滑移是很有利的，易于金属的塑性变形。但是在热机影响区，热应力分布的不均匀性，使得 α-Mg 相在热-力的联合作用下经历了回复和再结晶过程。但因其再结晶程度较低，再结晶晶粒数量少于焊核区，显微组织还保留了塑性变形的流线特征（图 3-99c）。沿晶界分布的 β 相（$Al_{12}Mg_{17}$）和以颗粒状存在于晶内的 β 相被部分挤压破碎，并沿塑性变形的流线分布。

热影响区在搅拌摩擦焊过程中受热程度较低，不会出现熔化焊接头中晶粒严重长大的过热现象，因而其热影响区不明显，晶粒尺寸与母材相当（图 3-99d）。

（2）中间阶段的显微组织　图 3-100 所示为焊接中间阶段的显微组织。整体上看，中间阶段的焊核区和热机影响区的再结晶晶粒均大于起始阶段。这是因为焊核区的温度峰值比起始阶段高，峰宽也大，使得形变组织发生动态再结晶和一定程度的晶粒长大。同样热机影响区的温度峰值和峰宽也比起始阶段的大，动态再结晶进行得较为充分，塑性变形流线特征也明显降低。热影响区晶粒和母材相似。

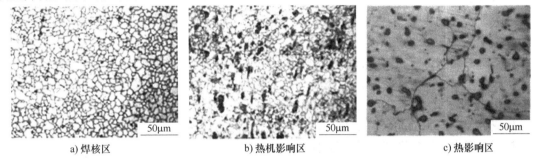

a) 焊核区　　　　　　b) 热机影响区　　　　　　c) 热影响区

图 3-100　焊接中间阶段的显微组织

（3）结束阶段的显微组织　图 3-101 所示为焊接结束阶段的显微组织。由图 3-101 可知，焊接即将结束时，虽然特征点温度峰值最高，但因高温存在的时间较短，再结晶进行得不充分，其焊核区晶粒比中间阶段的小。对于镁合金搅拌摩擦焊结束阶段的热机影响区来说，由于搅拌头突然抽出，晶粒破碎的程度受到限制，焊接热源也瞬间消失，加上镁合金的快速热传导作用，其显微组织的塑性变形和动态再结晶既不均匀，也不充分。热影响区的组织与母材相似。

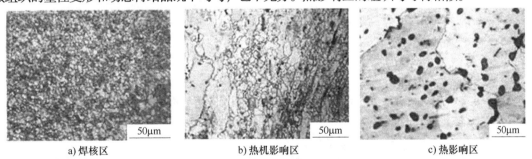

a) 焊核区　　　　　　b) 热机影响区　　　　　　c) 热影响区

图 3-101　焊接结束阶段的显微组织

3.5　阻燃镁合金的搅拌摩擦焊

1. 材料

材料为 2mm 厚的 AMX602 阻燃镁合金板，其化学成分见表 3-30。

表 3-30　AMX602 阻燃镁合金板的化学成分（质量分数,%）

Al	Zn	Zr	Mn	Fe	Si	Cu	Ni	Ca	Cr	C	Mg
6.16	0.01	0.001	0.228	0.006	0.003	0.004	0.001	2.02	0.001	0.018	余量

2. 焊接方法

焊前试板用丙酮进行脱脂处理。搅拌头材料为 SKD61 工具钢，轴肩直径为 12mm，搅拌针长 1.8mm、直径为 4mm。焊接时搅拌头倾角为 2.5°，轴向压力为 9.8kN。分别在焊接速度为 250mm/min 条件下，变化搅拌头旋转速度（750r/min、1000r/min、1250r/min、1500r/min）；搅拌头旋转速度为 1000r/min 条件下，变化焊接速度（250mm/min、500mm/min、750mm/min、1000mm/min）对镁合金试板进行对接焊接。

3. 焊接接头的显微组织

在搅拌头旋转速度为 1000r/min、焊接速度为 750mm/min 的条件下获得的焊接接头的显微组织，如图 3-102 所示。图 3-102a~d 分别所示为焊接接头的母材、热影响区、热机影响区与焊核区的显微组织，可以看到，接头区的晶粒均小于母材。在焊核区，一方面受到搅拌头的机械作用，发生塑性变形；另一方面吸收搅拌头摩擦及金属相对摩擦产生的热量，这种共同作用使焊核区组织发生动态再结晶。由于镁合金热导率大，散热快，晶粒来不及长大，于是形成了细小的等轴晶粒。在热机影响区，晶粒明显较细长，组织发生了拉长、扭曲变形。热影响区也比母材区域的晶粒细小。

a) 母材　　　　　　　　　　　　　　b) 热影响区

c) 热机影响区　　　　　　　　　　　d) 焊核区

图 3-102　焊接接头的显微组织

4. 焊接接头力学性能

(1) 搅拌头旋转速度对焊接接头强度的影响　焊接速度为 250mm/min 条件下，搅拌头旋转速度对焊接接头抗拉强度的影响，如图 3-103 所示。当旋转速度达到一定水平时，随着搅拌头旋转速度的增加，搅拌摩擦焊焊接接头的抗拉强度略有下降，但变化不大。这是因为当旋转速度达到一定水平时，再继续增大旋转速度会造成摩擦产生热量过多，使得焊缝处产生过烧组织，组织晶粒粗大，反而降低了接头的抗拉强度。

(2) 焊接速度对焊接接头强度的影响　搅拌头旋转速度为 1000r/min 条件下，焊接速度对焊接接头抗拉强度的影响，如图 3-104 所示。可以看到，随焊接速度的增加，焊接接头的抗拉强度先增加后减小，当焊接速度为 750mm/min 时，焊接接头的抗拉强度为 228MPa，达到最大值，约为母材强度（255MPa）的 89.4%。从焊接热输入可知，当搅拌头旋转速度为定值，焊接速度较低时，摩擦热输入较多，接头组织晶粒粗大，接头强度降低；焊接速度过高，使塑性软化材料填充搅拌头行走后方所形成的空腔的能力变弱，软化材料填充空腔能力不足，焊缝内易形成疏松孔洞缺陷，严重时焊缝表面形成一条狭长且平行于焊接方向的隧道沟，导致接头强度降低。

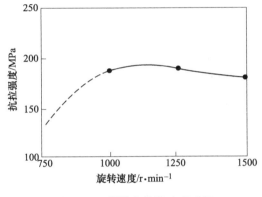

图 3-103　搅拌头旋转速度对焊
接接头抗拉强度的影响

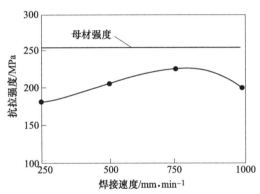

图 3-104　焊接速度对焊接接头
抗拉强度的影响

5. 断裂位置

图 3-105 所示为焊接接头拉伸断裂位置，大部分焊接接头拉伸断裂发生在后退侧距焊缝中心约 3mm 处，焊接接头后退侧热机影响区与热影响区交接处是焊接接头的薄弱环节。

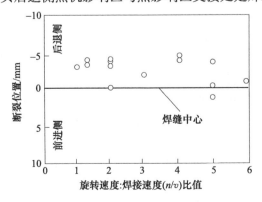

图 3-105　焊接接头拉伸断裂位置

3.6 镁锰合金的激光焊

1. 材料

采用厚度为 4mm 的镁锰镁合金薄板，并对其表面氧化膜和油脂进行清理。表 3-31 给出了镁锰镁合金的化学成分。

表 3-31 镁锰镁合金的化学成分

元　素	Al	Mn	Zn	Ce
化学成分（质量分数,%）	0.2	1.30~2.20	0.3	0.15~0.35

2. 焊接工艺

用 99.99% 的高纯氩气作为焊接保护气体，并且分别在背面、侧面、正面进行保护。在正面进行施焊，背面穿孔焊接，侧面吹高纯氩气，进行不填丝对接焊。表 3-32 给出了焊接参数。

表 3-32　焊接参数

试样编号	激光功率 P/W	焊接速度 $v/mm \cdot min^{-1}$	正面气体流量 $Q_正/L \cdot min^{-1}$	背面气体流量 $Q_反/L \cdot min^{-1}$	离焦量 /mm
1 号	2200	1200	30	20	0
2 号	2200	1500	30	20	0
3 号	2200	1800	30	20	0

3. 焊接接头组织

（1）低倍组织　Mg-Mn 合金激光焊在激光功率均为 2200W，不同焊接速度下，试样正面和背面均形成接头的低倍组织，如图 3-106 所示，表明在三个焊接速度下，接头均被焊透。随着焊接速度的增加，鱼鳞纹连续均匀，焊缝成形质量进一步提高。当焊接速度为 1800mm/min 时，焊缝正面的宽度为 3mm，背面的宽度为 2mm。

在焊接速度为 1200mm/min 时，焊缝上部和底部均出现了气孔，而焊接速度为 1500~1800mm/min 时未发现明显缺陷，在焊缝厚度方向上无界面，说明焊缝均已经被焊透，呈典型指状形貌，为小孔焊接。

（2）母材的显微组织　Mg-Mn 镁合金母材的显微组织如图 3-107 所示。可以看出，母材中分布着沿相同方向拉长的晶粒，个别处发生了明显的再结晶。母材的显微组织表明，母材经历热轧加工过程，发生了部分的动态再结晶，其显微组织为均匀 α-Mg 固溶体，且 α-Mg 固溶体基体中以及晶界上布满了黑色细小颗粒 Mg_8Ce，其作为 Mg-Mn 合金中最重要的沉淀相之一，可以强化 Mg-Mn 镁合金板材，提升力学性能，而粗大的块状相为 Mn 相。

（3）焊接熔合区的显微组织　不同焊接速度下熔合区的显微组织如图 3-108 所示。焊接速度从 1200~1800mm/min 变化时，熔合线附近均为柱状晶。焊接速度最大时，晶粒最细小，表明在激光功率一定时，焊接速度越大，焊接热输入越低，从熔合线处生长的联生晶粒

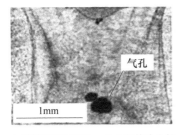
a) 焊接速度为1200mm/min的接头上部

b) 焊接速度为1500mm/min的接头上部

c) 焊接速度为1800mm/min的接头上部

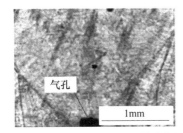
d) 焊接速度为1200mm/min的接头底部

e) 焊接速度为1500mm/min的接头底部

f) 焊接速度为1800mm/min的接头底部

图 3-106　不同焊接速度下的低倍组织

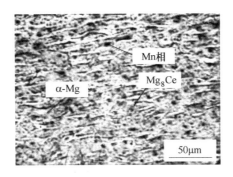

图 3-107　Mg-Mn 镁合金母材的显微组织

越细小，化学成分和组织越均匀，晶粒沿熔合线生长的方向越清晰。熔合区附近的组织中发现了黑色的 Mn 相和少量的 Mg_8Ce。表明，其组织为 α-Mg 基体中分布着 Mn 相和少量的 Mg_8Ce。

（4）焊缝金属的显微组织　在激光功率一定的条件下，随着焊接速度的不断提高，焊缝金属的晶粒尺寸随之减小，如图 3-109 所示。这是因为焊接速度提高后将会使熔池中心的温度梯度相应减小，导致成分过冷增大，晶粒结晶速度也随之增大；因此，当快速焊接时，在焊缝中心易出现细小均匀的等轴晶（图 3-109c）；而低速焊接时，单位时间内输入熔池的热量较大，冷却速度相对降低，焊缝中出现的等轴晶较大（图 3-109a）；当焊接速度介于两者之间时，在焊接接头中出现了较细的等轴晶（图 3-109b）。当焊接速度从 1200~1800mm/min 变化时，接头中均出现了较多块状的黑色 Mn 相和少量的 Mg_8Ce 相，且分布比较均匀。这是由于激光焊能量密度高，焊接速度大，焊缝中心的晶粒较细，致使第二相分布均匀。焊缝组织为 α-Mg 基体分布着 Mn 相和少量的 Mg_8Ce。

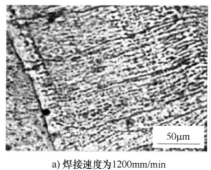

a) 焊接速度为1200mm/min

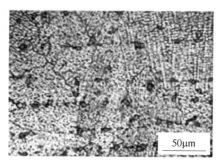

a) 焊接速度为1200mm/min

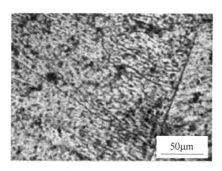

b) 焊接速度为1500mm/min

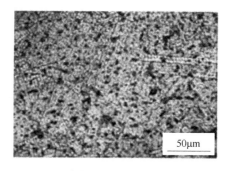

b) 焊接速度为1500mm/min

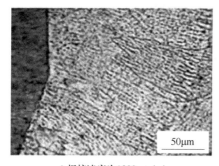

c) 焊接速度为1800mm/min

图 3-108　不同焊接速度下熔合区的显微组织

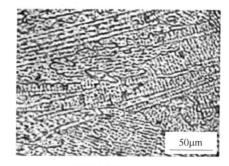

c) 焊接速度为1800mm/min

图 3-109　不同焊接速度下焊缝金属的显微组织

3.7　ZM5 铸造镁合金的焊接

3.7.1　ZM5 铸造镁合金的 A-TIG 焊

1. 材料

母材为厚度 6mm 的 ZM5 铸造镁合金，填充焊丝为直径 1.6mm 的 AZ61 镁合金，其化学成分见表 3-33。

2. 焊接方法

（1）坡口　U 形坡口，采用不同尺寸的钝边。

（2）焊接参数　为了研究 A-TIG 焊与 TIG 多层补焊的工艺差异，采用改变焊接电流，钨极高度 1.5mm、焊接速度 5mm/s 及送丝速度不变，焊接电流为 120~180A，氩气流量为 10L/min，活性剂采用自制的复合活性剂。A-TIG 焊时，焊接 3 层，每焊完 1 层之后，均清理干净，重新涂抹活性剂。对比焊接参数见表 3-34。

表 3-33 母材和焊丝的化学成分（质量分数，%）

材料	Al	Zn	Mn	Si	Cu	Fe	杂质	Mg
ZM5	7.5~9.0	0.2~0.8	0.15~0.5	0.25	0.1	0.05	0.1	余量
焊丝	6.91	0.88	0.16	0.08	0.01	0.05	—	余量

表 3-34 对比焊接参数

方案	活性剂	焊接电流/A	坡口深度 h/mm
1	—	180	2
2	有	120	2
3	—	120	2

3. 焊缝成形

（1）坡口相同、不同焊接方法 方案 1、2 为同坡口深度（$h=2$mm）时 TIG 及 A-TIG 焊。它们都能焊透。但是它们使用的焊接电流却不同。TIG 焊焊接电流为 180A，而 A-TIG 焊焊接电流为 120A，其均可以焊透 6mm 厚板材，但是前者热输入约是后者热输入的 2.3 倍；TIG 焊熔宽为 11mm，而 A-TIG 焊熔宽仅为 8.3mm。另外，方案 1 补焊接头的背面出现宏观裂纹，焊缝横截面上也有微观裂纹出现；而方案 2 焊接接头中没有发现宏观裂纹和微观裂纹。

（2）坡口相同、焊接参数相同 方案 2，3 分别为同坡口深度（$h=2$mm）、同焊接参数条件。A-TIG 焊熔深为 6mm；而 TIG 焊熔深仅为 3mm。

4. 焊接接头显微组织

（1）焊缝显微组织 图 3-110 所示为方案 1 和方案 2 的焊缝显微组织。TIG 焊第 1~3 层晶粒的平均尺寸分别约为 45μm、35μm、25μm；A-TIG 焊第 1~3 层晶粒的平均尺寸分别约为 35μm，25μm，20μm，都呈现出逐层减小的趋势；而且 A-TIG 焊的晶粒比 TIG 焊明显细化。另外，TIG 焊时各层的晶粒尺寸、形状不均匀，而 A-TIG 焊时各层的晶粒尺寸、形状均匀。

（2）焊接热影响区显微组织 图 3-111 所示为方案 1 和方案 2 的焊接热影响区显微组织。图 3-111a 所示为 TIG 焊的焊接热影响区显微组织，晶粒尺寸不均匀，晶粒平均尺寸为 250μm，存在 80~300μm 的显微裂纹。图 3-111b 所示为 A-TIG 焊的焊接热影响区显微组织，晶粒平均尺寸为 180μm，晶粒尺寸均匀，未发现裂纹。

（3）合金元素在焊缝金属中的分布 方案 1 和方案 2 的焊后接头中 Al 元素分布如图 3-112 所示。从图 3-112 中可以看出，ZM5 铸造镁合金 TIG 焊接头中 Al 的含量从第 3 层至第 1 层呈先增加后减少的趋势，第 2 层焊缝金属中的 Al 含量最高，而每层间交界处 Al 含量会突然降低，焊缝区的 Al 含量波动小，而热影响区和母材区的 Al 含量波动很大；A-TIG 焊接头中 Al 含量从第 3 层至第 1 层也呈先增加后减少的趋势，但是并不明显，Al 的分布更加均匀。这说明 ZM5 铸造镁合金采用 A-TIG 焊后，焊缝的成分更加均匀，有效地降低了焊缝中 Al 的烧损和偏聚。

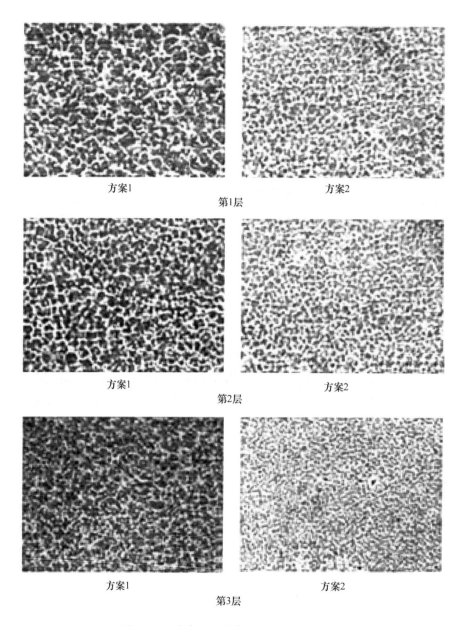

图 3-110　方案 1 和方案 2 的焊缝显微组织

5. 焊接接头的显微硬度分布

图 3-113 所示为补焊后焊接接头的显微硬度分布，可以看出，TIG 焊焊接接头显微硬度从第 3 层到热影响区呈先升高后降低的趋势，平均显微硬度值从第 3 层到热影响区分别约为 60HV，65HV，63HV，58HV。A-TIG 焊焊接接头显微硬度从第 3 层到热影响区也呈先升高后降低的趋势，但是各个对应区域的显微硬度值均高于 TIG 焊的，平均显微硬度值从第 3 层到热影响区分别约为 65HV，73HV，67HV，60HV。

结果表明，使用活性剂后，焊缝金属的显微硬度值得到了明显的提升，而且接头性能更加均匀。

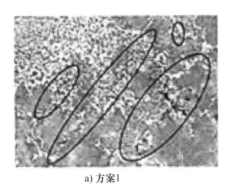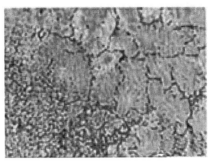

a) 方案1　　　　　　　　　　　b) 方案2

图 3-111　方案 1 和方案 2 的焊接热影响区显微组织

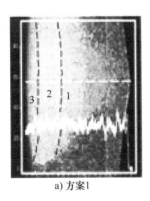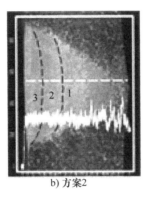

a) 方案1　　　　　　　　b) 方案2

图 3-112　方案 1 和方案 2 的焊后接头中 Al 元素分布

图 3-113　补焊后焊接接头的显微硬度分布

3.7.2　ZM5 铸造镁合金的激光-氩弧焊

1. 材料

母材采用 ZM5 镁合金铸件板材，焊丝为 WE-33M 型 1.6mm 镁合金，其化学成分见表 3-35。

表 3-35　母材和焊丝的化学成分（质量分数,%）

材料	Al	Mn	Zn	Cu	Fe	Ni	Si	杂质	Mg
ZM5	7.2~8.5	0.17~0.40	0.45~0.90	<0.025	<0.004	<0.001	<0.05	<0.3	余量
焊丝	6.65	0.3944	0.7553	0.0021	0.0006	0.0005	0.0024	0.3	余量

2. 焊接工艺

激光-氩弧复合焊的原理参见图 3-52。用简易的加热板对焊板进行预热。钨极角度为 45°、钨极高度为 2mm、热源间距为 3mm、氩气流量为 15L/min，进行激光-氩弧焊（激光功率为 500W）与钨极氩弧焊，焊接速度为 5mm/s，送丝速度为 39mm/s 和 45mm/s，焊接电流为 120A 和 130A。

3. 焊缝成形

表 3-36 给出了激光-氩弧焊与钨极氩弧焊的焊缝尺寸，可以看到，加入激光之后，熔深、熔宽和深/宽比都增加了，余高降低了。

表 3-36　激光-氩弧焊与钨极氩弧焊的焊接参数和焊缝尺寸

焊接方法	激光功率/W	焊接电流/A	焊接速度/mm·s^{-1}	送丝速度/mm·s^{-1}	熔深/mm	熔宽/mm	余高/mm	深宽比
激光-氩弧焊	500	120	5	45	1.56	8.91	2.82	0.18
钨极氩弧焊	0	120	5	45	0.95	7.62	2.98	0.12
激光-氩弧焊	500	130	5	39	3.09	11.09	2.18	0.28
钨极氩弧焊	0	130	5	39	1.18	8.76	2.58	0.13

4. 镁合金焊接中的气孔

钨极氩弧焊所得焊缝均存在气孔，且最大气孔尺寸约为 0.3mm；而激光-氩弧焊成形性较为良好，并无气孔缺陷存在。

5. 焊接接头力学性能

（1）焊接接头的拉伸性能

1）焊接接头的抗拉强度、屈服强度及断后伸长率。常温下，激光-氩弧焊与钨极氩弧焊焊接接头的抗拉强度、屈服强度及断后伸长率对比，如图 3-114 所示。可见：激光-氩弧焊焊接接头的平均抗拉强度为 246MPa，平均屈服强度为 94.53MPa，平均断后伸长率为 2.48%，均大于钨极氩弧焊的 196MPa、48.51MPa 及 1.86%。同时，激光-氩弧焊拉伸试样的一个断裂位置在母材上，而钨极氩弧焊拉伸试样的断裂位置均在焊缝处。钨极氩弧焊中的一个拉伸试样断口处出现了气孔，气孔的存在降低了接头的拉伸性能。这说明激光的干预有利于减少组织内气孔，对提高接头的拉伸性能起到了一定的作用。

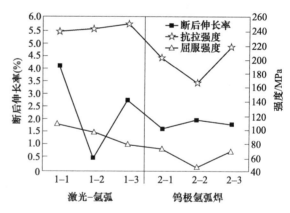

图 3-114　焊接接头的抗拉强度、屈服强度及断后伸长率

2）断口形貌。图 3-115 所示为拉伸试样断口的 SEM 形貌。可以看到，两种焊接方式所得焊接接头的断口均存在撕裂棱与韧窝交错分布的现象，这说明焊接接头呈韧性-脆性混合断裂；两种焊接方式所得的接头断口表面粗糙不平，颜色灰暗，但无明显的缩颈现象。

（2）焊接接头的显微硬度分布　图 3-116 所示为焊接接头的显微硬度分布。可以看到，激光-氩弧焊的显微硬度值明显高于钨极氩弧焊，激光的介入有助于提高焊接接头的硬度。

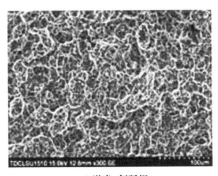

a) 激光–氩弧焊

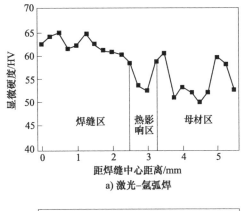

a) 激光–氩弧焊

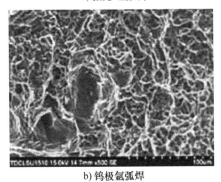

b) 钨极氩弧焊

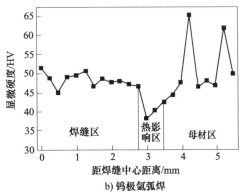

b) 钨极氩弧焊

图 3-115　拉伸试样断口的 SEM 形貌　　　　图 3-116　焊接接头的显微硬度分布

3.8　稀土镁合金的焊接

3.8.1　稀土镁合金的激光焊

1. 材料

母材为新型低成本高强度稀土镁合金，其化学成分为：Nd = 3.001%，Zn = 0.270%，Zr = 0.375%，Fe < 0.002%，Ni < 0.002%（均为质量分数）。材料为挤压态。试板厚度分别为 3.3mm、6.2mm、9.5mm。

2. 焊接工艺

采用激光焊接，最大输出功率为 15kW，最大光斑直径为 0.8mm。正面侧吹保护气体（采用纯氦气），侧吹气体方向与焊接方向相反，侧吹气体喷嘴与试板夹角为 50°。试板背面采用纯铜背衬并通纯氩气保护。焊接参数见表 3-37。

3. 焊接接头组织

（1）焊缝截面宏观组织　图 3-117 所示为焊缝截面宏观组织，可以看到，3 种不同厚度的镁合金均能焊透。由于厚度不同，激光能量不同，导致焊缝形状有显著差异。但是，3 个接头均未看到明显的气孔、裂纹等焊接缺陷。

表 3-37　焊接参数

编号	试板厚度 /mm	激光功率 /kW	焊接速度 /m·min⁻¹	离焦量 /mm	侧吹气体流量 /L·min⁻¹	背保气体流量 /L·min⁻¹
1 号	3.3	7	6	-2	25	20
2 号	6.2	7	4	-2	25	20
3 号	9.5	7	2.8	-2	25	20

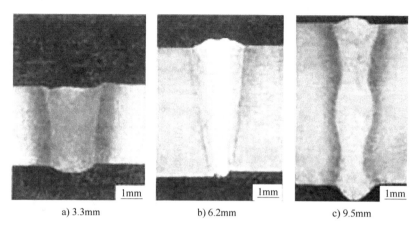

a) 3.3mm　　　　　　　b) 6.2mm　　　　　　　c) 9.5mm

图 3-117　焊缝截面宏观组织

（2）焊接接头熔合区组织　图 3-118 所示为焊接接头熔合区的显微组织（右侧为焊缝），可以看出，3 个焊接接头熔合区晶粒都明显粗大，柱状晶很明显。

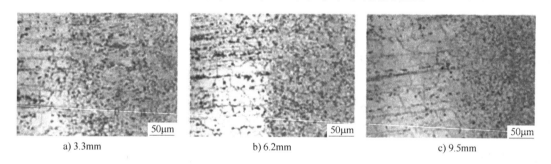

a) 3.3mm　　　　　　　b) 6.2mm　　　　　　　c) 9.5mm

图 3-118　焊接接头熔合区的显微组织

（3）焊缝中心显微组织　图 3-119 所示为不同厚度试板焊缝中心的显微组织。可以看出，3 种厚度试板焊缝中心的显微组织均为细小等轴晶。与试板母材组织显著不同。这主要是由于激光焊能量相对集中，促使凝固过程中等轴晶的产生。

4. 焊接接头拉伸性能

不同厚度试板焊接接头的室温拉伸试验结果见表 3-38。拉伸试样均断裂在接头熔合区，试样断裂前无明显的缩颈现象。由表 3-38 可看出，3.3mm 和 6.2mm 试板得到的焊接接头抗拉强度与母材相差较大，9.5mm 试板焊接接头抗拉强度与母材相差不大，这主要是由于熔合线附近组织差异造成，粗大的晶粒及柱状晶将减弱焊接接头的强度。

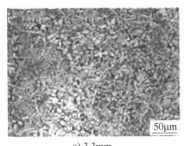 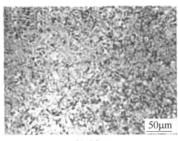 

a) 3.3mm   b) 6.2mm   c) 9.5mm

图 3-119 不同厚度试板焊缝中心的显微组织

表 3-38 不同厚度试板焊接接头的室温拉伸试验结果

编 号	$R_{p0.2}$/MPa	R_m/MPa	A（%）
1 号	100.87	156.96	3.50
2 号	107.81	167.75	3.55
3 号	108.60	198.56	6.68
母材	104.4	195.2	5.02

3.8.2 稀土镁合金的搅拌摩擦焊

1. 材料

焊接材料为 7mm 厚的 Mg-Gd-Y 系稀土镁合金轧制板，其化学成分见表 3-39。

表 3-39 稀土镁合金的化学成分（质量分数,%）

Gd	Y	Zr	Mg
5.95	2.72	0.41	余量

2. 焊接工艺

进行单道对接焊。焊接参数选取如下：搅拌头的轴肩直径为 15mm；搅拌针直径为 4.7mm，长度为 6.6mm；搅拌头倾斜角度为 2.5°；搅拌头旋转速度为 800r/min；焊接速度为 100mm/min。

3. 焊接接头组织

焊核区是由非常细小的等轴晶组成（图 3-120），晶粒尺寸平均为 5.5μm，远小于母材晶粒。

图 3-121 所示为 TMAZ 及 HAZ 的显微组织。TMAZ 在搅拌头的作用下发生较大的弯曲变形，并在热循环的作用下发生回复反应，形成回复晶粒组织，虽然此区域也经历了热机械过程，但由于变形应变不足，没有发生动态再结晶。在图 3-121a、b 中，原来的母材晶粒由于机械作用而被拉长了，整体晶粒大小分布不均匀。在图 3-121c、d 中，图中左侧为 TMAZ，右侧为 HAZ。HAZ 在焊接过程中仅受到热循环作用，发生了晶粒粗化现象，晶粒与母材相似，晶粒大小不均匀，最大晶粒粒径能达到 50μm，最小粒径只有 5μm，平均粒径为 13μm。

图 3-122 所示为焊缝表面附近的组织。这里既受到搅拌针的搅拌作用又受到轴肩的轴向

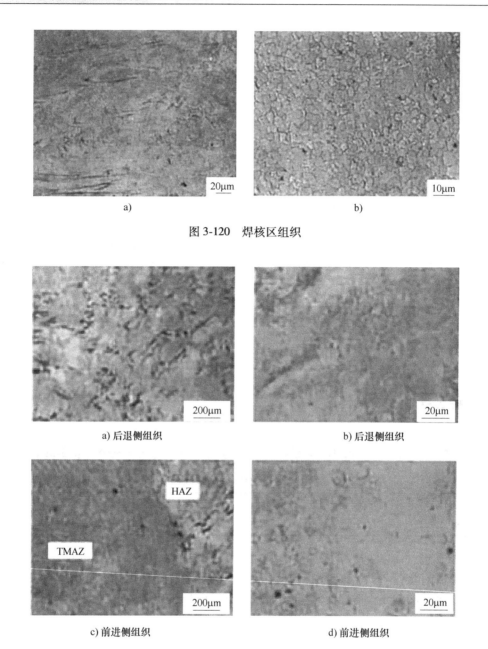

a)   b)

图 3-120 焊核区组织

a) 后退侧组织   b) 后退侧组织

c) 前进侧组织   d) 前进侧组织

图 3-121 TMAZ 及 HAZ 的显微组织

压力作用，靠近上表面区域受到轴肩旋转摩擦影响较大，所以可以看到水平的塑性变形带，而往下区域主要受到搅拌针的搅拌作用，塑性变形带消失。晶粒有被拉长的现象，平均粒径为 10μm。

4. 焊接接头力学性能

（1）焊接接头拉伸性能 表 3-40 给出了室温静态拉伸试验所得结果。从表 3-40 中可见，焊接接头的抗拉强度为 225MPa，达到了母材的 87.2%。焊接接头试样的断后伸长率为 9%，达到母材的 84%。焊接接头的拉伸性能良好。

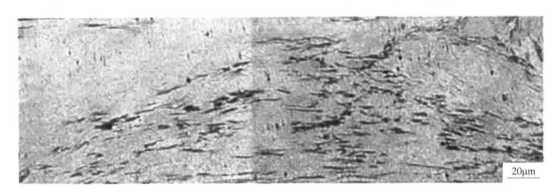

图 3-122　焊缝表面附近的组织

表 3-40　室温静态拉伸试验所得结果

取样位置	抗拉强度/MPa	屈服强度/MPa	断后伸长率（%）
焊接接头	225	163	9.0
母材	258	187	10.7

（2）焊接接头显微硬度分布　以焊缝为中心，在离试样上下表面各 2mm 处沿试样的宽度方向测量焊接接头的硬度，试验结果如图 3-123 所示。焊核区域显微硬度高于前进侧和后退侧的显微硬度，底部的显微硬度普遍高于顶部的显微硬度，而显微硬度最低值位于前进侧的 TMAZ/HAZ 过渡区。在焊接过程中，材料从前进侧的轴肩处挤出，前进侧与焊缝金属之间存在很大的变形和组织上的差异，前进侧是搅拌摩擦焊接头的薄弱区域。从显微硬度分布可以间接说明接头断裂位置在前进侧的 TMAZ 区域。

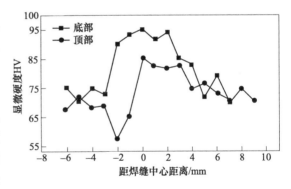

图 3-123　焊接接头显微硬度分布

3.9　镁锂合金的焊接

3.9.1　镁锂合金的焊接性

1. 裂纹敏感性

由于镁合金中的 Al、Zn 等合金元素在焊缝金属结晶时集聚于晶界，形成低熔点物质，易于形成液态薄膜；另外镁合金的热膨胀系数较大，焊接过程中容易产生较大的焊接应力；再者镁合金热导率大，加热范围较宽；还有 Mg 元素和 Li 元素的熔点和沸点都较低，在熔池结晶后期，容易造成液态金属不足，因此，其裂纹敏感性还是很高的。图 3-124 所示为 Mg-10Li-3Al-Zn-Ce 合金 TIG 焊焊缝产生的热裂纹。单项 α 和 β 合金的抗裂纹敏感性比 α+β 双项合金高。图 3-125 所示为合金元素 Al 和 Zn、Cd 对 Mg-Li 合金热裂纹敏感性的影响。

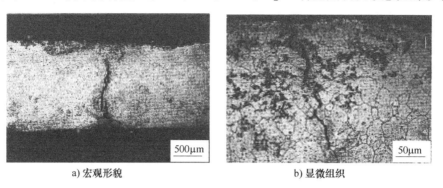

a) 宏观形貌   b) 显微组织

图 3-124   Mg-10Li-3Al-Zn-Ce 合金 TIG 焊焊缝产生的热裂纹

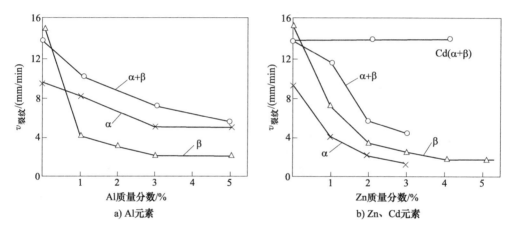

a) Al元素   b) Zn、Cd元素

图 3-125   合金元素 Al 和 Zn、Cd 对 Mg-Li 合金热裂纹敏感性的影响

2. 缩孔

图 3-126 所示为 Mg-10Li-3Al-Zn-Ce 合金 TIG 焊焊缝产生的缩孔。由于镁合金容易形成低熔点物质；另外镁合金的热膨胀系数较大，焊接过程中容易产生较大的焊接应力；再者镁合金热导率大，加热范围较宽；还有 Mg 元素和 Li 元素的熔点和沸点都较低，在熔池结晶后期，容易造成液态金属不足，因此，容易在弧坑处形成缩孔。所以，必须在收弧时保持电弧一段时间，缓慢减小电流，填满弧坑，避免缩孔。

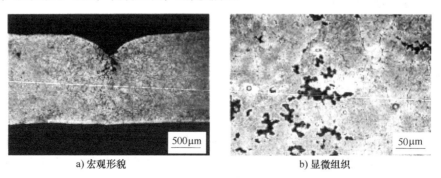

a) 宏观形貌   b) 显微组织

图 3-126   Mg-10Li-3Al-Zn-Ce 合金 TIG 焊焊缝产生的缩孔

3.9.2 镁锂合金的焊接工艺

1. 焊前表面清理

（1）机械清理 必须进行机械清理，用工具彻底清理表面氧化膜。机械清理时，应该在一个专门空间进行，而且要有通风装置。

（2）化学清理 对于镁锂合金进行化学清理时，按如下步骤进行。

1）去油。溶液为 $Na_3PO_4 \cdot 12H_2O$（$40\sim60g/L$）、NaOH（$10\sim25g/L$）、Na_2SiO_3（$20\sim30g/L$），溶液温度为 $80\sim90℃$，处理时间为 $5\sim15min$。

2）清洗。用 $25\sim50℃$ 热水清洗 $5\sim10$ 次，用水量不少于 15mL；用冷水冲洗 $5\sim10$ 次，用水量不少于 15mL。

3）去除表面铬酸层。在 $70\sim90℃$ 的 NaOH 的浓度为 $300\sim400g/L$ 的溶液中浸泡 $5\sim15min$。

4）去除表面剩余的碱。在浓度为 $20\sim30g/L$、温度为 $60\sim70℃$ 的 CrO_3 铬酸溶液中清洗 $30\sim60s$，再在浓度为 $40\sim60g/L$、温度为 $15\sim25℃$ 的 $NaNO_3$ 溶液中进行时间为 $2\sim5min$ 中和。

5）去除表面的自然氧化膜。用浓度为 150g/L 的 CrO_3 铬酸溶液和浓度为 $1.5\sim2g/L$ 的 H_2SO_4 溶液，在温度为 $15\sim30℃$ 进行时间为 $1\sim3min$ 的处理。

6）钝化处理。用浓度 $200\sim250g/L$ 的 CrO_3 铬酸溶液在温度 $18\sim25℃$ 进行时间为 $10\sim15min$ 以及用浓度为 $20\sim30g/L$ 的 CrO_3 铬酸溶液在温度 $60\sim70℃$ 进行时间为 $10\sim20min$ 的处理。

7）清洗钝化水槽及钝化合金。用 pH=$6\sim7$、Cl^{-1} 含量不高于 40mg/L、SO_4^{2-} 含量不高于 40mg/L 的水溶液清洗。

表面处理质量可以通过测量接触电阻进行检查，电阻值不应大于 120μΩ。

2. Mg-Li 二元合金的 TIG 焊

（1）焊接工艺 由于 Mg-Li 合金的高活泼性，必须对正反两面进行可靠保护，其填充材料要与母材化学成分类似，应该是直径为 $2\sim3mm$ 的挤压焊丝或者是长度为 $300\sim500mm$ 的焊条。表 3-41 给出了 Mg-Li 合金手工及自动 TIG 焊的焊接参数。

表 3-41 Mg-Li 合金手工及自动 TIG 焊的焊接参数

焊接方法	连接形式	材料厚度/mm	电流/A	焊接速度/(m/s)	焊条直径/mm	焊丝直径/mm	走料速度/(m/s)	氩气流量/(m³/s)
手工	随意	1.5~2.0	50~70	—	2	2	—	2.5~3
		2.5~3.0	60~80	—	2~3	2~3	—	2.5~3
		3.0~5.0	70~110	—	3~4	3	—	2.5~3
		5.0	100	—	5	3	—	2.5~3
自动	纵向	1.5~2.0	60~80	0.55~0.7	2	2	1~1.3	2.5~3
	环状	1.5~2.0	70~90	0.35~0.5	2	2	0.8~1	2.5~3
	纵向	2.5~3.0	80~100	0.55~0.7	2~3	2~2.5	1~1.5	2.5~3
	环状	2.5~3.0	90~110	0.35~0.5	2~3	2~2.5	0.8~1.3	2.5~3
	纵向	3.0~5.0	100~130	0.55~0.7	3~5	2~2.5	2~2.5	3~3.5
	环状	3.0~5.0	110~130	0.3~0.5	3~5	2~2.5	1.5~2	3~3.5

（2）焊接接头组织　图 3-127 所示为不同锂含量 Mg-Li 合金 TIG 焊的接头组织。可以看到熔合良好，组织细密，有明显的熔合线。

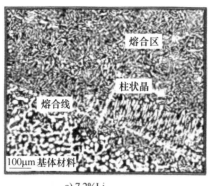

a) 7.2%Li

b) 10%Li

图 3-127　不同锂含量 Mg-Li 合金 TIG 焊的接头组织

（3）接头力学性能　图 3-128 所示为不同锂含量 Mg-Li 合金 TIG 焊焊接接头的显微硬度分布曲线。

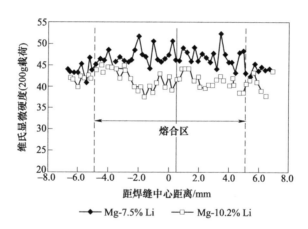

图 3-128　不同锂含量 Mg-Li 合金 TIG 焊焊接接头的显微硬度分布曲线

3. Mg-Li 多元合金的 TIG 焊

下面是 Mg-Li-Al-Zn-稀土多元合金的 TIG 焊的试验结果。

（1）焊接接头组织　由于 Zn 能够与 Mg 形成 Mg_7Zn_3 的金属间化合物，因此，Zn 可以细化晶粒。图 3-129 所示为 α 相 Mg-5Li-3Al-Zn-Ce 合金焊接接头组织。图 3-130 所示为 Mg-Zn 二元合金相图。可以看出，Zn 可以与 Mg 形成 Mg_7Zn_3 的金属间化合物而析出。

1）α 相合金焊接接头组织。如图 3-129 所示，母材中的析出相颗粒较小，约为 $1\mu m$，而焊缝中的析出相颗粒较大。就晶粒尺寸而言，热影响区的尺寸最大。由于金属强度与晶粒大小有关，热影响区是接头的薄弱环节。

2）β 相合金焊接接头组织。图 3-131 所示为 β 相 Mg-10Li-2Al-Zn-Ce 合金焊接接头组织，可以看到，母材为等轴晶粒（图 3-131a），热影响区晶粒粗大（图 3-131b），而焊缝区组织尺寸比母材还小（图 3-131c），接头熔合较好（图 3-131d）。

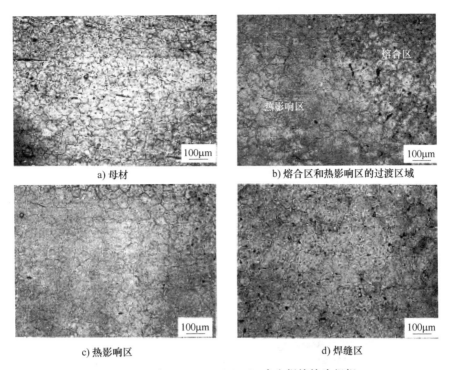

图 3-129　α 相 Mg-5Li-3Al-Zn-Ce 合金焊接接头组织

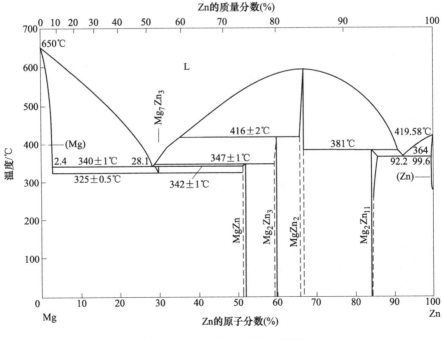

图 3-130　Mg-Zn 二元合金相图

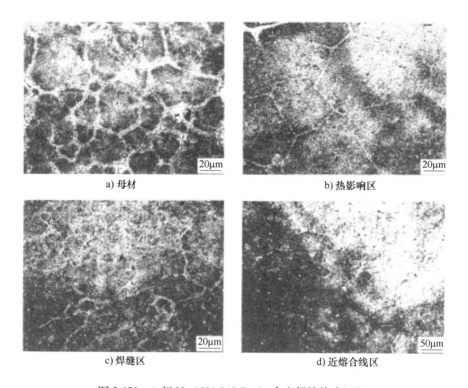

a) 母材   b) 热影响区

c) 焊缝区   d) 近熔合线区

图 3-131   β 相 Mg-10Li-2Al-Zn-Ce 合金焊接接头组织

3）Zn 对焊接接头组织的影响：图 3-132 所示为 α 相 Mg-5Li-3Al-2Zn-Ce 合金母材的组织。图 3-133 和图 3-134 分别所示为其焊缝金属和熔合线附近的组织形貌。可以看到焊缝金属的组织有明显的析出物。其析出物有两类：弥散分布的是含有 Ce 的析出物；而沿晶界析出的条状物，则是含有 Zn 的析出物。熔合线附近金属的析出物比母材多，而且粗大。

图 3-132   α 相 Mg-5Li-3Al-2Zn-Ce 合金母材的组织

（2）焊接接头力学性能   β 相 Mg-10Li-3Al-Zn-Ce 合金焊接接头的抗拉强度为 143.76MPa，断裂在热影响区，而母材的抗拉强度为 170.75MPa。拉伸试样断口主要是韧窝断口，有少量解理断口。母材和焊接接头的正面弯曲的平均弯曲角都是 30.3°。而另外一种 β 相 Mg-10Li-3Al-Zn-Ce 合金，母材和焊接接头的正面弯曲的平均弯曲角分别是 43.7°和 36.7°。

图 3-135 所示为合金元素 Al 和 Zn 对 Mg-Li 合金焊接接头力学性能的影响。

4. 搅拌摩擦焊

对 LA141（Mg-14Li-1Al）合金进行了搅拌摩擦焊。在旋转速度为 1000~2500r/min 及焊接速度为 1000mm/min 的不同热输入条件下，得到的焊核区的组织是随着热输入的增加，晶粒尺寸也随着增加，如图 3-136 所示。图 3-137 所示为热输入与焊缝金属力学性能之间的关系。

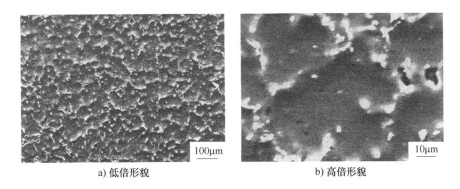

a) 低倍形貌　　　　　　　　　　　b) 高倍形貌

图 3-133　α 相 Mg-5Li-3Al-2Zn-Ce 合金焊缝金属的组织形貌

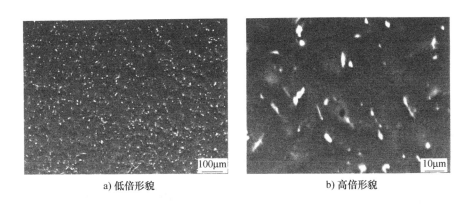

a) 低倍形貌　　　　　　　　　　　b) 高倍形貌

图 3-134　α 相 Mg-5Li-3Al-2Zn-Ce 合金熔合线附近的组织形貌

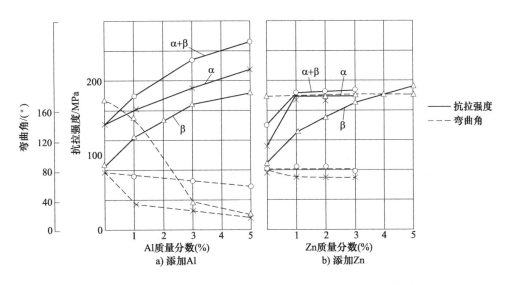

a) 添加Al　　　　　　　　　　　b) 添加Zn

图 3-135　合金元素 Al 和 Zn 对 Mg-Li 合金焊接接头力学性能的影响

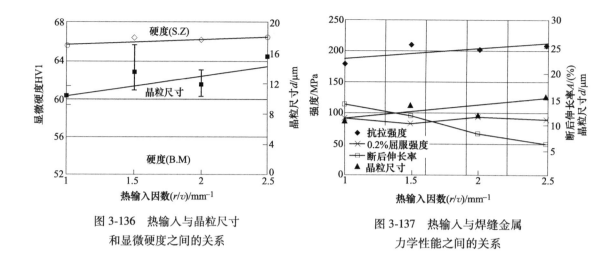

图 3-136　热输入与晶粒尺寸
和显微硬度之间的关系

图 3-137　热输入与焊缝金属
力学性能之间的关系

3.10　ZK60 镁合金的激光焊

3.10.1　ZK60 镁合金的激光焊工艺

1. 材料

材料为名义成分（质量分数,%）为 Mg-6.0Zn-0.45Zr 的 ZK60 镁合金。

2. 焊接工艺

焊接速度为 1~10m/min，离焦量为-5~5mm，氩气纯度为 99.9999%。

（1）离焦量　在焊接速度和激光功率分别设为固定的 3m/min、1500W，离焦量以 1mm 为一个增量，从-5mm 变化到+5mm。

（2）焊接速度　分别将激光功率度固定在 1600W、2000W 和 2400W，焊接速度以 1m/min 为变化增量，从 1m/min 变化到 10m/min。

（3）激光功率　固定焊接速度，激光功率以 150W 为变化增量，从 600W 增大到 1950W。

3.10.2　焊接裂纹

图 3-138 所示为激光功率 $P=1600W$ 时不同焊接速度条件下焊缝的结晶裂纹状况。可以看出，焊接速度对焊缝热裂倾向具有显著的影响：当 $v=1m/min$ 时，仅在焊缝底部出现了两条微细的裂纹，热裂现象不明显；当 v 为 2~3m/min 时，整个熔池区几乎无肉眼可见的裂纹，焊缝呈现了优异的抗裂性；当 $v \geqslant 4m/min$ 时，焊缝出现了严重的开裂现象。通常而言，提高焊接速度可以降低焊接热输入，细化焊缝晶粒，防止粗大柱状晶的形成，有利于提高焊缝抗热裂纹性能。但是，在 ZK60 镁合金激光焊焊接中，提高焊接速度却导致了严重的裂纹问题，这种现象与高焊接速度条件下，焊缝在残余应力作用下的应变增长率增大有关。根据焊接传热学理论，对于厚板件的焊接，应变增长率可表示为

$$\frac{\partial \varepsilon(t)}{\partial t} = \alpha\omega = \frac{2\pi\lambda\,(T_c - T_0)^2 v}{Q} \tag{3-3}$$

式中 ε——合金的线膨胀系数；

      α——与材料物理性能有关的系数；

      ω——冷却速度；

      λ——热导率；

      T_c——瞬时温度；

      T_0——焊件的初始温度；

      Q——焊接热源（激光）功率。

由式（3-3）可知，在激光功率一定的条件下，焊缝的应变增长率和焊接速度成正比。可见，当焊接速度 $v \geqslant 4\text{m/min}$ 时，ZK60 镁合金焊缝的应变增长率大于开裂的临界应变增长率，在脆性温度范围内应变累积量超过了塑性极限，从而诱发裂纹的萌生，可见，脆性温度区间较宽、易出现成分偏析及线膨胀系数较大的金属材料在激光焊时不宜采用高的焊接速度。另外，$v = 1\text{m/min}$ 时出现微细裂纹，可能与熔池底部金属散热条件较好、冷却速度过快所造成的应变增长率增大有关。

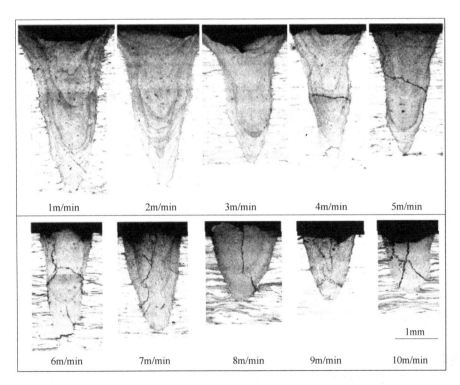

图 3-138   激光功率 $P = 1600\text{W}$ 时不同焊接速度条件下焊缝的结晶裂纹状况

从图 3-138 中还可以看出，焊接速度对结晶裂纹的形态也具有显著的影响。在 $v \geqslant 4\text{m/min}$ 条件下，随着焊接速度的提高，结晶裂纹的萌生部位与扩展路径也会发生改变：由初始的横向扩展的裂纹逐渐转变为纵向扩展的裂纹。

图 3-139 所示为激光功率 P=1600W 时焊接速度对结晶裂纹长度的影响规律。

激光焊是一个非平衡加热及冷却的过程,熔池各区域的热力学条件存在严重差异,焊接速度的变化会改变熔池的几何形状和热应力分布及种类,而裂纹往往萌生于应力较为集中的部位。图 3-140 所示为激光焊熔池纵截面形状随焊接速度的变化规律。可以看出,低速时,熔池体积较大,尾部的熔合线外凸,从熔池上部到下部应力降低趋势较为平缓,因此,焊缝不容易出现裂纹。中速时,熔池的上半部分会被拉长,尾部熔合线内凹,焊缝的上部和下部纵向收缩力差值较大,在中部出现剪切应力集中现象,焊缝易于沿中部横向开裂。以 ZK60 合金为例,其抗拉强度高达 350MPa,而抗剪强度仅为 180MPa 左右,

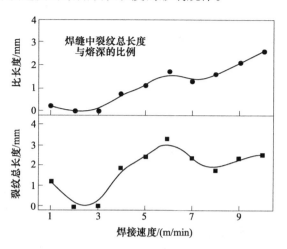

图 3-139 激光功率 P=1600W 时
焊接速度对结晶裂纹长度的影响规律

剪切应力更容易诱发裂纹的萌生和扩展。由此可见,焊接 ZK60 镁合金时,应尽量避免熔池出现剪切应力集中。高速时,由于热输入的降低,焊缝的熔深急剧变小,深宽比大幅降低,横向收缩力逐渐成为主导,此时,作用于焊缝的应力以横向拉应力为主,裂纹易沿焊缝的中心部位纵向开裂。

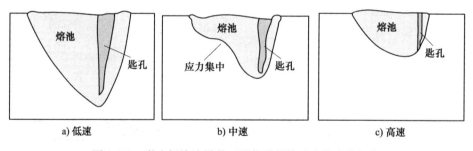

a) 低速　　　　　　　　b) 中速　　　　　　　　c) 高速

图 3-140 激光焊熔池纵截面形状随焊接速度的变化规律

3.11 高强镁合金的电阻点焊

1. 材料及焊接工艺

(1) 材料　Mg96Zn2Y2 镁合金是一种新型高强镁合金。在组织上,该合金不仅 α-Mg 晶粒细小,且含有长周期有序堆垛结构(Long-Period Stacking Ordered,LPSO)相;在性能方面,其室温强度可达 418MPa,断后伸长率为 5%。

(2) 焊接工艺　板厚为 1mm,工艺垫片为 1mm 的低碳钢板,焊接电极压力为 1.2kN,焊接时间为 10 周波不变,焊接电流为 1500~4500A,每隔 500A 变化焊接电流,电极直径为 4mm。

2. 焊接接头组织

图 3-141 所示为焊接电流为 4000A 时焊接接头宏观断面和焊核与母材交界处 SEM 形貌。

焊接接头焊核断面为"鼓"形,在其内部有若干个孔洞生成。对于镁合金焊接,孔洞的形成是一种常见现象,主要因为氢在固态、液态镁合金中的溶解量相差极大,在接头凝固过程中未能及时析出的氢形成气孔。可以看出,焊核区组织形貌与母材有明显的差别。热影响区宽度约 25μm。

a) 焊接接头宏观断面

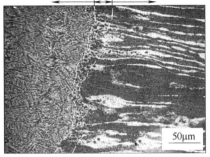

b) 焊核与母材交界处SEM形貌

图 3-141　焊接电流为 4000A 时焊接接头宏观断面和焊核与母材交界处 SEM 形貌

图 3-142 所示为焊接接头的显微组织。如图 3-142 所示,在母材中有平行于挤压方向的浅灰色带状析出相,其宽约 10μm,相距 20 ~ 30μm。这是挤压 Mg96Zn2Y2 镁合金所具有的典型组织特征。带状析出相为富 Zn、Y 的 $Mg_{12}ZnY$ 相,具有 18R 类型的长周期有序堆垛结构(LP-SO);LPSO 相不仅具有强化作用,而且还在挤压过程中能抑制 α-Mg 晶粒的长大,具有细化晶粒的作用。图 3-142b 所示焊核区的 LPSO 相呈网状分布。与母材相比,间距较小,约为 2~5μm,

而且比较细,没有一定的方向性,这主要是因为在点焊过程中伴随着焊核区的熔化、凝固,LPSO 相也发生了重熔、再析出过程。LPSO 相呈网状分布,并发现 LPSO 相分散程度与 α-Mg 二次枝晶间距的倒数呈正比。图 3-142c 所示为热影响区的组织,与母材、焊核区不同的是 LPSO 相呈细棒状。

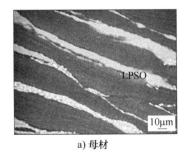

a) 母材

b) 焊核区

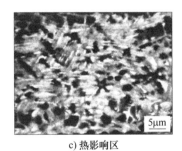

c) 热影响区

图 3-142　焊接接头的显微组织

图 3-143 所示为焊接电流对焊接接头焊核直径、抗剪载荷的影响。可以看到,随着焊接电流的增大,焊接接头焊核直径、抗剪载荷均增大。

图 3-144 所示为焊接接头抗剪载荷与焊核直径的关系。对焊接接头剪切强度进行回归计算,可得到焊接接头最大剪切强度为 142MPa。这与母材强度相比,显得较低。挤压 Mg96Zn2Y2 镁合金具有高强度的主要原因有两个,即 α-Mg 晶粒的细晶强化与 LPSO 相的纤维强化。

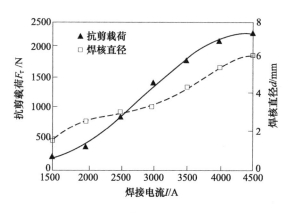

图 3-143　焊接电流对焊接接头
焊核直径、抗剪载荷的影响

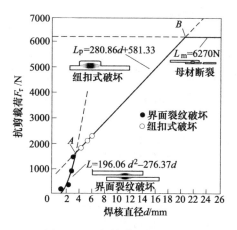

图 3-144　焊接接头抗剪载荷
与焊核直径的关系

第4章

异种镁合金的焊接

4.1 异种镁合金无填充材料的激光焊

1. 材料

AZ31 和 ZK60 均为常用镁合金材料，而 NZ30K 为最新开发的具有广泛应用前景的稀土镁合金材料。表 4-1 给出了三种镁合金的化学成分。

表 4-1 三种镁合金的化学成分（质量分数,%）

镁合金	Nd	Zn	Zr	Al	Mg
ZK60	—	4.5~6	0.3~0.5	—	余量
AZ31	—	0.5~1.5	—	2.0~3.5	余量
NZ30K	2.5~3.5	0.2~0.4	0.3~0.5	—	余量

2. 焊接方法

正面侧吹保护气体（纯氩气），侧吹气体方向与焊接方向相反，侧吹气体喷嘴与试样夹角为 50°，试板背面采用纯铜背衬并通纯氩气保护。表 4-2 给出了焊接参数。

表 4-2 焊接参数

试样编号	材　　料	激光功率/kW	焊接速度/m·min⁻¹
1	AZ31+NZ30K	5	6
2	ZK60+NZ30K	5	6
3	ZK60+AZ31	5	6

3. 焊接接头显微组织

图 4-1 所示为熔合区附近的显微组织。可以看出，焊接接头中三种材料边界处均熔合良好。ZK60 母材中晶粒尺寸大概为 25μm，焊缝组织为细小的等轴晶，尺寸为 15μm，晶界上有大量的第二相，主要为 MgZn。NZ30K 母材组织为等轴晶，晶粒尺寸为 20μm，晶内和晶界有大量析出物，焊缝组织比母材组织要细小得多。AZ31 母材晶界不明显，焊缝组织类似柱状晶组织，其中存在大量第二相 MgAl 化合物，熔合区域不如 ZK60 和 NZ30K 有那么明显的分界，从 Mg-Al 相图上看，其液固温度区间最小，相对 Mg-Zn 和 Mg-Nd 来说，共晶反应边界最大，因此边缘处混合区最宽。

4. 焊接接头拉伸性能

表 4-3 给出了焊接接头和三种母材合金的拉伸性能。可以看出，焊接接头的强度及断后伸长率均小于母材。有 NZ30K 合金的焊接接头均断裂在它这一侧，主要是由于焊接热影响

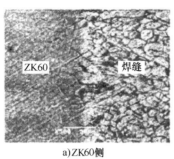
a)ZK60侧

b) AZ31侧

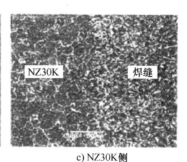
c) NZ30K侧

图 4-1　熔合区附近的显微组织

区的影响。从宏观接头也可以看出，NZ30K 有明显的热影响区存在。而没有 NZ30K 合金的焊接接头则断在 ZK60 合金一侧，主要是由于 ZK60 中微小的缺陷较多。试样 2 和 3 接头强度明显要低于试样 1，可能由于 ZK60 的存在，Zn 含量较多，而 Zn 元素挥发性强，容易导致微小缺陷的存在，将直接降低焊接接头的强度。

表 4-4 给出了焊接接头能谱分析结果。可以看出，焊缝中 Zn 含量为 0.262%，而母材中 Zn 含量为 0.472%，减少的部分主要是由于焊接过程中 Zn 的挥发所致。试样 1 和 2 接头强度明显高于试样 3，主要是因为稀土镁合金焊接后焊缝中大量镁元素蒸发，稀土元素含量增加，提高了焊缝强度。

表 4-3　焊接接头和三种母材合金的拉伸性能

试　样	抗拉强度/MPa	断后伸长率（%）	断裂位置
试样 1 接头	200.4	8.3	NZ30K 侧
试样 2 接头	189.7	4.5	NZ30K 侧
试样 3 接头	181	5.4	ZK60 侧
母材 ZK60	235.3	11.5	——
母材 AZ31	225.2	10.5	——
母材 NZ30K	215	12.4	——

表 4-4　焊接接头能谱分析结果

合　金	MgK	AlK	NdL	ZnK	ZrL
母材 ZK60	94.86	——	——	04.72	00.42
焊缝 ZK60	97.09	——	——	02.62	00.29
母材 AZ31	96.47	02.33	——	01.20	
焊缝 AZ31	95.79	02.74	——	01.46	
母材 NZ30K	96.28	——	03.42	00.30	
焊缝 NZ30K	95.75	——	03.84	00.41	

4.2　AZ31-AZ61 的 TIG 焊

1. 材料

采用厚度为 3mm 的 AZ31、AZ61 镁合金板材和直径为 2.5mm 的挤压 AZ31 和 AZ61 焊丝。

2. 焊接参数

表 4-5 给出了 TIG 焊焊接参数。

表 4-5　TIG 焊焊接参数

参　　数	数　　值
钨极直径/mm	2.4
焊丝直径/mm	2.5
焊接电流/A	60
焊接速度/mm·s^{-1}	2~3
氩气流量/L·min^{-1}	13

3. 焊接接头组织

（1）表面成形　焊缝正面呈明显的鱼鳞波纹，均匀饱满，无明显的气孔、裂纹、焊瘤、未熔合等表面缺陷；背面已熔透，凸起部分连续均匀，表面无氧化发黑现象，焊后的板料保持平整。

（2）母材和焊接接头显微组织　图 4-2~图 4-4 所示为母材、采用 AZ61 焊丝和 AZ31 焊丝的焊接接头显微组织。

a) AZ31

b) AZ61

图 4-2　母材显微组织

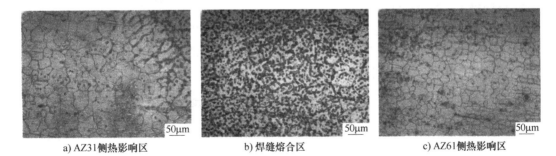

a) AZ31 侧热影响区　　　　b) 焊缝熔合区　　　　c) AZ61 侧热影响区

图 4-3　采用 AZ61 焊丝的焊接接头显微组织

可以看到，两种母材的组织形态基本相似（图 4-2）。采用 AZ61 焊丝的焊接接头显微组织（图 4-3），AZ31 侧热影响区的晶粒相对于 AZ31 原合金晶粒变大。热影响区晶粒尺寸长大，使得晶粒尺寸比较均匀，几乎全是 40μm 以上。AZ61 侧热影响区与原合金的组织变化不大。与原 AZ61 合金相比，只是靠近熔合区的位置，受焊接热源的影响，晶粒尺寸略微变

 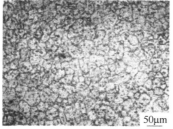 

a) AZ31侧热影响区　　　　　b) 焊缝熔合区　　　　　c) AZ61侧热影响区

图 4-4　采用 AZ31 焊丝的焊接接头显微组织

大，形成粗晶区，但粗化程度远不及 AZ31 侧热影响区。

图 4-4 所示为采用 AZ31 焊丝的焊接接头显微组织。受焊接热循环的影响，AZ31 侧靠近熔合区处形成了粗晶区，远离熔合区的组织基本保持不变。与图 4-3 所示采用 AZ61 焊丝的焊接接头的 AZ31 侧相比，粗晶区的宽度变小，由粗晶区向母材细晶区的过渡明显。AZ61 侧热影响区与原合金的组织相近，靠近熔合区的位置，晶粒存在轻微的粗化，形成不十分明显的粗晶区。

从焊缝组织来看，采用 AZ61 焊丝的焊缝组织的枝晶形貌特征更明显，枝晶间的黑色化合物更多。两种焊接接头的焊缝区的 X 射线衍射图（图 4-5）结果表明，两者都存在 α-Mg 和金属间化合物 β-$Al_{12}Mg_{17}$，采用 AZ61 焊丝的焊接接头的 β-$Al_{12}Mg_{17}$ 衍射峰强度明显高于采用 AZ31 焊丝的焊接接头。这是由于 AZ61 焊丝铝含量较高，在凝固过程中有更多 β-$Al_{12}Mg_{17}$ 相析出。

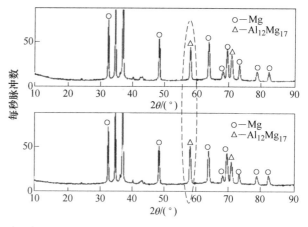

图 4-5　焊缝区的 X 射线衍射图

4. 焊接接头的力学性能

（1）焊接接头的拉伸性能　表 4-6 给出了母材和焊接接头的抗拉强度。可以看到，采用 AZ61 焊丝的焊接接头的拉伸性能比采用 AZ31 焊丝的焊接接头的拉伸性能高。显然这是由于焊缝金属中铝含量不同引起的。

表 4-6　母材和焊接接头的抗拉强度　　　　　（单位：MPa）

试样位置及状态	试样编号			平均值
	1	2	3	
AZ31 母材/挤压态	248	250	255	251
AZ61 母材/挤压态	285	286	290	287
AZ31 接头/AZ31 焊丝	143	165	176	161
AZ61 接头/AZ61 焊丝	191	220	220	210

（2）焊接接头的显微硬度分布　图 4-6 所示为焊接接头的显微硬度分布。采用 AZ31 焊丝时，AZ31 一侧的硬度值较低，AZ61 一侧的硬度值较高，焊缝区的硬度值居中。在 AZ31

一侧靠近焊缝区，距中心 4.5mm 处，硬度值最低，该处为 AZ31 一侧热影响区的粗晶区，是拉伸时产生断裂的地方。从采用 AZ31 焊丝时的显微硬度分布看（图 4-6a），AZ31 一侧的粗晶区范围比较窄，在 AZ61 一侧距离中心 5mm 左右，也存在一个硬度值的波谷。

当采用 AZ61 焊丝时，AZ31 一侧的硬度值较低，AZ61 一侧的硬度值较高，而在焊缝区的硬度值出现最大值。这与 AZ61 焊丝熔入焊缝时，焊缝区的 Al 含量显著增多，使得更多的 β-$Al_{12}Mg_{17}$ 相析出，使得焊缝区的硬度大于其他区域。在 AZ31 一侧的距离中心 5~7mm 范围内，出现较宽的硬度值低谷，于是断裂发生在距中心 5.5mm 左右，处于粗化区域之中。在 AZ61 一侧距离中心 4mm 左右，也存在硬度值波谷。这说明热影响区粗晶区是焊接接头的软化区，也是薄弱区。

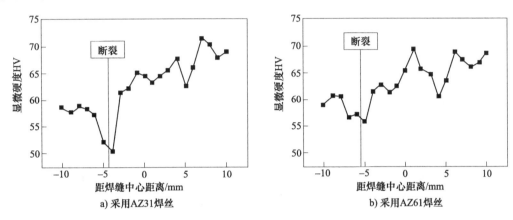

图 4-6 焊接接头的显微硬度分布

（3）焊接接头的断口分析 两种焊接接头断裂前无明显的缩颈，断口形貌如图 4-7 所示。断口表面均呈灰暗色。断口形貌相似，为解理和韧窝的混合断口，基本为部分脆性断裂的形貌特征。可以看到，采用 AZ61 焊丝的断口上，韧窝数量较多而且较深，其焊接接头的抗拉强度也稍高于采用 AZ31 焊丝时的抗拉强度。

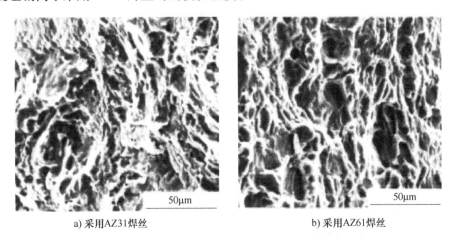

图 4-7 拉伸断口形貌

第5章

镁合金与铝合金的异种金属焊接

5.1 概述

5.1.1 镁与铝的焊接性

由于镁合金和铝合金是两种具有极大应用潜力的轻金属合金，随着镁、铝合金在工业制造领域中的广泛应用，镁-铝异种金属的焊接连接问题已经十分迫切，并成了焊接领域研究中的难点和热点。由于镁-铝异种金属化学成分、物理和化学性能存在明显差异（表 5-1），所以镁-铝异种金属的焊接有很多困难。

1）镁与铝这两种活泼金属，在空气中容易与氧气化合形成 MgO 和 Al_2O_3 这种高熔点的氧化物，很难去除，不易焊接，还降低接头的力学性能，出现裂纹、夹杂等缺陷。

2）镁、铝间可形成 $Al_{12}Mg_{17}$、Al_3Mg_2 和 AlMg 等多种镁-铝金属间化合物，这些镁-铝金属间化合物呈层状连续分布，也严重降低了镁-铝异种金属接头的力学性能，是影响镁-铝异种金属接头力学性能的决定因素。

3）镁与铝在焊接过程中易形成气孔，高温时镁与铝处于液态能够溶解大量氢，而在固态时则几乎不溶解，气体在金属中随着金属的凝固来不及逸出而形成气孔，使接头的塑韧性降低。

表 5-1 镁、铝的主要物理性能

物理参数	单位	温度范围	Mg	Al
密度	g/cm^3	20℃	1.74	2.70
熔点	℃	—	651	660
沸点	℃	—	1107	2056
表面张力	$10^{-3}N/m$	熔点	559	914
比热容	$J/(kg \cdot K)$	20℃	1022	900
热容量	$J/(m^3 \cdot K)$	20℃	1778	2430
线膨胀系数	$10^{-6}/K$	20~100℃	26.1	23.9
热导率	$W/(m \cdot K)$	20℃	167	238
电阻率	$10^{-8}\Omega \cdot m$	20℃	4.2	2.67
弹性模量	$10^{11}Pa$	20℃	0.443	0.757

5.1.2 镁-铝异种金属的焊接方法

1. 惰性气体保护焊

惰性气体保护焊是焊接镁-铝异种金属的主要方法。

镁-铝异种金属的 TIG 焊，通常都采用交流电源，以利用其阴极破碎作用去除氧化膜。TIG 焊适用于焊接 3mm 以下的薄板，焊接速度较低，变形较大。MIG 焊飞溅较大，适用于焊接 4mm 以上的厚板，焊接速度较高，变形较小。图 5-1 所示为镁-铝异种金属脉冲钨极氩弧焊接头组织。

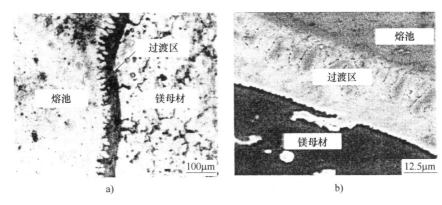

a)　　　　　　　　　　　　　　b)

图 5-1　镁-铝异种金属脉冲钨极氩弧焊接头组织

2. 电阻点焊

铝合金采用电阻点焊是个非常好的方法。铁道车辆及飞机的制造中，铝合金电阻点焊被大量应用。镁合金的电阻点焊也可以应用，其优点是可防止镁的蒸发，但目前应用还不多。电阻点焊的困难有如下几点。

1）铝合金的电阻率小，热导率大，因而，电阻点焊时，应采用大电流、短通电时间的焊接工艺，其焊接电流应为钢铁焊接的 3 倍，通电时间应为钢铁焊接的 1/2。

2）铝合金容易形成氧化膜，而且不均匀；其电阻率大，不易得到稳定的焊核直径，因而，焊核强度波动也大。

3）由于铝和镁的线膨胀系数都比较大，因而，容易产生裂纹及孔洞等缺陷。

4）高温下，铝和镁能急剧软化，压痕深，不仅不美观，还会降低接头强度。

5）铝合金与铜（电极材料）的电阻率接近，易被污损，连续焊接点数降低。例如：钢铁的电阻点焊可连续焊接 5000 点，而铝合金只能连续焊接 500 点。

6）镁合金容易产生裂纹。

因此，镁-铝异种金属的电阻点焊还应进一步研究，以提高焊接质量和效率。采用直接电阻点焊技术和加中间层电阻点焊技术可以对镁合金和铝合金进行搭接连接。

3. 摩擦焊

摩擦焊可以应用于铝与其他材料的焊接，其非热处理合金接头强度可以达到铝母材的强度，而热处理合金接头强度可以达到铝母材的强度的 70%~95%。

对于纯铝和 AZ31 镁合金在 70MPa 的压力下进行摩擦焊发现，其结合层宽度随着摩擦时间的提高而减小。图 5-2 和图 5-3 所示为纯铝和 AZ31 镁合金在 70MPa 的压力下摩擦焊焊接接头的显微硬度分布和拉伸试验结果。

4. 搅拌摩擦焊

镁-铝之间焊接时，在 437℃时，由于发生共晶反应而形成金属间化合物 β 相（$Al_{12}Mg_{17}$）

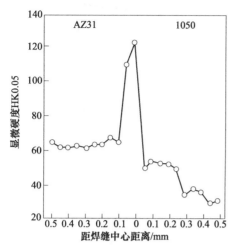

图 5-2　纯铝和 AZ31 镁合金在 70MPa 的压力下摩擦焊焊接接头的显微硬度分布

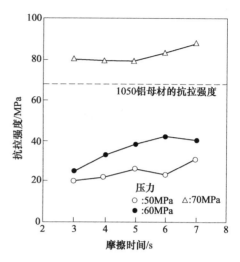

图 5-3　纯铝和 AZ31 镁合金在 70MPa 的压力下摩擦焊焊接接头的拉伸试验结果

而变得很脆，使其难以获得满意的焊接接头。搅拌摩擦焊是最适合于焊接镁-铝异种金属的，因为如果搅拌摩擦焊形成的焊接温度低于 437℃，就完全消除了产生金属间化合物的可能。例如：AZ31-A5182 异种金属以 1500r/min、400mm/min 的焊接条件进行搅拌摩擦焊时，其接头强度约为母材的 77%，断后伸长率为 4%；AZ31-A5152H 异种金属以 1000r/min、200mm/min 的焊接条件进行搅拌摩擦焊时，其接头强度约为母材的 61%，断后伸长率为 3.4%。

5. 扩散焊

采用锌中间层的扩散焊对镁-铝异种金属进行搭接连接，并对接头的宏观组织、显微组织和力学性能进行分析。结果发现，镁-铝异种金属加锌中间层进行扩散焊，镁原子与锌原子的相互扩散而形成低熔点共晶区，避免了镁-铝元素的直接接触，可以实现镁-铝异种金属的良好连接。镁-铝异种金属间存在的过渡区由铝-锌反应层、锌层、锌-镁反应层构成，并未形成大量的镁-铝金属间化合物。镁-铝异种金属加锌中间层扩散焊接头的剪切强度与镁-铝异种金属直接真空扩散焊接头相比有了明显提高。

采用真空扩散焊对镁合金和铝合金进行焊接时，在镁合金和铝合金间存在三个不同成分的镁铝金属间化合物过渡区。随着加热温度的升高，镁-铝异种金属扩散焊接头剪切强度呈现先增大后减小的趋势。

表 5-2 给出了铝-镁异种金属扩散焊典型的焊接参数。从表 5-2 中可以看出，焊接温度为 480℃、保温时间为 60min、焊接压力为 0.081MPa 及真空度为 1.86×10^{-9} MPa 为宜，且焊接温度的选择尤其重要。

6. 激光-复合热源焊接

采用中间层激光-复合热源焊接技术对镁合金和铝合金板材进行搭接连接时，由于中间层的存在，改变了镁-铝异种金属激光-复合热源直接焊接头中镁-铝金属间化合物脆性相过渡层连续分布的状态。与激光-复合热源直接焊接头相比，中间层激光-复合热源焊接接头的抗剪强度得到了明显提高。

表 5-2　铝-镁异种金属扩散焊典型的焊接参数

被焊材料	焊接温度/℃	保温时间/min	压力/MPa	真空度/MPa	接头结合状况
铝+镁	540	60	0.895	1.86×10^{-9}	脆裂
	520	60	0.357	1.86×10^{-9}	
	500	60	0.180	1.86×10^{-9}	
	480	60	0.081	1.86×10^{-9}	结合良好
	475	60	0.078	1.86×10^{-9}	
	470	60	0.081	1.86×10^{-9}	
	475	60	0.074	1.86×10^{-9}	未结合
	460	60	0.074	1.86×10^{-9}	

7. 冷金属过渡焊

采用冷金属过渡焊技术，是以焊丝为填充材料对镁-铝异种金属进行焊接。由于较低的热输入和元素的加入大大抑制了镁-铝金属间化合物的生成，有利于改善镁-铝异种金属接头的组织和力学性能。但并未完全避免焊接接头中镁-铝金属间化合物的生成，接头中依然有镁-铝金属间化合物脆性相过渡层的存在。

镁-铝异种金属的焊接中，镁-铝金属间化合物脆性相的生成及其状态是影响镁-铝异种金属接头性能的关键。

5.2　纯镁-纯铝的焊接

5.2.1　纯镁-纯铝的扩散焊

1. 焊接工艺

采用厚度为 6mm 的铸造纯镁（Mg99.50）和纯铝（1070A）。

扩散焊的典型工艺过程如图 5-4 所示。

2. 扩散焊接头力学性能

（1）接头抗剪强度　图 5-5 所示为焊接温度和保温时间对接头抗剪强度的影响。

（2）接头显微硬度分布　图 5-6 所示为扩散焊接头显微组织和显微硬度分布（470℃×60min）。可以看到，扩散焊接头扩散过渡区附近形成了明显的高硬度组织，高硬度的组织可能是镁-铝金属间化合物。而扩散过渡区的显微硬度分布不均匀，说明扩散过渡区中可能形成了多种复杂的金属间化合物。如果改变焊接温度（图 5-7），即使只是相差 5℃，但扩散过渡区宽度、显微硬度变化都很大，表明焊接温度变化对异种金属的扩散焊接头的形成及扩散过渡区组织性能的影响较大。

3. 扩散焊界面的组织

（1）扩散焊接头区的划分　图 5-8 所示为扩散焊接头区的划分。

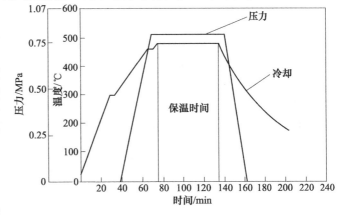

图 5-4　扩散焊的典型工艺过程

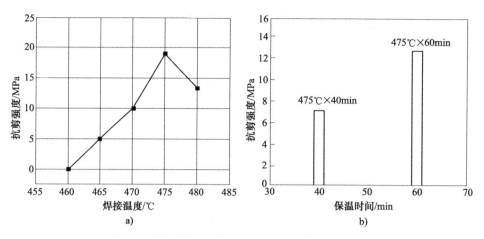

图 5-5　焊接温度和保温时间对接头抗剪强度的影响

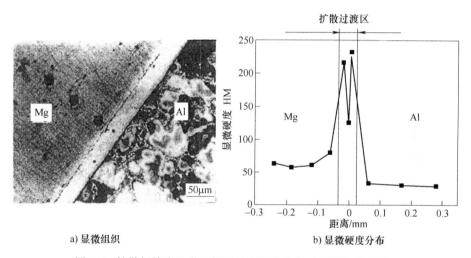

a) 显微组织　　　　　　b) 显微硬度分布

图 5-6　扩散焊接头显微组织和显微硬度分布（470℃×60min）

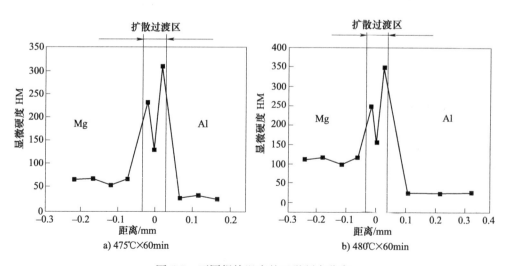

a) 475℃×60min　　　　　　b) 480℃×60min

图 5-7　不同焊接温度的显微硬度分布

（2）焊接接头显微组织 图 5-9 所示为焊接接头的 SEM 显微组织。异种金属扩散焊界面扩散过渡区主要存在三个独立的相层。表 5-3 给出了焊接接头界面扩散过渡区电子探针分析结果。可以看到，界面扩散过渡区内基本是以 Mg、Al 元素为主，在 Al 侧过渡层中原子个数比 Mg：Al ≈ 0.6：1；在 Mg 侧过渡层中原子个数比 Mg：Al ≈ 1.5：1；而在中间扩散层中原子个数比 Mg：Al ≈ 1.1：1；。结合 Mg-Al 二

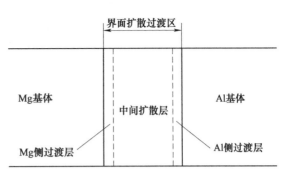

图 5-8 扩散焊接头区的划分

元合金相图，可以初步判定 A 区的组织可能主要为 Al_3Mg_2 相，C 区的组织可能主要为 $Al_{12}Mg_{17}$ 相，而 B 区的组织可能主要为 AlMg 相。

表 5-3 焊接接头界面扩散过渡区电子探针分析结果

| 元素 | 界面扩散过渡区 | | | | | |
| | A（Al 侧过渡层） | | B（中间扩散层） | | C（Mg 侧过渡层） | |
	质量分数,%	摩尔分数,%	质量分数,%	摩尔分数,%	质量分数,%	摩尔分数,%
Mg	34. 34	36. 72	52. 39	53. 95	62. 93	60. 47
Al	65. 66	63. 28	47. 61	46. 05	37. 07	39. 53

图 5-10 所示为扩散焊界面 Mg 侧过渡层组织。表 5-4 给出了过渡层附近晶界析出物的电子探针分析结果。可以看到，在晶界析出物 E 中 Mg：Al 原子个数比值 Mg：Al ≈ 1.4：1。由于 Mg-Al 二元合金共晶温度为 438℃时，存在 L→Mg+$Al_{12}Mg_{17}$ 共晶的转变过程，因此扩散焊后会沿晶界附近析出 $Al_{12}Mg_{17}$ 强化相。

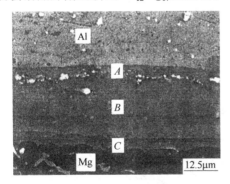

图 5-9 焊接接头的 SEM 显微组织

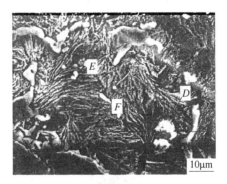

图 5-10 扩散焊界面 Mg 侧过渡层组织

表 5-4 过渡层附近晶界析出物的电子探针分析结果

| 元素 | 晶界析出物 | | | | | |
| | D | | E | | F | |
	质量分数,%	摩尔分数,%	质量分数,%	摩尔分数,%	质量分数,%	摩尔分数,%
Mg	20. 21	27. 52	55. 95	58. 50	78. 67	80. 36
Al	10. 00	12. 27	44. 05	41. 50	21. 33	19. 64

（续）

元素	晶界析出物					
	D		E		F	
	质量分数,%	摩尔分数,%	质量分数,%	摩尔分数,%	质量分数,%	摩尔分数,%
Si	7.56	8.91	—	—	—	—
Ca	61.67	50.97	—	—	—	—
Fe	0.56	0.33	—	—	—	—

（3）镁-铝异种金属扩散焊界面扩散过渡区新相的形成　镁-铝异种金属扩散焊界面扩散过渡区附近原子的相互扩散是接头形成的主要因素。原子之间的相互扩散直接导致了一系列金属间化合物的形成。金属间化合物的形成对接头的性能具有重要的影响。图 5-11 所示为扩散焊界面扩散过渡区的形成相的结构示意图。镁-铝扩散焊界面扩散过渡区中主要形成了 Al_3Mg_2、$AlMg$ 和 $Al_{12}Mg_{17}$ 三种金属间化合物。

不同焊接温度条件下，界面扩散过渡区中各种金属间化合物的宽度见表 5-5。

图 5-11　扩散焊界面扩散过渡区的形成相的结构示意图

表 5-5　界面扩散过渡区中各种金属间化合物的宽度

焊接温度/℃	各种金属间化合物的宽度/μm		
	Al_3Mg_2	$AlMg$	$Al_{12}Mg_{17}$
470	5.49	41.38	11.32
475	7.57	41.28	10.32
480	8.87	45.4	14.19

5.2.2　纯镁-纯铝的 TIG 焊

采用焊丝 Sal-3，其中含有 Al、Fe 和 Si 等元素。

1. 焊接接头的显微组织

（1）Mg 侧熔合区组织　图 5-12 所示为 Mg 侧熔合区组织。由 5-12 图可见，焊缝与母材之间存在焊缝凝固过程中形成的结晶区，即为熔合区。该区域靠近焊缝附近为明显的柱状

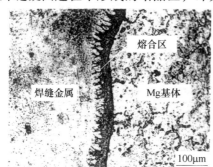

a) 金相显微镜

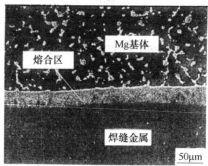

b) SEM

图 5-12　Mg 侧熔合区组织

晶，垂直于基体向焊缝延伸生长。如图 5-12b 所示，熔合区附近的组织明显不同于两侧组织，呈现有规律的白亮条状结构。

（2）Al 侧熔合区组织　图 5-13 所示为 Al 侧熔合区组织。由图 5-13a 可见，焊缝与基体之间存在一个明显的熔合区，左侧焊缝区组织为典型的等轴柱状树枝晶，晶粒主轴生长方向垂直于熔合区。对熔合区附近组织进行 SEM 分析（图 5-13b），熔合区附近存在明显的裂纹，并与焊缝和母材间细小的裂纹形成一条完整的裂纹带。

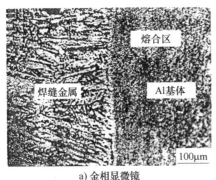
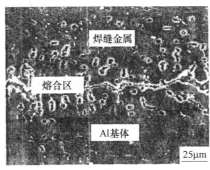

a) 金相显微镜　　　　　　　　　　　b) SEM

图 5-13　Al 侧熔合区组织

焊丝 Sal-3 中含有 Al、Fe 和 Si 等元素，因此黑色基体为 α-Al 固溶体，固溶体组织可以改善焊缝组织性能。在 577℃ 时，Si 在 α-Al 固溶体中的最大溶解度为 1.65%（摩尔分数）。受焊接热循环的影响，该区域的等轴晶组织是焊缝凝固过程中析出的初晶 Si 及 Si 与 Al 反应形成的 Al-Si 共晶组织。

（3）Mg 侧热影响区组织　图 5-14 所示为焊缝和 Mg 侧热影响区组织，可以看到，热影响区组织不仅没有长大，反而晶粒较细小。这是由于 Mg 的热导率大、散热快，促使该区域母材金属产生快速再结晶过程，从而导致靠近熔合区附近母材的晶粒细化。

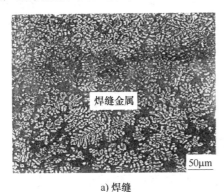
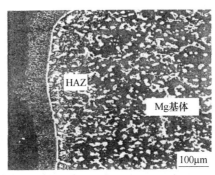

a) 焊缝　　　　　　　　　　　b) Mg 侧热影响区

图 5-14　焊缝和 Mg 侧热影响区组织

由此，可以把 Mg 侧 TIG 焊接头组织进行划分，如图 5-15 所示。

2. 焊接接头力学性能

（1）焊接接头显微硬度分布　图 5-16 所示为焊接接头 Mg 侧和 Al 侧显微硬度分布。从

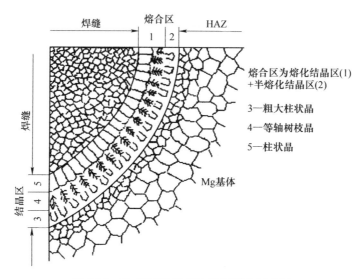

图 5-15　Mg 侧 TIG 焊接头组织划分示意图

图 5-16a 可以看到，Mg 侧熔合区过渡到基体时，显微硬度明显降低，在焊缝区和熔合区附近显微硬度较高，约为 275~300HM，向 Mg 基体过渡时显微硬度逐渐降低至 25HM。这表明在焊缝及熔合区附近存在高硬度的金属间化合物。根据 Mg-Al 二元合金相图可知，高硬度金属间化合物可能是 $Al_{12}Mg_{17}$、Al_3Mg_2 相。

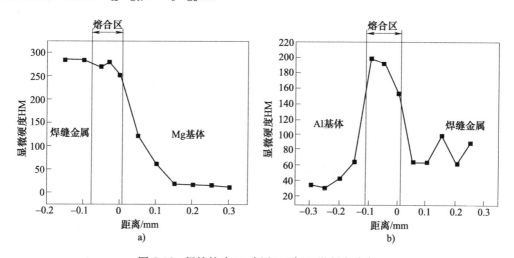

图 5-16　焊接接头 Mg 侧和 Al 侧显微硬度分布

从图 5-16b 可以看到，在 Al 侧焊缝与母材的显微硬度值较为接近，而熔合区附近显微硬度较高，峰值约为 200HM。这表明该区域也形成了硬度较高的金属间化合物。

比较焊缝两侧的显微硬度分布，Al 侧焊缝与基体的显微硬度差较 Mg 侧小，这可能与填充金属 Sal-3 有关。采用焊丝，有利于 Al 侧焊缝附近元素的过渡，使该区域附近的显微组织结构没有发生明显的变化。

（2）断口形貌　从断口形貌来看，Al 侧为韧窝状的塑性断裂；而 Mg 侧则为解理状的脆性断裂，还存在缩孔。

3. 焊接接头元素分布及相组成

（1）焊接接头元素分布 图 5-17 所示为 Mg 侧熔合区附近显微组织，表 5-6 给出了其中 A、B 两区域元素成分测定结果。A、B 两区域分别为焊缝金属和部分熔化区形成的未结晶区和柱状树枝结晶区。两区域中元素的原子百分数不同。根据两区域的化学成分以及 Mg-Al 二元合金相图可以认为，未结晶区应主要是由 $Al_{12}Mg_{17}$ 相组成，而柱状树枝结晶区应为 $Al_{12}Mg_{17}$ 和 α-Mg 的共晶组织。

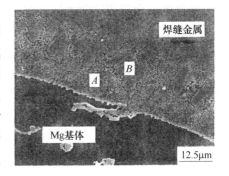

图 5-17 Mg 侧熔合区附近显微组织

表 5-6 Mg 侧熔合区附近 A、B 两区域元素成分测定结果

元　素	测 试 位 置			
	A		B	
	质量分数（%）	摩尔分数（%）	质量分数（%）	摩尔分数（%）
Mg	61.09	63.54	69.28	71.90
Al	38.91	36.46	29.58	27.66
Zn	—	—	1.14	0.44

（2）焊接接头相组成 图 5-18 所示为 Mg 侧熔合区相结构的 X 射线衍射图，可以看到，在 Mg 侧熔合区附近主要形成了 $Al_{12}Mg_{17}$、Al_3Mg_2 和 Al_4Si。由于 Mg、Al 极易氧化，在焊缝及熔合区附近不可避免地会存在一定量的 Al_2O_3 和 MgO 等氧化物。

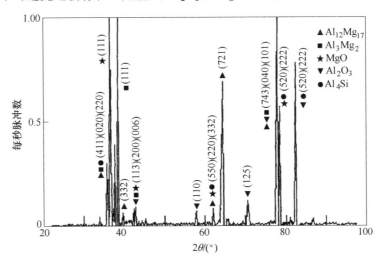

图 5-18 Mg 侧熔合区相结构的 X 射线衍射图

5.3 AZ31B 镁合金-6061 铝合金的焊接

5.3.1 AZ31B 镁合金-6061 铝合金的搅拌摩擦焊

1. 镁与铝异种金属搅拌摩擦焊的问题

（1）容易产生焊接缺陷 镁与铝异种金属搅拌摩擦焊的主要问题是焊缝成形质量差与

接头强度低。而造成这两大问题的主要原因是镁与铝易生成二元共晶组织，该组织对于焊缝成形与焊后力学性能均产生重要的影响。

对于铝与铝同种金属或镁与镁同种金属的搅拌摩擦焊，很容易得到表面形貌平整，成形良好的焊缝。但进行镁与铝异种金属搅拌摩擦焊时，接头表面形貌很不平整，出现 Z 字形纹路并伴随裂纹、孔洞、隧道等缺陷，如图 5-19 所示。

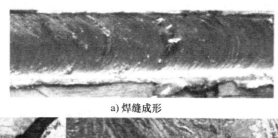

a）焊缝成形

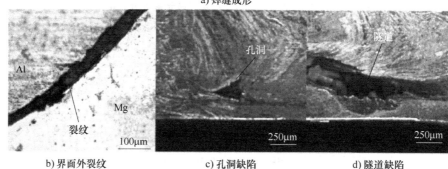

b）界面外裂纹　　　　　c）孔洞缺陷　　　　　d）隧道缺陷

图 5-19　镁与铝异种金属搅拌摩擦焊接头出现的缺陷

（2）母材相对于搅拌头搅拌方向对成形有很大影响　搅拌摩擦焊中，母材相对于搅拌头位置的不同，分为前进侧与后退侧。前进侧为受摩擦产热最大的区域，金属所受应力大，产生的流变明显，而后退侧相对于前进侧受热应力小、流变小。镁合金与铝合金在塑性流动性能上存在差异。镁合金较铝合金软，当其处于后退侧时，能够被搅拌头搅进后侧的空洞中。因此，当镁合金与铝合金分别位于焊缝的后退侧与前进侧时，能够得到成形良好的焊缝，反之焊缝缺陷增多。

在镁合金与铝合金搅拌摩擦焊中，其接头的成形首先与镁合金与铝合金位于焊缝的位置有关。当铝合金与镁合金分别位于焊缝的前进侧与后退侧时，能够得到成形良好的焊缝，相反，铝合金与镁合金分别位于后退侧与前进侧时焊缝缺陷就多，甚至难以成形。所以，应当注意前进侧与后退侧的选择。此外，还可以使搅拌针发生偏移，因为镁合金有更好的流动性能，将搅拌头往镁合金母材一侧偏移，就能够改善焊缝成形。从 Al-Mg 二元相图来看，在450℃与437℃会发生共晶反应，反应式为 $L \rightarrow Al+Al_3Mg_2$ 与 $L \rightarrow Mg+Al_{12}Mg_{17}$。因此，若在焊接过程中使搅拌头偏向 Al 侧，或者偏向 Mg 侧，都有可能会减少或者抑制金属间化合物的生成，获得优质焊缝。

（3）焊缝显微组织变化大　根据 Al-Mg 二元相图的分析，铝合金与镁合金异种接头焊缝显微组织应由金属间化合物相与基体相混合组成。在实际焊接中，焊接温度场是一个很复杂且不稳定的因素，而金属间化合物相的形成有一定的条件：成分范围确定在 $w_{Al} = 30\% \sim 40\%$ 与 $w_{Mg} = 70\% \sim 60\%$；温度要高过共晶点温度。只有在同时满足这两个条件时才有可能产生共晶反应，形成第二相。

　　搅拌摩擦焊的焊接参数不同，对应不同的热输入，接头显微组织差异较大。当热输入高时，接头会出现液态组织，并且发生反应生成第二相；当热输入低到未达到共晶组织形成的温度时，就不会出现共晶相。因此，在保证接头成形良好以及具有一定强度的前提下，要尽可能地降低热输入，使得其温度在437℃以下，保证不会产生液态金属，避免接头金属间化合物的形成或者减少其含量。

　　（4）接头力学性能低　焊缝金属最高抗拉强度为175MPa，这仅为母材 AZ31B 强度的70%，远远低于同种镁合金或同种铝合金焊接所得焊缝的抗拉强度。

2. 焊接方法

　　（1）材料　采用厚度为 3.0mm 热处理强化铝合金 6061 及变形镁合金 AZ31B。

　　（2）搅拌头　搅拌头采用高硬度（>50HRC），以提高其使用寿命。搅拌头轴肩直径为10mm，为圆形内凹面结构，使用锥形螺纹搅拌针，针长为 2.8mm，尖端直径为 3.2mm。

　　（3）焊接参数　焊接参数见表5-7。

表 5-7　焊接参数

母材	位置参数			速度参数	
	材料位置		搅拌针偏移量	旋转速度	焊接速度
	前进侧	后退侧	d_{off}/mm	ω/(r/min)	v/(mm/min)
Al-Al	6061-T6	6061-T6	0，±0.3	800	50
Mg-Mg	AZ31B	AZ31B	0，±0.3	800	50
Al-Mg	6061-T6	AZ31B	0，±0.3	800	50
Mg-Al-P	AZ31B	6061-T6	0，±(0.3~0.6)	800	50
Mg-Al-T	AZ31B	6061-T6	0，−0.45~+0.6	500~1000	30~80

　　（4）焊接热循环　图 5-20 所示为焊接热输入对平均峰值温度的影响。可以看到，焊接热输入与平均峰值温度呈直线关系。焊接热循环如图 5-21 所示。

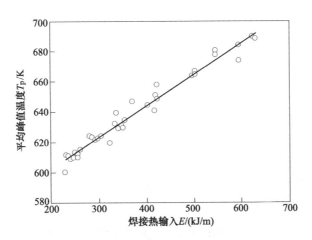

图 5-20　焊接热输入对平均峰值温度的影响

3. 焊接接头组织

　　（1）焊缝成形　图 5-22 所示为焊接参数对焊缝成形的影响。

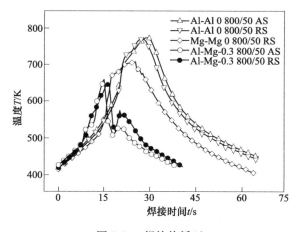

图 5-21 焊接热循环

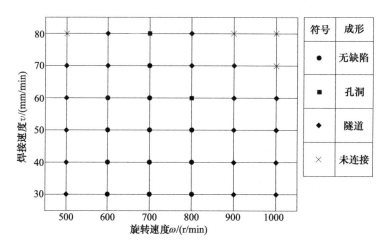

图 5-22 焊接参数对焊缝成形的影响（镁合金在前进侧，搅拌针偏移量为+0.3mm）

（2）焊接接头分区 镁合金在前进侧，搅拌针偏移量为+0.3mm，搅拌头旋转速度为800r/min，焊接速度为50mm/min情况下，搅拌摩擦焊焊接接头横断面形貌，如图5-23所示。焊接接头可分为5个区域，即镁合金侧热影响区（HAZ-Mg）、镁合金侧热机影响区（TMAZ-Mg）、铝合金侧热影响区（HAZ-Al）、铝合金侧热机影响区（TMAZ-Al）及焊核区（NZ）。

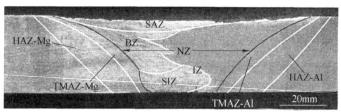

图 5-23 搅拌摩擦焊焊接接头横断面形貌

对于异种接头焊核区，其镁合金侧形貌较为复杂，根据铝与镁异种金属混合情况的差别，镁合金侧焊核区又可划分为界面区（IZ）、轴肩影响区（SAZ）、带状区（BZ）及剧烈混合区（SIZ）等。

4. 焊接接头力学性能

（1）焊接接头显微硬度分布　图 5-24 所示为典型 Mg-Al 异种金属搅拌摩擦焊焊接接头显微硬度分布。可以看到，异种金属接头显微硬度分布不均匀，尤其是在前进侧焊核区，硬度的波动程度极为剧烈。镁合金在前进侧的情况下，由于异种材料混合较为充分，其显微硬度值的分布相对于铝合金在前进侧的情况下更不均匀。在带状区及剧烈混合区可以观察到显微硬度值的突增点，其硬度值在某些位置甚至超过了铝母材的硬度。

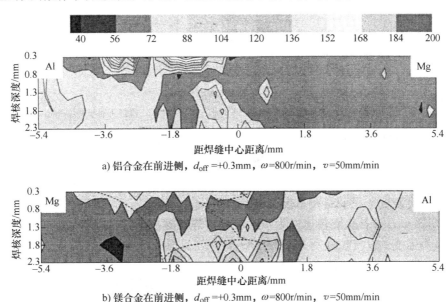

a) 铝合金在前进侧，d_{off} =+0.3mm，ω=800r/min，v=50mm/min

b) 镁合金在前进侧，d_{off} =+0.3mm，ω=800r/min，v=50mm/min

图 5-24　典型 Mg-Al 异种金属搅拌摩擦焊焊接接头显微硬度分布

图 5-25 所示为距焊缝上表面 0.5 ~ 2.5mm 深度位置显微硬度分布（镁合金在前进侧，d_{off} = +0.3mm，ω = 800r/min，v = 50mm/min）。结果表明，焊缝上部与中部显微硬度的波动相对于下部更为剧烈，这主要是由于焊缝上部与中部受到搅拌头的搅拌作用更强，铝与镁异种金属混合更为充分，同时生成的脆硬金属间化合物较多。因此，显微硬度的变化较为不均匀，而下部受到的搅拌作用较弱，异种金属混合不充分，硬度值波动较小。

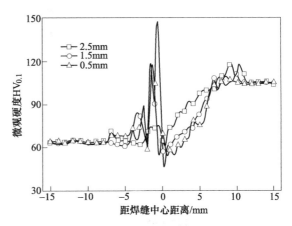

图 5-25　距焊缝上表面 0.5~2.5mm
深度位置显微硬度分布
（镁合金在前进侧，d_{off} = +0.3mm，
ω = 800r/min，v = 50mm/min）

（2）焊接接头抗拉强度

1）搅拌针偏移量对焊接接头抗拉强度的影响。在 ω = 800r/min、v = 50mm/min

条件下，搅拌针偏移量对焊接接头抗拉强度 R_m 的影响，如图 5-26 所示。可以看到，Mg-Al 异种金属搅拌摩擦焊焊接接头抗拉伸强度低于镁合金及铝合金同种金属搅拌摩擦焊。当铝合金在前进侧时，接头抗拉强度最低。当镁合金在前进侧时，搅拌针向镁偏移 0.3mm 时可以

获得最高的抗拉强度。进一步提高向镁合金侧的偏移量或者搅拌针向铝合金侧偏移，将对接头性能产生不利的影响。当铝合金在前进侧时，搅拌针无偏移时接头的抗拉强度较低，搅拌针向镁合金侧及铝合金侧偏移均会增强接头的抗拉强度。

2）旋转速度与焊接速度对焊接接头抗拉强度的影响。镁合金在前进侧，搅拌针偏移量+0.3mm 的条件下，旋转速度与焊接速度对焊接接头抗拉强度 R_m 的影响，如图 5-27 所示。可以看到，采用中等搅拌头旋转速度（600～800r/min）匹配较低焊接速度（60mm/min）时，可获得较高的强度。

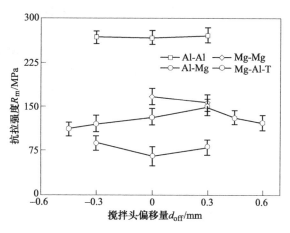

图 5-26　搅拌针偏移量对焊接接头抗拉强度 R_m 的影响
（$\omega=800$r/min，$v=50$mm/min）

综合来看，镁合金在前进侧，搅拌针偏移量为+0.3mm，搅拌头旋转速度为 700r/min，焊接速度为 50mm/min 时，可获得最高的异种金属接头强度，其抗拉强度为 175MPa，约为镁母材的 73%。

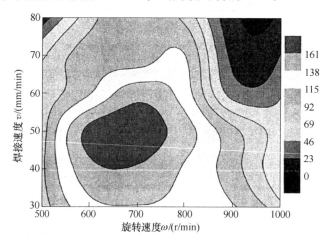

图 5-27　旋转速度与焊接速度对焊接接头抗拉强度 R_m 的影响
（镁合金在前进侧，$d_{off}=+0.3$mm）

5.3.2　AZ31B-H24 镁合金与 6061-T6 铝合金厚板附加红外线热源的搅拌摩擦焊

搅拌摩擦焊焊接接头变形小，无气孔、裂纹、夹杂等缺陷，但是，由于其内部温度与表层温度不同，导致焊接接头组织不均匀，影响焊接接头性能。特别是厚板焊接时，这个问题更加突出。而采用附加热源可以得到改善。

1. 焊接方法

采用厚度为 20mm 的 AZ31B-H24 镁合金与 6061-T6 铝合金。

附加红外线热源的搅拌摩擦焊原理图如图 5-28 所示。焊接时分为加红外线热源和不加红外线热源两种，以检验附加红外线热源对接头性能的影响。搅拌头用 1Cr18Ni9Ti 制造，轴肩为内凹环面。表 5-8 给出了附加红外线热源的搅拌摩擦焊焊接参数。

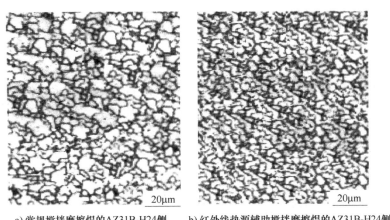

图 5-28　附加红外线热源的搅拌摩擦焊原理图

2. 焊接接头组织

图 5-29 所示为焊接接头组织，可以看到，在加入红外线热源之后，其焊接接头组织明显细化。XRD 分析表明，未加红外线热源时，其焊核区的组织为镁固溶体相、铝固溶体相、$Al_{12}Mg_{17}$ 和 Al_3Mg_2；而加红外线热源时，其焊核区的组织为镁固溶体相、铝固溶体相、$Al_{12}Mg_{17}$，没有 Al_3Mg_2 了。

a) 常规搅拌摩擦焊的AZ31B-H24侧

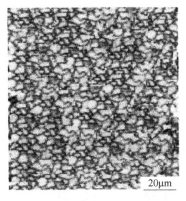

b) 红外线热源辅助搅拌摩擦焊的AZ31B-H24侧

c) 常规搅拌摩擦焊的6061-T6侧

d) 红外线热源辅助搅拌摩擦焊的6061-T6侧

图 5-29　焊接接头显微组织

表 5-8　附加红外线热源的搅拌摩擦焊焊接参数

顶锻压力 /kN	搅拌头 倾角 /(°)	搅拌头旋 转速度 /(r/min)	焊接速度 /(mm/min)	红外线 热源功率 /W	搅拌头 下降速度 /(mm/min)	插入停 留时间 /s	搅拌头 提升速度 /(mm/min)	回抽停 留时间/s
8	3	800	40	300	20	10	20	6

3. 焊接接头力学性能

表 5-9 给出了焊接接头力学性能。加红外线热源的焊接接头比不加红外线热源的焊接接头的抗拉强度提高了约 25.4%，屈服强度提高了 20.3%，断后伸长率提高了 25.5%。图 5-30 所示为两种焊接接头不同的断口形态，没有加红外线热源的焊接接头的断口形态为较多的撕裂棱、大片的解理断面和少量的韧窝；而加红外线热源的焊接接头的断口形态为较少的撕裂棱和大量的韧窝。很明显，前者显示为脆性断裂和韧性断裂的混合断裂，而后者则是韧性断裂。

表 5-9　焊接接头力学性能

焊接方法	抗拉强度 R_m/MPa	屈服强度 R_{eL}/MPa	断后伸长率 A（%）
常规搅拌摩擦焊	211	165.3	9.4
红外线热源辅助搅拌摩擦焊	264.5	198.8	11.8

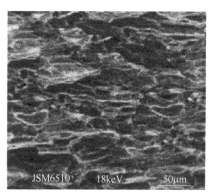
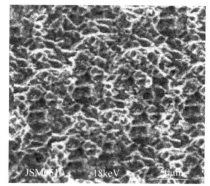

a) 常规搅拌摩擦焊　　　　　　　　　b) 红外线热源辅助搅拌摩擦焊

图 5-30　两种焊接接头不同的断口形态

5.3.3　AZ31B 镁合金-6061 铝合金的真空扩散焊

1. 焊接工艺

AZ31B 镁合金-6061 铝合金的真空扩散焊焊接参数：焊接温度为 420~490℃，焊接时间为 30min，焊接压力为 140MPa，真空度为 $1.0×10^{-3}$Pa。

2. 焊接接头组织

图 5-31a 所示为 AZ31B 镁合金-6061 铝合金的真空扩散焊不同焊接温度的接头组织。可以看到，在接头区形成了与焊接温度有关的不同厚度、不同化学成分的反应层。在焊接温度较低的 440℃时，只是形成了两个反应层，靠近 6061 铝合金的 A 层（厚度 15μm）和靠近 AZ31B 镁合金的 B 层（厚度 5μm）。提高焊接温度到 460℃，在靠近 AZ31B 镁合金处产生了

C 层（厚度约 $70\mu m$）。焊接温度提高到 480℃，只是各层的厚度发生变化，C 层厚度加大到约 $600\mu m$，各层的组织并没有变化。分析表明，A 层的主要成分为 40.4Mg-59.6Al，是 Al_3Mg_2；B 层的主要成分为 58.5Mg-41.45Al，是 $Al_{12}Mg_{17}$；C 层的主要成分为 91.64Mg-8.36Al，是 Mg 基固溶体。

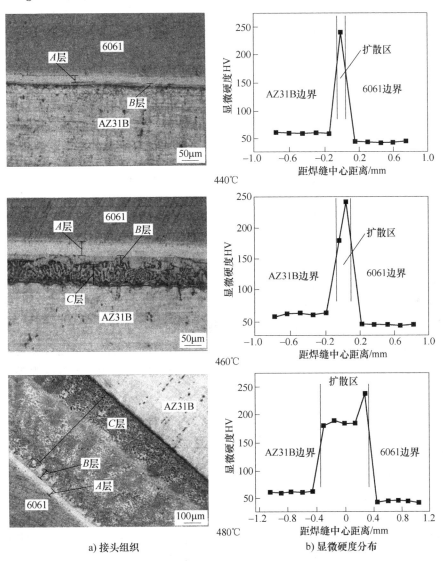

a) 接头组织　　　　　　　b) 显微硬度分布

图 5-31　AZ31B 镁合金-6061 铝合金的真空扩散焊不同焊接温度的接头组织和显微硬度分布

根据镁-铝二元合金相图，440℃温度高于相图中镁-铝的共晶温度 437℃，形成了液态共晶，冷却之后，分解为 Al_3Mg_2 和 $Al_{12}Mg_{17}$；在焊接温度为 460℃时，超过了相图中镁-铝的共晶温度 450℃，形成了另一种液态共晶，冷却之后，分解为与前者不同比例的 Al_3Mg_2 和 $Al_{12}Mg_{17}$ 相；继续升高焊接温度到 480℃时，液态共晶组织变化不大。对于 C 层，那应该是扩散层，与液态共晶组织无关。随着焊接温度的升高，金属的扩散速度增大，扩散范围增宽，于是在镁侧形成了一个铝含量高于母材的镁的固溶体层 C 层。这个 C 层中的铝含量应该是不同的：靠近镁合金母材的一侧，铝含量较低，接近镁合金母材，而远离镁合金母材，靠近 B 层处，其铝含量应该达到铝元素在镁元素中的最大固溶度。

3. AZ31B 镁合金-6061 铝合金的真空扩散焊焊接接头力学性能

（1）焊接接头的显微硬度分布　图 5-31b 所示为与图 5-31a 相对应的焊接接头的显微硬度分布，明显看到在靠近 6061 铝合金的 A 层，其显微硬度明显提高，说明 Al_3Mg_2 的硬度较高。从 480℃时的显微硬度分布来看，其显微扩散区形成的镁的固溶体组织，其显微硬度显然低于金属间化合物。

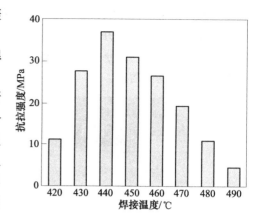

图 5-32　不同焊接温度下焊接接头的抗拉强度

（2）焊接接头的抗拉强度　图 5-32 所示为不同焊接温度下焊接接头的抗拉强度，可以看到，焊接温度 440℃时抗拉强度最高。

5.3.4　AZ31B 镁合金-6061 铝合金胶接焊

1. 胶接焊概述

（1）胶接焊特点　胶接焊技术是把焊接技术与胶接技术相复合的一种新型连接方法，在合适的参数条件下，可以得到具有两者优点的焊接接头。胶接焊接头中，由于焊缝存在，弥补了胶接接头高温性能差、持久强度低和性能分散性大等不足。同时，胶接焊接头中胶黏剂的存在，使焊缝附近应力集中减小，接头承载能力提高，尤其是疲劳性能得到很大改善。胶接焊接头不仅具有焊接接头重量轻、静载强度高和可靠性好的优点，而且又具有胶接接头疲劳特性和密封性好的特点，接头的综合性能较好，对于传统焊接工艺难以焊接的金属及异种金属具有较大的应用潜力。

（2）胶接焊技术的复合方式　胶接焊工艺可以分为先胶后焊法、先焊后胶法和胶膜法三种。由于焊接和胶接的先后顺序不同，焊接和胶接的相互作用形式也有所区别。考虑到工艺复杂性问题，先胶后焊法得到了国内外众多学者的关注，并开展了大量的研究工作。

1）先胶后焊法。先胶后焊法是将胶接焊焊件先涂敷胶黏剂，然后进行焊接，最后进行胶黏剂固化处理的方法。采用先胶后焊法时，必须在胶黏剂尚未凝固之前进行焊接。

2）先焊后胶法。先焊后胶法是对胶接焊焊件先进行焊接，然后再使用注胶工具将胶黏剂注入板材接合面间隙中，最后进行胶黏剂固化处理的方法。先焊后胶法对焊接工艺的要求不高，但对胶黏剂本身物理、化学特性的要求却较为严格。具体要求主要有以下几点。

①胶黏剂应具有适当的流动性，在保证胶黏剂充满板材接合面间隙的同时，又不会因流动性过高而引起胶黏剂从板材接合面逸出。

②胶黏剂应不含有溶剂，且进行固化处理时不生成低分子量产物。

③由于胶接焊方法经常用于大型结构件的连接当中，考虑到工艺适用性，胶黏剂的固化温度和固化压力不宜过高。

3）胶膜法。胶膜法首先在胶接焊板材间添加一层胶黏剂薄膜，然后在需要进行焊接的位置将胶黏剂薄膜去除，再进行焊接，最后进行胶黏剂固化处理的方法。由于目前还没有性能可靠和质量稳定的胶黏剂薄膜产品，故胶膜法在胶接焊技术中采用的较少。

2. 等离子弧胶接焊

镁合金厚度为 2.0mm 和 2.5mm，铝合金厚度为 1.7mm。

（1）胶黏剂 胶黏剂为 Terokal5087 型环氧树脂胶黏剂。经过固化处理后，其理论最高抗剪强度为 20MPa。胶黏剂的分解失效温度约为 200℃，分解产物包括一氧化碳、二氧化碳和低分子量的碳氢化合物。

（2）胶接焊焊前准备

1）去除氧化层。金属材料的表面去除氧化层的方法主要分为两种，包括机械法和化学法。

2）去油污。采用有机溶剂法进行去除油污处理，选用酒精和丙酮作为有机溶剂。进行去除油污处理时，为避免有机溶剂对皮肤造成损伤，应注意不要直接接触有机溶剂。

3）活化处理。在经过上述去除氧化层和油污的处理后，焊件表面的状态通常可以满足胶接要求。但是，在此种条件下得到的胶接焊接头强度的分散性较高。要想得到较高的胶接焊接头强度，需要对焊件表面的惰性物质进行清理，提高焊件的表面能，从而进一步提高胶接焊接头中胶层的承载能力。因此，在胶接焊中，应对镁-铝异种合金板材进行表面活化处理，具体处理过程见表 5-10。

表 5-10 母材的活化处理过程

材料	处 理 液	温度	时间	后处理
镁合金	铬酸 10 份，硫酸钠 5 份，蒸馏水 100 份	25℃	3min	净水冲洗烘干
铝合金	重铬酸钠 20 份，蒸馏水 170 份，硫酸 50 份	60~70℃	5min	净水冲洗烘干

（3）胶接焊工艺 采用先胶后焊法和单道焊形式，无须开坡口。胶接焊工艺流程如图 5-33 所示，包括焊前准备、焊接过程和焊后处理。图 5-34 所示为镁-铝异种合金等离子弧胶接焊工艺示意图。表 5-11 给出了镁-铝异种合金等离子弧胶接焊焊接参数。

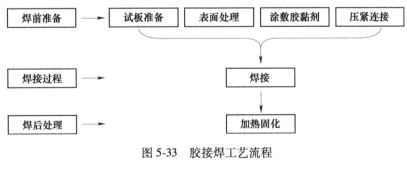

图 5-33 胶接焊工艺流程

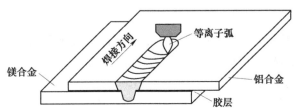

图 5-34 镁-铝异种合金等离子弧胶接焊工艺示意图

表 5-11　镁-铝异种合金等离子弧胶接焊焊接参数

焊接电流 I/A	焊接速度 $v/(mm/min)$	等离子气流量 $Q/(L/min)$	保护气流量 $Q/(L/min)$	弧长 L/mm
60~80	500~650	1.6~2.0	15~20	1~2

（4）接头组织

1）铝合金侧的组织。图 5-35 所示为镁-铝异种合金等离子弧胶接焊接头的宏观形貌。图 5-36 所示为镁-铝异种合金等离子弧胶接焊接头中铝合金侧的显微组织。

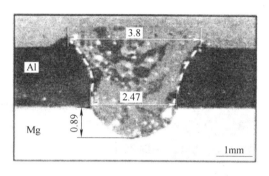

图 5-35　镁-铝异种合金等离子弧胶接焊接头的宏观形貌

在铝合金侧焊缝中，含有未完全与镁反应的块状或条带状的铝颗粒，这是由于在镁-铝异种合金等离子弧胶接焊过程中，镁合金在焊接等离子弧的作用下发生熔化并随着熔池流动进入到铝合金中。但是，由于焊接等离子弧的能量密度较高和焊接速度较快，焊接热输入较低导致焊缝熔池金属的冷却速度也较快。同时，在焊接过程中，胶黏剂的分解产物气体对焊缝熔池金属起到了强烈的搅拌作用，也使得熔池组织不均匀。此外，胶黏剂的加入上下板材之间，促进了板材间的热传导，也加速了熔池金属的冷却。因此，在这种条件下，使熔池金属中的镁-铝没有充分的时间去相互混合均匀、完全反应。从而，在镁-铝异种合金等离子弧胶接焊接头中，依然残留了块状或条带状的铝颗粒。

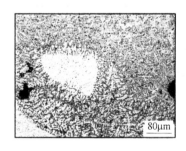

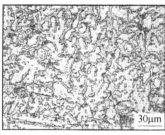

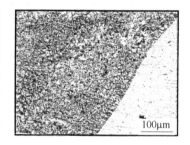

a) 铝合金侧焊缝中亮灰色相　　　　b) 焊缝组织放大　　　　c) 熔合线附近组织

图 5-36　镁-铝异种合金等离子弧胶接焊接头中铝合金侧的显微组织

焊接后，对焊件中的胶黏剂进行固化处理。为了保持胶黏剂与焊件表面之间的良好结合和胶黏剂层的紧实，在胶黏剂的固化处理过程中需对焊件施加一定的压力。固化处理为从室温下以 5℃/min 的速度升至 175℃后，保温 30min。

镁-铝异种合金等离子弧胶接焊接头中，铝合金侧焊缝金属的显微组织，如图 5-36b 所示。从图中可以发现，焊缝组织晶粒大小约为 30μm，晶间产物较多，晶间距离较大。细小的树枝晶为镁过饱和的铝固溶体 87.25%Al-12.75Mg，晶间产物主要为镁-铝金属间化合物 Al_3Mg_2。在等离子弧胶接焊过程中，尽管焊缝金属的冷却速度较快，但仍不可完全避免镁-铝间的相互反应。由于焊缝中铝含量较高，铝合金侧焊缝均由细小的树枝状过饱和 α-铝固溶体组成,晶间产物主要为镁-铝金属间化合物。镁-铝异种合金等离子弧胶接焊接头中铝合金侧熔合线附近的组织,如图 5-36c 所示,可以看到,焊缝金属与铝合金母材连接良好。

2)镁合金侧的组织。在等离子弧胶接焊过程中,胶黏剂在等离子弧的作用下,会发生汽化和分解,其分解产物为碳氢化合物和大量的一氧化碳和二氧化碳气体。

图 5-37 所示为镁-铝异种合金等离子弧胶接焊接头中镁合金侧的显微组织。图 5-37a、b 所示为镁合金侧熔合区,可以看到,镁-铝异种合金等离子弧胶接焊接头的熔合区有少量气孔存在。

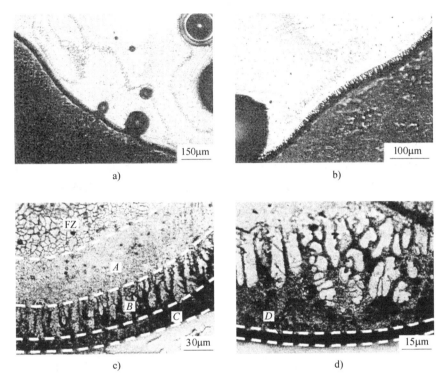

a)

b)

c)

d)

图 5-37　镁-铝异种合金等离子弧胶接焊接头中镁合金侧的显微组织

图 5-37c、d 所示为镁合金侧熔合区的放大图片。可以看到,熔合区厚度约为 100μm 左右,由四层连续的不同形态的结构组成:A 层为均匀的灰色相层,临近于镁合金熔池层;B 层为柱状晶层;C 层为典型的共晶组织结构;D 层,临近于镁合金母材。在焊接熔池冷却过程中,由于不同的温度梯度和镁、铝浓度的差异,在熔合区中形成了不同形态的多层结构。分析表明,A 层(均匀的灰色相层)主要为 $Al_{12}Mg_{17}$;B 层(柱状晶层)主要为 Al_3Mg_2;C 层主要是由镁的固溶体和镁-铝金属间化合物 $Al_{12}Mg_{17}$ 组成的共晶组织;临近镁合金母材的 D 层主要是镁的固溶体。

(5)镁-铝异种合金等离子弧焊接头组织　图 5-38 所示为镁-铝异种合金等离子弧焊接头的宏观形貌,呈 U 字形。铝合金上焊缝熔宽约为 4.8mm,镁合金上焊缝熔宽约为 2.27mm,镁合金上熔深约为 0.65mm,为典型的熔化焊接头。在镁-铝异种合金等离子弧焊焊接过程中,铝合金和镁合金在等离子弧的作用下发生熔化,形成焊接熔池,并凝固成焊缝,熔合线清晰,上下板熔宽差较大。从图 5-38 中可以发现,焊缝金属组织较均匀,在铝合金焊缝金属中，未发现含有大量的未完全反应的颗粒。此外，在焊缝金属中依然发现有少量气孔的存在。

图 5-39 所示为镁-铝异种合金等离子弧焊接头的显微组织。图 5-39a 所示为镁-铝异种合金等离子弧焊接头中铝合金侧焊缝金属的显微组织，可以看出组织较均匀，无未完全反应的颗粒存在，由树枝状晶组成，晶粒大小约为 40μm，晶间产物较少，晶间距离较小，无气孔、夹杂等缺陷。图 5-39b 所示为镁-铝异种合金等离子弧焊接头中铝合金侧熔合区组织，可以看出结合良好，存在一层厚度约为 20μm 的柱状晶熔合区。图 5-39c

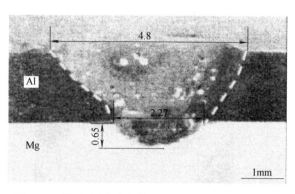

图 5-38　镁-铝异种合金等离子弧焊接头的宏观形貌

所示为镁-铝异种合金等离子弧焊接头中镁合金侧熔合区组织，可以看出镁-铝异种合金等离子弧焊接头存在一层镁-铝结构的过渡区，连续、均匀，其厚度约为 130μm。图 5-39d 所示为镁-铝异种合金等离子弧焊接头中镁合金侧熔合区组织的放大图片，可以看出镁-铝异种合金等离子弧焊接头中镁合金侧熔合区组织与等离子弧胶接焊接头中镁合金侧熔合区组织相似，也由四层连续的不同形态的结构组成。分析发现，在 Al_3Mg_2 与 α-Al 固溶体之间存在微裂纹。

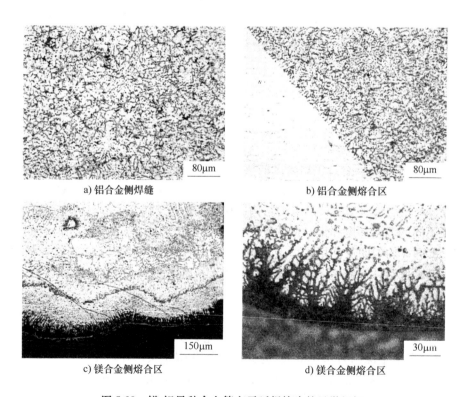

a) 铝合金侧焊缝　　b) 铝合金侧熔合区
c) 镁合金侧熔合区　　d) 镁合金侧熔合区

图 5-39　镁-铝异种合金等离子弧焊接头的显微组织

（6）镁-铝异种合金等离子弧胶接焊接头的相组成　对焊接接头的射线衍射分析表明（图 5-40），主要由 α-固溶体、镁-铝金属间化合物 Al_3Mg_2 与 $Al_{12}Mg_{17}$ 组成。说明胶黏剂的加入并未避免镁-铝金属间化合物的生成。

（7）镁-铝异种合金等离子弧胶焊接头力学性能　表 5-12 给出了镁-铝异种合金接头力学性能。可以看到，镁-铝异种合金等离子弧胶接焊接头力学性能比等离子弧焊大大提高了，但是，还是大大低于胶接接头。镁-铝异种合金等离子弧胶接焊接头力学性能大大低于胶接接头的原因是，由于垂直于焊接方向上高于 200℃ 的宽度为 12mm，即在垂直于焊接方向上宽度为 12mm 的范围内，胶黏剂均发生了失效，从而引起了胶接焊接头失效载荷的降低。

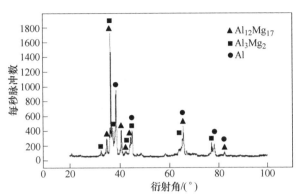

图 5-40　镁-铝异种合金等离子弧胶接焊接头射线衍射分析

表 5-12　镁-铝异种合金接头力学性能

接头类型	失效载荷 F/kN			平均失效载荷 F/kN
等离子弧焊接头	1.13	1.20	0.97	1.10
胶接接头	8.80	9.10	8.10	8.67
等离子弧胶接焊接头	3.79	4.43	4.90	4.37

3. 激光-TIG 复合胶接焊

（1）激光-TIG 复合胶接焊工艺　采用激光-TIG 复合胶接焊，对 1.7mm 厚铝合金和 2.0mm 厚镁合金板材进行搭接连接，其工艺示意图如图 5-41 所示。表 5-13 给出了镁-铝异种合金激光-TIG 复合胶接焊焊接参数。

（2）焊接接头低倍组织　采用激光-TIG 复合胶接焊技术对镁-铝异种合金进行搭接连接，得到了连续的焊接接头，焊缝表面不存在气孔、裂纹等明显缺陷。但由于镁合金沸点较低，激光束能量密度较大，造成镁合金的蒸发现象较严重，焊缝有轻微凹陷及咬边。

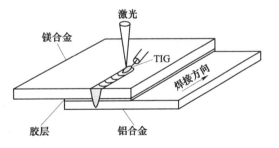

图 5-41　镁-铝异种合金激光-TIG 复合胶接焊工艺示意图

表 5-13　镁-铝异种合金激光-TIG 复合胶接焊焊接参数

激光功率 P/W	脉冲频率 ν/Hz	脉宽 T/ms	离焦量 f /mm	热源间距 D_{LA}/mm	焊接电流 I/A	焊接速度 $v/(mm/min)$	钨极高度 h/mm	氩气流量 $Q/(L/min)$
400	40	3.0	-1.5	1.5	60	500	1.0	15

图 5-42 所示为激光-TIG 复合焊和激光-TIG 复合胶接焊接头低倍组织。从图 5-42a 中可以看出，激光-TIG 复合焊接头在上板镁合金表面的熔宽约为 3.64mm，在下板铝合金表面的

熔宽约为 1.2mm，在下板铝合金上的焊接熔深约为 0.4mm。图 5-42b 所示为激光-TIG 复合胶接焊接头低倍组织。激光-TIG 复合焊比激光-TIG 复合胶接焊接头低倍组织面积小。

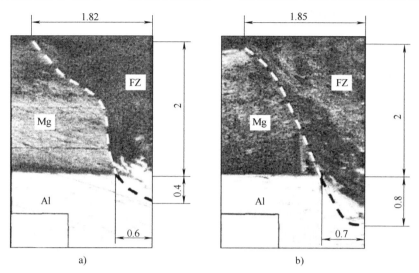

图 5-42　激光-TIG 复合焊和激光-TIG 复合胶接焊接头低倍组织

（3）焊接接头的显微组织

1）激光-TIG 复合焊接头的显微组织。

① 激光-TIG 复合焊接头镁合金侧的显微组织。图 5-43 所示为激光-TIG 复合焊接头镁合金侧的显微组织。图 5-43a 所示为熔合区组织，可以看出，熔合线清晰，在镁合金母材侧并不存在明显的热影响区。图 5-43b 所示为焊缝中心组织。可以看出，镁合金侧焊缝组织均匀细小，晶间产物较少。对 b_1 和 b_2 点进行了 EDS 分析，b_1 点处含有 94.1%（摩尔分数）的镁和 5.9%（摩尔分数）的铝，b_2 点处含有 62.24%（摩尔分数）的镁和 37.76%（摩尔分数）的铝。可以认为，焊缝金属中主要是镁的过饱和固溶体和镁-铝金属间化合物。

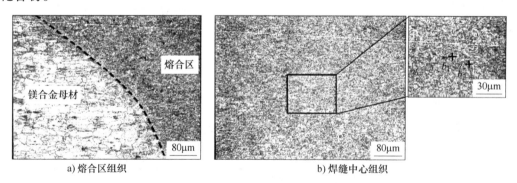

a) 熔合区组织　　　　　　　　b) 焊缝中心组织

图 5-43　激光-TIG 复合焊接头镁合金侧的显微组织

② 激光-TIG 复合焊接头铝合金侧的显微组织。图 5-44 所示为激光-TIG 复合焊接头铝合金侧的显微组织。可以看出，为避免熔池中镁、铝金属发生充分反应，焊接热输入较低，熔池金属反应不充分，熔池中和熔池底部存在未完全反应的颗粒。EDS 分析指出，点 a_1 处含

有 7.6%（摩尔分数）的镁和 92.4%（摩尔分数）的铝。对 a_2 点进行 EDS 分析，结果显示 a_2 点含有 8.3%（摩尔分数）的镁和 91.7%（摩尔分数）的铝。可以认为，在焊缝金属与铝合金母材间存在一层连续、均匀的铝固溶体层。

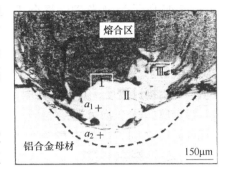

图 5-44 所示为图 5-44 中 I 区的放大显微组织，它是焊缝金属中一个块状的铝颗粒边界的过渡层。过渡层呈现出连续的、不同形态的多层组织结构，其组织结构主要由三层构成。均匀的黑色相层 a 层为 $Al_{12}Mg_{17}$ 和 Mg 形成的共晶组织；柱状晶层 b 层为 $Al_{12}Mg_{17}$ 金属间化合物；而均匀的灰色相层 c 层为

图 5-44 激光-TIG 复合焊接头铝合金侧的显微组织

Al_2Mg_3 金属间化合物。图 5-45b、c 所示为图 5-44 中 II 区和 III 区的放大显微组织。从图中可以看到，在块状铝颗粒与熔池金属间形成的过渡层厚度发生了明显的变化，特别是 c 层镁-铝金属间化合物 Al_2Mg_3 的厚度有了明显的增加，其厚度甚至超过了 $100\mu m$。此外，在块状铝颗粒与 c 层镁-铝金属间化合物之间，甚至在 c 层内都发现了有微裂纹的存在，如图 5-45b、c 所示。

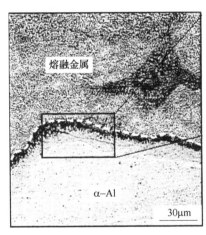

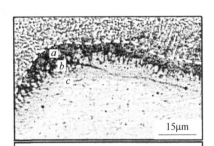

a 层：34.27%Al、65.73%Mg(摩尔分数)，为 $Al_{12}Mg_{17}$ 和 Mg 形成的共晶组织
b 层：41.54%Al、58.46%Mg(摩尔分数)，为 $Al_{12}Mg_{17}$ 金属间化合物
c 层：56.13%Al、43.87%Mg(摩尔分数)，Al_2Mg_3 金属间化合物

a) 图 5-44 中 I 区

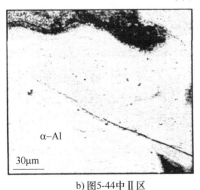

b) 图 5-44 中 II 区

c) 图 5-44 中 III 区

图 5-45 熔池中铝颗粒的局部放大显微组织

图 5-46 所示为激光-TIG 复合焊接头铝合金侧熔合区的显微组织。可以看出，一个连续均匀的铝层存在于熔合区底部。在铝层与焊缝金属间，存在着一个平滑、连续、多层的镁-铝结构过渡层，其结构与图 5-45a 所示镁-铝金属间化合物过渡层相同。在铝层与 Al_2Mg_3 层之间，依然有微裂纹的存在。对于搭接焊焊接接头来说，上下板材接触面处在受力时具有裂纹源特征。在镁-铝异种合金激光-TIG 复合焊接头中，由于熔池底部的过渡区由连续均匀的铝层和镁-铝金属间化合物过渡层组成，更利于裂纹的产生与传播。

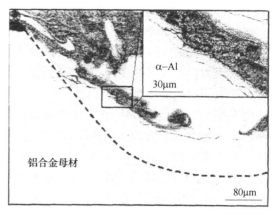

图 5-46　激光-TIG 复合焊接头
铝合金侧熔合区的显微组织

2）激光-TIG 复合胶接焊接头的显微组织。

① 激光-TIG 复合胶接焊接头镁合金侧的显微组织。图 5-47 所示为激光-复合胶接焊接头镁合金侧的显微组织。图 5-47a 所示为熔合区组织。从图中可以看出，其熔合线清晰，且不存在明显热影响区。图 5-47b 所示为焊缝中心组织。从图中可以看到，存在一些亮灰色颗粒，并呈漩涡状分布。图 5-47b 中也显示了亮灰色颗粒的局部放大显微组织。可以看出，焊缝金属中的亮灰色颗粒与其他组织紧密结合，不存在镁-铝过渡层和微裂纹。EDS 分析表明，这是 $Al_{12}Mg_{17}$ 和 Mg 形成的共晶组织。熔池组织主要由细小枝状晶构成，但晶间产物较多。

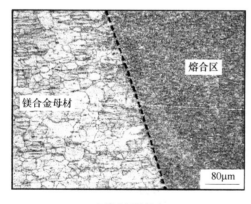

a) 熔合区组织

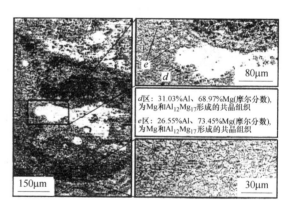

b) 焊缝中心组织

图 5-47　激光-复合胶接焊接头镁合金侧的显微组织

② 激光-TIG 复合胶接焊接头在铝合金侧的显微组织。图 5-48 所示为激光-TIG 复合胶接焊接头在铝合金侧的显微组织。可以看到，在熔池中并无大块铝颗粒存在。铝合金母材与焊缝金属间依然存在着熔合区，但其结构特点与激光-TIG 复合焊接头相比却发生了明显的变化。连续均匀的铝层被破碎，并无序地分布于熔池底部熔合区中，使熔合区由连续、平滑的

多层结构转变为凹凸不平的无序结构。同时，熔池底部熔合区中并没有发现微裂纹的存在。

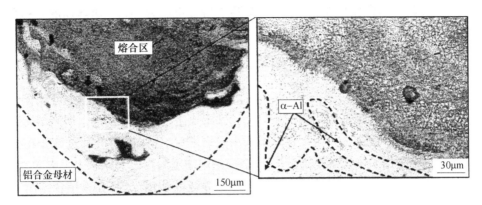

图 5-48 激光-TIG 复合胶接焊接头在铝合金侧的显微组织

5.3.5 AZ31B 镁合金-6061 铝合金的冷金属过渡熔钎焊

1. 材料

使用镀锌钢板 HDG60 作为过渡金属，其化学成分见表 5-14。选用直径为 1.2mm 的铝合金焊丝（4043）和直径为 1.6mm 的镁合金焊丝（AZ61），化学成分见表 5-15。

表 5-14 镀锌钢板 HDG60 的化学成分

元素	C	Si	Mn	P	S	Fe
含量（质量分数,%）	0.01	0.01	0.39	0.30	0.025	余量

表 5-15 铝合金焊丝（4043）和镁合金焊丝（AZ61）的化学成分

牌号	化学成分（质量分数,%）						
	Si	Fe	Cu	Mn	Mg	Zn	Al
4043	4.5~6	0.8	0.3	0.05	0.05	0.1	余量
AZ61	≤0.05	≤0.005	≤0.05	0.15~0.5	余量	0.4~1.5	5.8~7.2

2. 焊接方法

（1）接头形式 采用冷金属过渡（Cold Metal Transfer，CMT）熔钎焊方法，保护气体为氩气，选用镀锌钢板作为过渡金属，铝和镁异种金属两侧分别选用 4043 铝合金焊丝和AZ61 镁合金焊丝。如图 5-49 所示，将待焊铝合金和镁合金分别放置在镀锌钢板上面进行搭

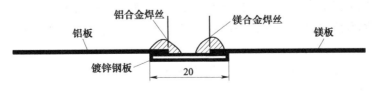

图 5-49 焊接装配示意图

接。焊枪与焊件之间角度为 45°。

（2）焊接参数　铝合金侧焊接电压为 12.3V、焊接电流为 82A、送丝速度为 4.5m/min、焊接速度为 6.0mm/s。镁合金侧焊接电压为 10.5V、焊接电流为 95A、送丝速度为 8.0m/min、焊接速度为 6.0mm/s。

（3）接头组织

1）接头组织的宏观形貌。图 5-50 所示为接头组织的宏观形貌。从图中可以看出，镁合金一侧焊缝余高较大，且焊趾部位润湿角较大，这主要是由于液态镁合金熔滴与镀锌钢板之间的润湿性差造成的。镁合金一侧熔钎焊接头由热影响区、焊缝区和镁/过渡金属结合界面三个区域组成，分别用 A、B、C 表示。铝合金一侧焊缝金属在镀锌钢板上润湿角相对较小，润湿性较好。铝合金一侧熔钎焊接头由热影响区、焊缝区和铝/过渡金属结合界面三个区域组成，分别用 D、E、F 表示。

图 5-50　接头组织的宏观形貌

2）镁合金一侧的显微组织。图 5-51 所示为镁合金一侧的显微组织。从图 5-51a 可知，镁合金 AZ31B 是由黑色基体 α-Mg 组成；焊接热影响区晶粒长大，但仍为 α-Mg。如图 5-51b 所示，焊缝是由黑色的 α-Mg 基体、白色骨架状组织 $Al_{12}Mg_{17}$ 和少量的氧化物组成。图 5-51c 所示为镁过渡金属（镀锌钢板）结合界面，其主要由靠近焊缝的 α-Mg 与 MgZn 共晶相和靠近钢侧的薄层 Fe_2Al_5 金属间化合物组成。

3）铝合金一侧的显微组织。铝合金一侧的显微组织如图 5-52 所示。从图 5-52a 可知，铝合金一侧热影响区的晶粒较母材明显长大；图 5-52b 所示为铝合金焊缝区，可以看到灰色的 α-Al 基体和晶粒边界不连续分布着的 Al-Si 共晶相；图 5-52c 所示为铝合金/过渡金属（镀锌钢板）结合界面，可以看到结合界面由靠近焊缝的 $FeAl_3$ 和靠近钢侧的 Fe_2Al_5 金属间化合物组成。

（4）接头力学性能

1）接头的剪切性能。铝-铝搭接接头的剪切强度约 200MPa；镁-镁搭接接头的剪切强度约为 208MPa。使用镀锌钢板作为过渡金属的镁-铝异种金属搭接接头的平均剪切强度为 180MPa，达到了铝-铝接头剪切强度的 90%，镁-镁接头剪切强度的 87%，且接头断后伸长率比铝-铝、铝-钢有所提升。因此，采用该工艺可以获得力学性能较好的镁-铝异种金属搭接接头。

2）接头断裂位置。如图 5-53 所示，镁-铝异种金属冷金属过渡熔钎焊接头断裂形成于铝合金一侧的热影响区，这是由于铝母材在焊接过程中经历热循环引起的晶粒长大和热影响区软化所导致。

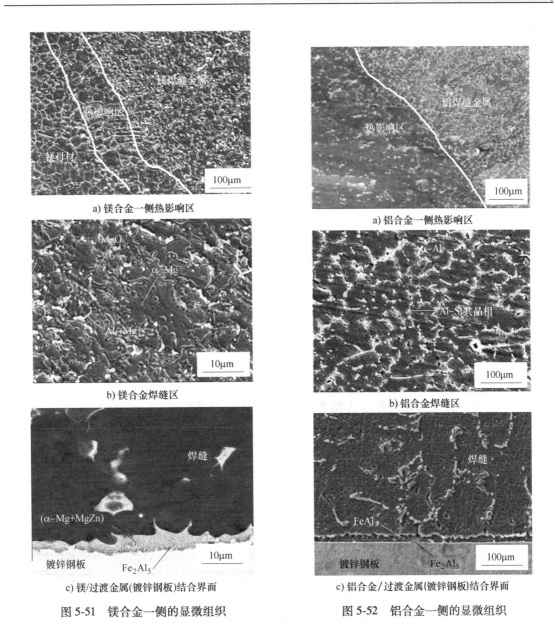

a) 镁合金一侧热影响区

b) 镁合金焊缝区

c) 镁/过渡金属(镀锌钢板)结合界面

图 5-51　镁合金一侧的显微组织

a) 铝合金一侧热影响区

b) 铝合金焊缝区

c) 铝合金/过渡金属(镀锌钢板)结合界面

图 5-52　铝合金一侧的显微组织

图 5-53　镁-铝异种金属冷金属过渡熔钎焊接头断裂位置

5.4　AZ31 镁合金-5052 铝合金的搅拌摩擦焊

1. 焊接工艺

采用 6mm 厚度的 5052 铝合金与 AZ31 镁合金。焊接参数为：旋转速度为 1000r/min、焊接速度为 300mm/min。

在 5052 铝合金与 AZ31 镁合金的异种焊接过程中，当 AZ31 镁合金在前进侧时，镁合金侧金属容易被搅出焊缝，不能形成完整的焊缝；当 AZ31 镁合金在后退侧时，可以获得表面质量较好的异种焊缝。这主要是因为在搅拌摩擦焊过程中，焊缝前进侧温度一般高于后退侧温度，当 AZ31 镁合金在前进侧时，温度过高使得镁合金材料趋向熔化状态，不容易被高速旋转的搅拌头束缚在搅拌区。

2. 焊接接头组织

（1）宏观组织 从宏观组织（图 5-54）可以看出，焊接接头没有明显的宏观缺陷，如空洞、开裂等，但接头区域呈现出比较复杂的连接形貌。接头上部分存在明显的金属交接线，这说明两种金属在上部分只是简单的交接，而下部分两种金属却呈现了相互混合的组织形貌，这主要是由于在搅拌

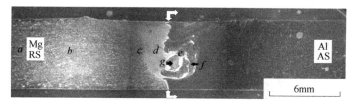

图 5-54 焊接接头的宏观组织

摩擦焊过程中复杂的材料流动以及异种材料性能存在差异造成的。镁-铝焊接接头组织大体也分为母材区、热影响区、热机影响区和搅拌区四个区域。但由于异种焊接过程中材料的差异性，使得焊接接头组织在搅拌区呈现出比同种金属焊接更复杂的组织演变。

（2）显微组织 图 5-55 所示为图 5-54 中 a~f 区的显微组织。a 区为镁合金母材区，b 区为镁合金热影响区，c 区为镁合金热机影响区和搅拌区的交界区，d 区为镁合金侧的搅拌区，e 区为铝合金侧的搅拌区，f 区为层状组织，g 区为镁合金包围下的镁-铝混合区-洋葱环形貌区。由于 5052 铝合金金相不能由简单的化学浸蚀得到，所以区域 a~g 的组织分析主要以镁合金为主，而搅拌区铝合金的组织形貌将通过透射电镜（TEM）来观察。

（3）洋葱环结构 图 5-56 所示为图 5-54 中 g 区的显微组织，即镁合金包围下的镁-铝混合区-洋葱环形貌区。这个区域位于铝合金侧搅拌区的下部，其周围被镁合金组织环绕。从图 5-56a 中可以看到，该洋葱环结构是由灰色条带和白色条带组成。能谱分析可知，灰色条带组织主要由 AZ31 镁合金组成，白色条带组织主要由 5052 铝合金组成。虽然 g 区域属于洋葱环形状，但与同种金属搅拌摩擦焊形成的洋葱环形状有一些区别。同种铝合金搅拌摩擦焊中洋葱环组织中的层间距离与搅拌头每转一圈所前进的距离是相当的。而 g 区域中洋葱环组织中的层间距离是不均匀的。

图 5-56a 所示为洋葱环组织中成分分布图。可以看出，洋葱环组织中含有大量的 Al，经测量计算约占 83%左右，而 Mg 的面积仅约占 17%。可以很清楚地看到这个洋葱环结构是有铝元素带和镁元素带相互交叉在一起形成的复杂层状组织。

3. 焊接接头力学性能

（1）接头硬度分布 图 5-57 所示为距焊缝中心不同位置处的硬度分布。

（2）接头拉伸断口形貌 图 5-58 所示为 AZ31 镁合金-5052 铝合金搅拌摩擦焊接头拉伸断裂位置与断口形貌。断裂位置位于前进侧距离焊缝中心大约 2.5mm 处。从接头硬度分布情况看，这个位置为硬度变化最大的位置。图 5-58b 所示为断口形貌，断口表面存在整齐的断裂平台，为典型的解理断裂平面，因此断裂为脆性断裂。

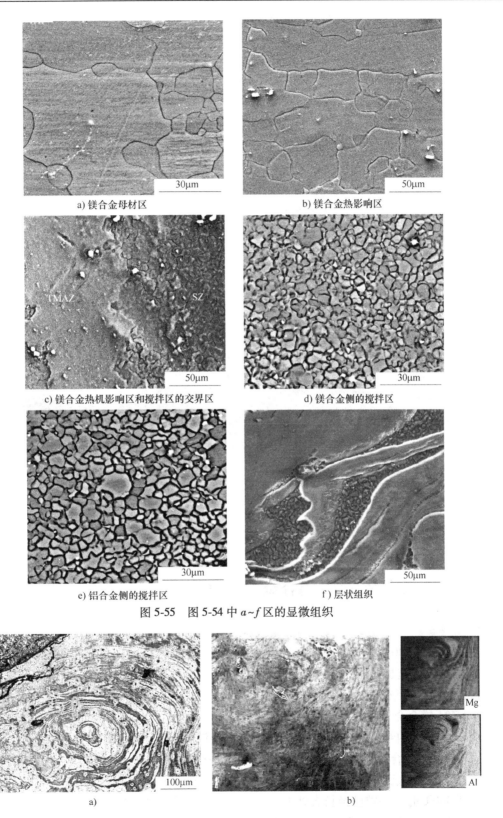

a) 镁合金母材区

b) 镁合金热影响区

c) 镁合金热机影响区和搅拌区的交界区

d) 镁合金侧的搅拌区

e) 铝合金侧的搅拌区

f) 层状组织

图 5-55　图 5-54 中 $a\sim f$ 区的显微组织

a)

b)

图 5-56　图 5-54 中 g 区的显微组织

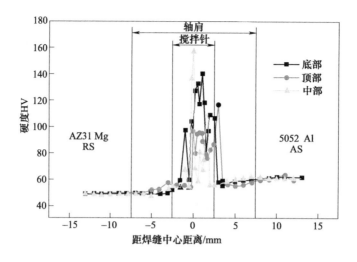

图 5-57　距焊缝中心不同位置处的硬度分布

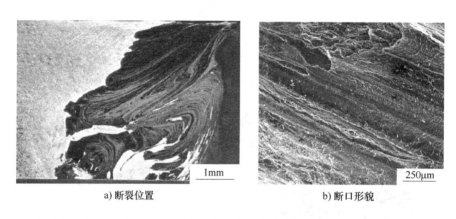

a) 断裂位置　　　　　　　　　　b) 断口形貌

图 5-58　AZ31 镁合金-5052 铝合金搅拌摩擦焊接头拉伸断裂位置与断口形貌

5.5　AZ91 镁合金-7075 铝合金的扩散焊

1. 焊接参数

焊接温度为 400~500℃，焊接压力为 10MPa，保温时间为 60~180min。将炉内抽真空至 14Pa 后，给试样施加预压力 10MPa，以平均 22.5℃/min 的速度升至 200℃ 左右时，由于焊接材料自身膨胀导致压力逐渐增大。

2. AZ91 镁合金母材的晶粒长大

由于镁合金的再结晶温度比较低，扩散焊焊接温度超过镁的再结晶温度，会发生晶粒长大。对于 AZ91 镁合金，扩散焊后，镁基体晶粒都明显长大。保温时间为 120min 时，在 420℃ 时就已经长大到 58.6μm，为原来晶粒（10.64μm）的 550.8%（图 5-59c）；当焊接温度提高到 480℃ 时，晶粒已经长大到 113.5μm，为原始尺寸的 1066.7%（图 5-59a），组织粗化非常严重，大大降低了焊接接头的强度。

3. 焊接接头组织

图 5-59 所示为 AZ91 镁合金-7075 铝合金扩散焊的接头组织。可以看出，镁合金-铝合金扩散焊界面具有明显的扩散特征，在母材镁和铝之间原来的界面已经消失，形成了一个新界面扩散过渡区，其组织不同于两侧母材。如果充分扩散，扩散过渡区将会出现大量过饱和固溶体，这些过饱和固溶体极不稳定，在高温下将会形核、长大而形成熔点低于母材的新相。根据镁-铝二元合金相图可知，镁-铝的共晶转变温度为 437℃，当保温结束降温到 437℃时，就会发生共晶反应，从而在扩散过渡区中形成一系列金属间化合物 Al_3Mg_2、$AlMg$、$Al_{12}Mg_{17}$ 等。图 5-59a 所示为 Mg、Al 原子在界面附近均匀、充分相互扩散形成的扩散过渡区。该扩散过渡区由近铝合金一侧过渡层 A、中间扩散层 B、近镁合金一侧过渡层 C 组成。由于铝扩散速度高于镁，使得近镁合金一侧过渡层 C 的宽度要大于近铝合金一侧过渡层 A。从图 5-59a 中可以看出焊接界面镁合金一侧过渡层与镁合金基体之间的界限十分明显，结合紧密，部分组织与基体晶界析出物连接，而铝合金一侧过渡层与铝合金基体之间的界限比较模糊，连接处比较松散，结合较差。

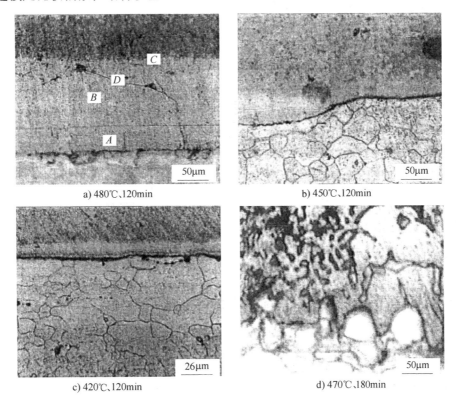

a) 480℃、120min　　　b) 450℃、120min

c) 420℃、120min　　　d) 470℃、180min

图 5-59　AZ91 镁合金-7075 铝合金扩散焊的接头组织

4. 焊接接头力学性能

（1）接头强度　焊接温度在 450~480℃之间，保温时间为 60~120min 时，镁合金-铝合金扩散焊接头的界面结合良好，扩散充分，只发生较小变形。虽然也存在晶粒长大现象，但还是获得了较高的结合强度。其中，在焊接压力 10MPa 下，温度为 470℃，保温时间为 60min 时，得到了最好的焊接效果，其抗剪强度达到 49.8MPa，为镁母材的 46.3%。图 5-60

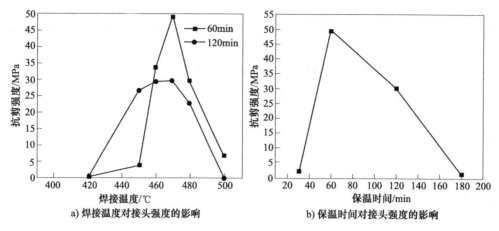

a) 焊接温度对接头强度的影响   b) 保温时间对接头强度的影响

图 5-60　焊接温度和保温时间对接头强度的影响

所示为焊接温度和保温时间对接头强度的影响。

（2）接头显微硬度分布　焊接温度 470℃、保温时间 180min（曲线 a）和焊接温度 480℃、保温时间 120min（曲线 b）条件下的 AZ91 镁合金-7075 铝合金扩散焊接头的显微硬度分布，如图 5-61 所示。扩散过渡区的显微硬度明显高于两侧基体的硬度。这是因为扩散过渡区是由近镁合金一侧过渡层、中间扩散层、近铝合金一侧过渡层组成，这三层分别由新生成的 $Al_{12}Mg_{17}$、$AlMg$、Al_3Mg_2 金属间化合物构成。

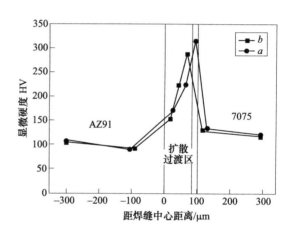

图 5-61　AZ91 镁合金-7075
铝合金扩散焊接头显微硬度分布

5.6　AZ31 镁合金-5083 铝合金的瞬间液相扩散焊

1. 焊接工艺

试验所用材料为 AZ31 镁合金和 5083 铝合金的棒材，直径为 16mm。

真空度为 $1×10^{-2}Pa$。Mg-Al 异种材料瞬间液相扩散焊工艺如图 5-62 所示，保温扩散时间分别是 0min、5min、10min、20min 和 30min，升温和降温速度均为 10℃/s，焊接压力为 2MPa。

2. 焊接接头显微组织

图 5-63 所示为焊接接头显微组织，可以

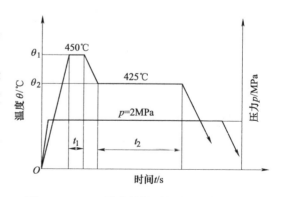

图 5-62　Mg-Al 异种材料瞬间液相扩散焊工艺

看到，都实现了良好的焊接。从图 5-63a 中可以看出，在压力作用下，多余的液相被挤压出去，同时促进了液相的均匀铺展，但是由于时间较短，虽然在液相的润湿作用下，实现了焊接连接，但熔合扩散区厚度非常薄。随着 t_2 的延长，熔合扩散区逐渐增厚，熔合扩散区的组织和成分更加均匀。由于过冷连接工艺在液相区形成了一个过冷温度，打破了连接面的平衡状态，导致液相结晶过程中形成了成分过冷，改善了晶体生长方式，从而加速了元素的扩散和界面移动。

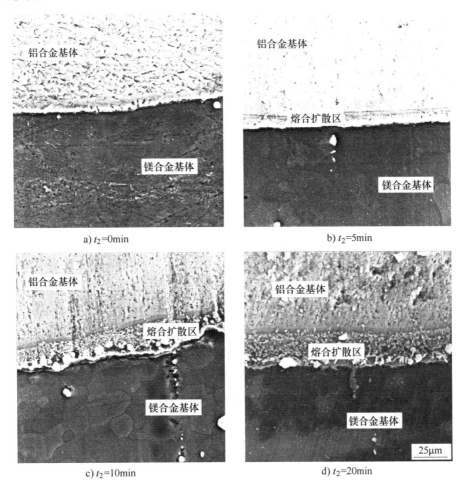

a) t_2=0min　　b) t_2=5min

c) t_2=10min　　d) t_2=20min

图 5-63　焊接接头显微组织（$\theta_1 = 450℃$，$t_1 = 5s$，$\theta_2 = 425℃$）

3. 焊接接头力学性能

（1）焊接接头的显微硬度分布　图 5-64 所示为焊接接头的显微硬度分布。可以看到，接头熔合扩散区的显微硬度明显高于母材，最高硬度达到 320HV，这是由于金属间化合物的生成，导致熔合扩散区显微硬度明显升高。X 射线衍射分析结果如图 5-65 所示。接头中形成了 AlMg、Al_2Mg、Al_3Mg_2、$Al_{0.56}Mg_{0.44}$ 和 $Al_{12}Mg_{17}$5 种金属间化合物，导致熔合扩散区显微硬度升高。

（2）焊接接头的抗拉强度　从图 5-66 中可以看出，保温扩散时间 $t_2 = 0 \sim 30min$ 时，随着保温扩散时间的延长，抗拉强度逐渐增大；随着保温扩散时间的延长，抗拉强度的增长趋势逐渐减弱。当 $t_2 = 30min$ 时，抗拉强度最高达到 20.4MPa。

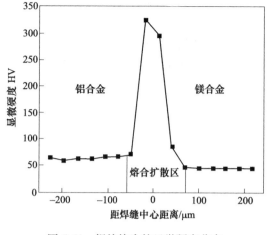

图 5-64 焊接接头的显微硬度分布

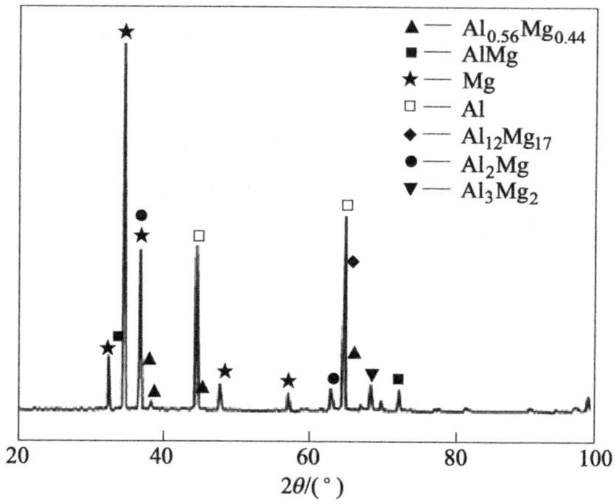

图 5-65 X 射线衍射分析结果

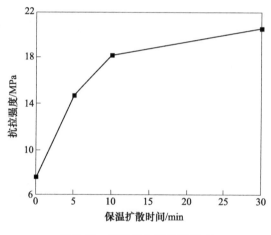

图 5-66 焊接接头的抗拉强度

5.7 AZ91 镁合金-6016 铝合金板材的激光焊

1. 焊接工艺

试验材料选用厚度为 1.8mm 的 AZ91 镁合金和厚度为 1.2mm 的 6016 铝合金板材,采用上镁下铝搭接的方式在气体保护下激光焊接。

2. 焊接接头的显微组织

(1) 镁合金一侧的接头组织 在激光功率为 1900W、焊接速度为 50mm/s、离焦量为 0mm、氩气保护气体流量为 15L/min 的焊接条件下,得到的熔池形貌及镁合金一侧接头显微组织如图 5-67 所示。

(2) 铝合金一侧的接头组织 图 5-68 所示为铝合金一侧接头显微组织,可以看出,界面上在激光焊过程中形成了一层连续的柱状晶结构,生长方向垂直于铝合金基体并向焊缝区延伸,且与焊缝区紧密啮合,柱状晶结构生长的地方均伴有微裂纹的出现。表 5-16 给出了

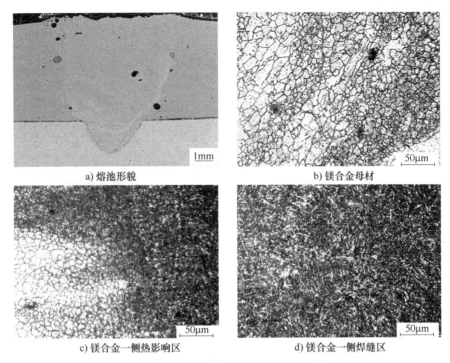

图 5-67　熔池形貌及镁合金一侧接头显微组织

图 5-69 所示特征点镁和铝元素含量。界面处主要产生了 $Al_{12}Mg_{17}$、Al_3Mg_2 及其混合相，这些 Mg-Al 金属间化合物在界面处大量连续出现，导致界面处产生微裂纹。

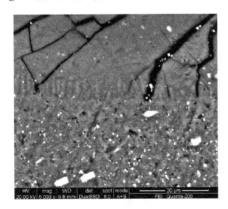

图 5-68　铝合金一侧接头显微组织

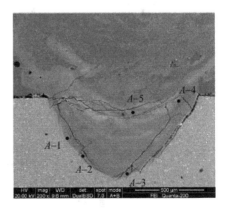

图 5-69　特征点扫描的位置（上镁下铝）

表 5-16　图 5-69 中所示特征点镁和铝元素含量

位置	Mg : Al（摩尔分数,%）	Mg : Al（摩尔比）	金属间化合物
A-1	60. 60 : 39. 40	17 : 11	$Al_{12}Mg_{17}$
A-2	47. 37 : 52. 63	9 : 10	$Al_{12}Mg_{17}+Al_3Mg_2$
A-3	39. 05 : 60. 95	2 : 3	Al_3Mg_2
A-4	64. 64 : 35. 36	17 : 10	$Al_{12}Mg_{17}$
A-5	68. 56 : 31. 44	17 : 8	$\alpha\text{-}Mg+Al_{12}Mg_{17}$

对焊接接头进行 X 射线衍射分析,结果发现焊缝区主要生成 $Al_{12}Mg_{17}$、Al_3Mg_2 及 $Al_{0.56}Mg_{0.44}$ 等(图 5-70)。

3. 焊接接头力学性能

(1)焊接接头显微硬度分布 图 5-71 所示为焊接接头显微硬度分布,可以看出,无论在镁合金一侧还是铝合金一侧,焊缝区的硬度均高于母材。

(2)焊接接头强度 图 5-72 所示为搭接接头的抗拉强度和抗剪强度。表 5-17 和表 5-18 分别给出了不同匹配的镁合金-铝合金采用不同焊接方法得到的焊接接头的抗拉强度和抗剪强度。

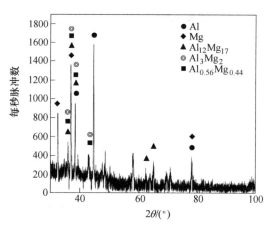

图 5-70 焊接接头相结构的 X 射线衍射图

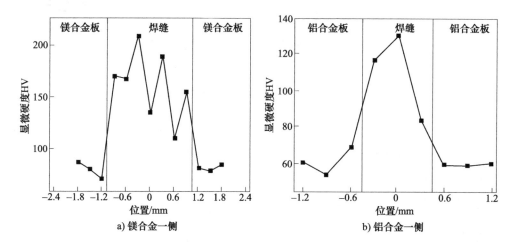

图 5-71 焊接接头显微硬度分布

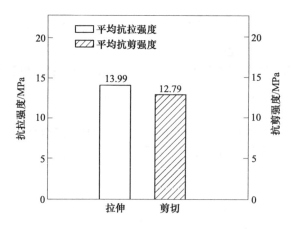

图 5-72 搭接接头的抗拉强度和抗剪强度

表 5-17 不同匹配的镁合金-铝合金采用不同焊接方法得到的焊接接头的抗拉强度

材　料	焊接方法	抗拉强度	断裂位置	焊缝主要物相
AZ91 镁合金-6016 铝合金	激光搭接焊	13.99MPa	靠近镁合金一侧焊缝的母材区	$Al_{12}Mg_{17}$ 和 Al_3Mg_2
AZ31B 镁合金-6061 铝合金	激光对接焊	31.84MPa	靠近镁合金一侧的熔合线	$Al_{12}Mg_{17}$ 和 Al_3Mg_2
6061 铝合金-AZ31B 镁合金	TIG 填锌焊	75.0MPa	靠近镁合金一侧的母材区	Mg_2Zn 及少量铝、锌、镁的固溶体

表 5-18 不同匹配的镁合金-铝合金采用不同焊接方法得到的焊接接头的抗剪强度

材　料	焊接方法	剪切强度	焊缝主要物相
AZ91 镁合金-6016 铝合金	激光搭接焊	12.79MPa	$Al_{12}Mg_{17}$ 和 Al_3Mg_2
AZ31B 镁合金-A5052-O 铝合金	激光搭接焊	20.0MPa	$Al_{12}Mg_{17}$ 和 Al_3Mg_2
纯镁合金-纯铝 1070A	真空扩散焊	18.94MPa	Al_3Mg_2、$AlMg$ 和 Al_2Mg_3
5083 铝合金-AZ31 镁合金	搅拌摩擦焊	81.6MPa	铝、镁固溶体和少量 $Al_{12}Mg_{17}$、Al_3Mg_2
AZ31B 镁合金-6061 铝合金	Zn-5Al 料接触反应钎焊	86.1MPa	铝基固溶体颗粒与 $MgZn_2$ 混合相
AZ31B 镁合金-Fe-6061 铝合金	激光-TIG 复合焊	100MPa	Fe_2Al_5、$FeAl_3$ 和少量 $Al_{12}Mg_{17}$

4. 焊接中的气孔

1）焊接接头的气孔形貌特征各不相同，熔池底部气孔小而呈圆球形状，顶部气孔较底部气孔大且形状不规则，大多气孔都分布在熔合界面上。

2）元素的蒸发烧损、残留母材表面的氧化膜以及母材中存在的原始微气孔是镁-铝异种金属激光焊焊缝气孔产生的主要来源。

3）低熔点合金元素的大量蒸发烧损，导致焊缝顶部金属严重不足，熔池快速冷却后形成气孔；残留在母材表面的氧化膜中的水分在激光的高温作用下分解析出氢，并依附于氧化膜形核长大，形成气孔；母材中原始微气孔中的氢在激光热源的作用下重熔到液态镁、铝熔池中去，聚集长大，随着熔池的快速结晶，氢的溶解度急剧下降导致氢大量析出，析出的氢来不及逸出熔池形成气孔。

4）采用添加材料激光焊技术抑制元素蒸发烧损，焊前彻底清除镁合金板和铝合金板上下表面的氧化膜，消除镁合金板材原始氢微气孔，是防止镁-铝异种金属激光焊气孔缺陷产生的重要措施。

5.8 2A12-T4 铝合金-AZ31 变形镁合金的搅拌摩擦焊-钎焊

1. 焊接工艺

（1）材料　采用厚度为 3mm 的 2A12-T4 铝合金和厚度为 4mm 的 AZ31 变形镁合金。

（2）搅拌头设计　搅拌头采用的是 GH4169 高温合金。搅拌头轴肩为 18mm、搅拌针表面加工有 M5 的左旋螺纹。

（3）焊接方法　采用的焊接形式为搭接，铝合金置于上侧，在搭接界面添加一层厚度为 0.05mm 的纯锌作为钎料，如图 5-73 所示。

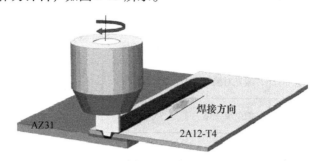

图 5-73　焊接方法示意图

2. 搅拌摩擦焊-钎焊接头显微组织

在搅拌针作用区域的镁合金有类似钩状结构存在，如图 5-74 中 *E*、*F* 之间的区域所示。同时，在铝合金一侧的搅拌针根部作用区域（图 5-74 所示区域 *G*）有黑色的网状结构。这使得该区域的铝合金被隔离成众多小块。在复合焊接头中，由于钎料的加入，使得在焊核中存在铝合金、镁合金以及钎料三种物质。由于三种物质的熔点等性能不同，导致焊核中的金属流动变得比传统的搅拌摩擦焊更为复杂。

图 5-74　搅拌摩擦焊-钎焊接头宏观形貌

图 5-75 所示为图 5-74 中区域 *G* 的放大图，该区域为搅拌针的根部作用区域。从图中可以清晰地看到，在该区域存在块状和线条状的黑色区域，这些区域将铝合金基体分割成了独立的块条状。分析认为这些黑色区域是添加的钎料 Zn 经过搅拌针作用后在焊核中心流动过程中与铝合金和镁合金反应形成的。在焊接过程中，钎料 Zn 熔化，经过搅拌针的作用从铝合金和镁合金界面流动到该区域。对该区域进行局部的 SEM 形貌（图 5-75b）以及 EDS 分析，其 EDS 结果见表 5-19。

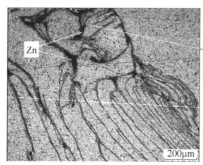
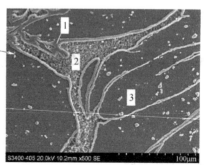

a) 光学显微镜形貌　　　　　　　　b) SEM形貌

图 5-75　图 5-74 中区域 *G* 的放大图

表 5-19　图 5-75b 中各点对应的 EDS 结果（摩尔分数,%）

测试点	Mg	Al	Mn	Cu	Zn
1	52.56	24.09	0.61	—	22.74
2	39.01	46.15	—	0.53	14.31
3	1.61	95.60	0.29	1.92	0.58

图 5-76a 所示为图 5-74 中区域 D 的放大图。该区域为搅拌针作用下形成的洋葱环花样。搅拌摩擦焊过程中，由于搅拌针表面加工了螺纹，使得在焊接过程中的塑性金属发生了周期性流动，形成了焊核区域的洋葱环花样。在该区域内，由于钎料 Zn 的加入和镁合金的进入，洋葱环的组成也变得更加的复杂。大量黑色的线条状铝合金组合形成了焊核中心区域的洋葱环花样。对洋葱环花样的线条状组织进行 SEM 形貌（图 5-76b）以及 EDS（表 5-20）分析。

a) 光学显微镜形貌　　　　　b) SEM形貌

图 5-76　图 5-74 中区域 D 的放大图

表 5-20　图 5-76b 中各点对应的 EDS 结果（摩尔分数,%）

测试点	Mg	Al	Zn	Cu	Mn	Si
1	2.96	94.43	0.75	1.55	0.31	—
2	24.82	52.09	0.81	22.28	—	—
3	8.62	56.71	3.84	1.56	0.37	0.55
4	22.65	46.39	9.08	3.38	0.29	—

图 5-77a 所示为图 5-74 中区域 F 的放大。该图显示在镁合金一侧出现了一个钩状结构进入铝合金中。这是由于在焊接过程中，下层的镁合金受到了搅拌头的作用发生了塑性变形，进入到了上层铝合金中，形成了钩状结构。同时，有一部分镁合金脱离了原始母材，进入焊核中，与铝合金反应形成了反应区域。对图 5-77a 所示的局部区域进行放大分析，如图 5-77b 所示。从图中可知，该区域内的组织结构非常复杂，由大量的条状组织和凹坑结构组成。同时，对该区域进行 EDS 分析，结果见表 5-21。

表 5-21　图 5-77b 中各点对应的 EDS 结果（摩尔分数,%）

测试点	Mg	Al	Zn	Cu	Mn
1	62.76	7.19	2.20	0.59	—
2	44.9	20.84	15.49	0.36	—
3	6.21	78.92	2.29	1.94	0.43

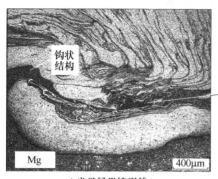

a) 光学显微镜形貌　　　　　　　　　b) SEM形貌

图 5-77　图 5-74 中区域 F 的放大图

3. 搅拌摩擦焊接头显微组织

图 5-78 所示为典型的搅拌摩擦焊接头宏观形貌。可以看出，铝-镁异种金属搅拌摩擦焊

接头成形良好，没有出现明显的裂纹和空洞等缺陷，同时可以看出，在焊核处靠近镁合金区域有洋葱环花样形成，如图 5-79 中的区域 C 所示。这与传统的同种金属搅拌摩擦焊接头类似，并且，在图 5-79 中的

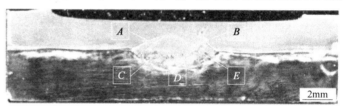

图 5-78　典型的搅拌摩擦焊接头宏观形貌

区域 A 和 B 可以看到有一层白亮色的条带状结构进入到了铝合金内。在焊核的中心区域，如图 5-79 中的区域 D 和 E 所示，有少量的黑色块状结构。

比较图 5-78 和图 5-74，可以看到搅拌摩擦焊-钎焊接头宏观形貌比搅拌摩擦焊接头宏观形貌复杂得多。图 5-79 所示为图 5-78 中各特征区的显微组织。

4. 焊接接头力学性能

（1）搅拌摩擦焊-钎焊接头显微硬度　图 5-80 所示为铝合金-镁合金异种金属接头显微硬度分布。图 5-81 所示为铝合金一侧显微硬度分布。从这些图中可以看到，钎焊接头处显微硬度明显提高。这是由于在这个区域产生镁-铝金属间化合物的缘故。

（2）搅拌摩擦焊-钎焊接头拉剪性能

1）旋转速度对接头拉剪性能的影响。图 5-82 所示为旋转速度对不同焊接速度异种金属搅拌摩擦焊-钎焊接头拉剪力的影响。其中三条曲线分别表示固定焊接速度为 23.5mm/min、37.5mm/min 和 60mm/min 时，旋转速度对搅拌摩擦焊-钎焊接头拉剪力的影响。可以看出，随着旋转速度的增加，搅拌摩擦焊-钎焊接头拉剪力都呈现先增大后减小的趋势。

2）焊接速度对接头拉剪性能的影响。在焊接速度为 23.5mm/min、37.5mm/min、60mm/min 时，搅拌摩擦焊-钎焊接头与搅拌摩擦焊接头拉剪力的对比，如图 5-83 所示。从图中可以看到，采用搅拌摩擦焊-钎焊技术获得的接头拉剪力一般都要比采用传统的搅拌摩擦焊获得的接头拉剪力大。

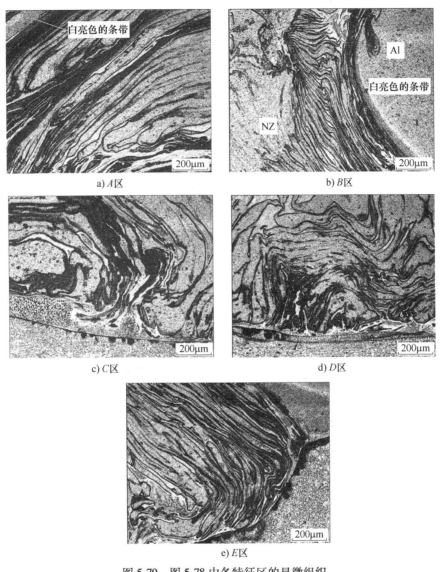

a) A区　　　　　　　　　　　　b) B区

c) C区　　　　　　　　　　　　d) D区

e) E区

图 5-79　图 5-78 中各特征区的显微组织

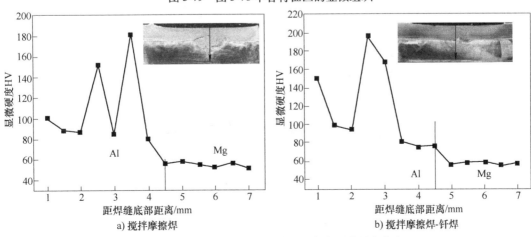

a) 搅拌摩擦焊　　　　　　　　　　b) 搅拌摩擦焊-钎焊

图 5-80　铝合金-镁合金异种金属接头显微硬度分布

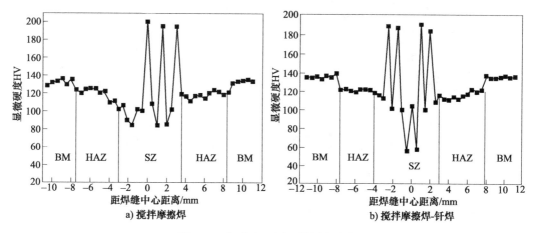

图 5-81　铝合金一侧显微硬度分布

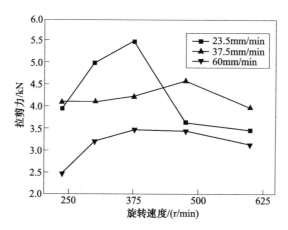

图 5-82　旋转速度对不同焊接速度异种金属搅拌摩擦
焊-钎焊接头拉剪力的影响

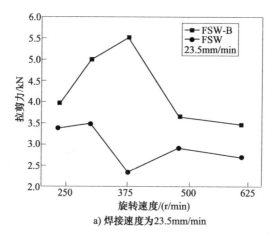

图 5-83　搅拌摩擦焊-钎焊接头与
搅拌摩擦焊接头拉剪力的对比

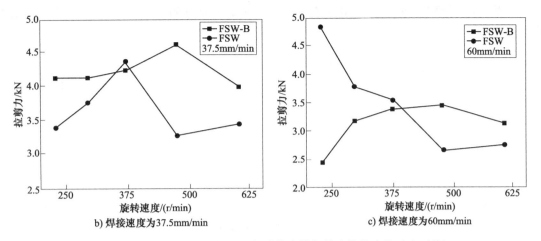

b) 焊接速度为37.5mm/min　　　　　c) 焊接速度为60mm/min

图 5-83　搅拌摩擦焊-钎焊接头与搅拌摩擦焊接头拉剪力的对比（续）

（3）断裂行为　图 5-84 所示为焊接接头的拉伸变形曲线。可以看出，采用两种方法焊接获得的接头在拉伸断裂过程中都表现为脆性断裂，接头不存在塑性变形区域，其断口也都是脆性断口。

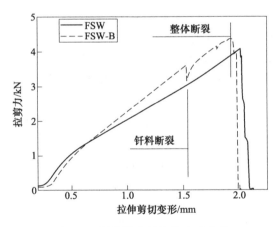

图 5-84　焊接接头的拉伸变形曲线

5.9　Mg-Al 异种金属之间加中间层的搅拌摩擦焊

1. 焊接方法

（1）中间层　中间层材料可以采用 Sn、Zn、Cu。

（2）搅拌头　采用硬度大于 50HRC 的材料制造，以提高其使用寿命。搅拌头轴肩直径为 10mm，为圆形内凹面结构，使用锥形螺纹搅拌针，针长为 2.8mm，尖端直径为 3.2mm。

（3）中间层加入方式　表 5-22 给出了中间层加入方式。

2. 中间层对焊缝成形的影响

（1）加入厚度为 0.1mm 的 Sn 中间层的影响　加入厚度为 0.1mm 的 Sn 中间层，焊缝成形良好，表面纹路致密，无 Z 字形、犁沟等表面缺陷产生。从横断面形貌来看，填充 Sn 元素时，焊缝横断面无孔洞、隧道型缺陷，Mg 与 Al 呈现充分的交错混合，Sn 元素均匀分布在焊缝中。

表 5-22　中间层加入方式

试验编号	中间层类型	中间层厚度/mm	中间层形式
Mg-Al	—	—	—
Sn-1	Sn	0.1	Sn 箔
Sn-2	Sn	0.2	Sn 箔
Sn-3	Sn	0.3	Sn 箔
Sn-4	Sn	0.4	Sn 箔
Zn	Zn	0.1	Zn 箔
Cu	Cu	0.1	Cu 粉

（2）加入不同厚度 Sn 中间层的影响　加入不同厚度的 Sn 作为中间层时，焊缝成形良好，虽然当中间层厚度超过 0.3mm 时，鱼鳞纹路变得不均匀，但 Mg 与 Al 之间仍然达到了充分混合，没有 Z 字形、犁沟等表面缺陷产生，焊缝横断面上未观察到孔洞、隧道型缺陷，异种金属结合致密，形成了层线状、漩涡状的混合结构。此外，在中间层较厚的情况下，在横断面上也没有观察到 Sn 元素的堆积，说明在搅拌摩擦焊焊接过程中，以 Sn 箔的形式加入中间层，Sn 箔能够在强烈的搅拌作用下破碎、分散，均匀分布在异种金属焊缝中。

（3）加入 Zn 中间层的影响　加入厚度为 0.1mm 的 Zn 中间层，焊缝表面成形粗犷、不均匀，存在着搅拌头压破而过的痕迹。焊缝横断面出现孔洞及隧道型缺陷，并且在焊缝下部，搅拌头搅拌作用较弱区域，可观察到未分散的 Zn 带的堆积、聚集。Zn 元素的填充金属形式为 Zn 箔，在焊接过程中不容易分散，会阻碍 Mg 与 Al 的交错混合，促进裂纹、孔洞及隧道型缺陷的产生。

（4）加入 Cu 中间层的影响　加入厚度为 0.1mm 的 Cu 粉中间层，焊缝成形良好，表面纹路致密，无 Z 字形、犁沟等表面缺陷产生。填充 Cu 元素时，Cu 元素集中分布在 Mg-Al 异种金属界面区域，尤其是在焊缝下部，异种金属界面上堆积有焊接过程中未充分分散的 Cu 粉。由于 Cu 元素的填充金属形式为 Cu 粉，虽然相比于 Sn 箔、Zn 箔更容易伴随着搅拌头的旋转而运动，但是 Cu 粉质量较大，焊接过程中不会在搅拌头的搅拌作用下进一步被破碎、细化，因而流动性能较差，容易在异种金属界面堆积。

3. 以 Sn 为中间层的搅拌摩擦焊焊接接头组织

在铝合金侧焊核区，元素典型的弥散分布情况，如图 5-85 所示。焊接过程中，在搅拌头强烈的搅拌作用下，Sn 箔破碎，随着 Mg 与 Al 塑性金属流的流动而流动，弥散分布在基体中。通常 Sn 元素存在区域伴随着 Mg 元素含量的升高。Mg 元素与 Sn 元素的比值近似为 2:1。因此，可以初步推测，以 Sn 作为中间层时，在焊缝中形成了 Mg_2Sn 金属间化合物。

图 5-86 所示为以 Sn 为中间层的搅拌摩擦焊焊接接头 X 射线衍射图，可以明显看到有 Mg_2Sn 金属间化合物的存在。

4. 不同中间层搅拌摩擦焊焊接接头的力学性能

图 5-87 所示为 Mg-Al 异种金属加不同中间层的搅拌摩擦焊焊接接头的拉伸试验的结果。可以看到，以 Sn 为中间层时，可以提高异种金属接头的抗拉强度，而以 Zn 及 Cu 为中间层时，将对焊接接头性能产生不利影响。当以 Sn 为中间层时，中间层厚度对异种接头抗拉强度的影响如图 5-35b 所示，随着 Sn 中间层厚度的增加，焊接接头抗拉强度升高，当中间层

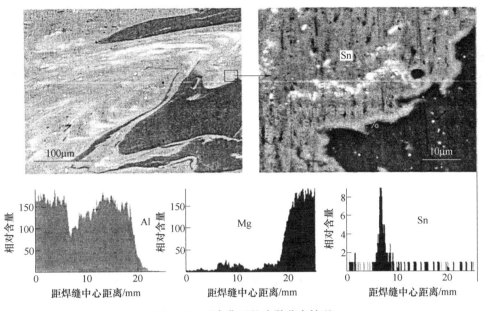

图 5-85 元素典型的弥散分布情况

厚度为 0.4mm 时，焊接接头抗拉强度相对于不加中间层时的焊接接头提高近 50%。

5. 加入中间层的作用

（1）加入 Sn 的作用

1）抑制 Mg-Al 脆硬金属间化合物的形成。填充 Sn 元素，由于 Sn 的熔点较低，焊接过程中熔化，在搅拌头与塑性金属之间起到润滑作用，降低焊接过程中的摩擦热、塑性变形热及黏性耗散热，进而降低焊接热输入，可抑制 Mg-Al 金属间化合物的形成。此外，Sn 元素分布在 Mg 与 Al 异种金属界面上，可有效阻止 Mg 与 Al 之间的相互扩散，避免界面层成分处于金属间化合物的形成区间，也可降低 Mg-Al 金属间化合物的形成。

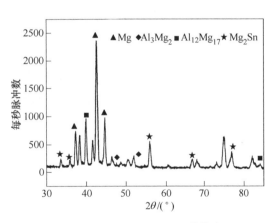

图 5-86 以 Sn 为中间层的搅拌摩擦焊焊接接头 X 射线衍射图

2）提高液态薄膜的黏度。搅拌摩擦焊焊接过程中，Sn 熔化后将与 Mg 在较低温度下发生反应，形成 Mg_2Sn 金属间化合物，由于其熔点较高，焊接过程中不会熔化。当 Mg 与 Al 连接过程中发生成分液化时，Mg_2Sn 及未熔化的 Sn 元素扩散分布在液相中，可增加液态薄膜的黏度，减小流动，最终获得由金属间化合物、弥散分布的 Mg_2Sn、Al、Mg 及 Sn 构成的具有较高性能的复合成分接头。

（2）加入 Zn 的作用　向焊缝中添加 Zn 元素降低了接头的拉伸性能。虽然 Zn 分布在 Mg 与 Al 异种金属界面之间，能够阻碍 Mg 与 Al 之间的反应，抑制脆硬金属间化合物的形成，但是，Zn 在焊接过程中不能有效破碎、均匀分布在焊缝中，而是呈块状在焊缝中堆积，

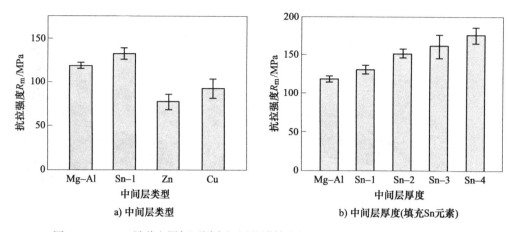

a) 中间层类型

b) 中间层厚度(填充Sn元素)

图 5-87　Mg-Al 异种金属加不同中间层的搅拌摩擦焊焊接接头的拉伸试验的结果

影响了接头显微结构的均匀化，为裂纹的增生及扩展创造了有利条件。另外，Zn 元素的堆积将会阻碍塑性金属的流动，降低 Mg-Al 交错混合的结构，形成孔洞、隧道型缺陷，同时影响两者之间的冶金结合，进而降低接头力学性能。虽然添加 Zn 不能获得良好的 Mg-Al 异种接头，但是，Zn 元素降低接头性能的原因与 Zn 元素的填充形式，难以在焊缝中分散均匀化有关，而不是 Zn 元素本身会恶化接头性能。如果能采用合适的填充形式，保证 Zn 元素分散均匀的话，将有可能达到改善接头性能的效果。

（3）加入 Cu 的作用　对于 Cu 的影响，添加的为 Cu 粉，在焊接过程中，粉末可以有效地分散。但由于 Cu 的熔点较高，焊接过程中不熔化，流动性能较差，将会在 Mg-Al 界面处聚集，影响异种金属之间的有效结合。如果 Cu 能够有效分散在焊缝中时，其分布也会达到提高液态薄膜黏度的效果，进而改善 Mg-Al 异种金属接头力学性能。

第6章

镁合金与钢异种金属的焊接

随着现代工业产品中材料交叉性应用比重的不断增加，镁合金与传统材料（钢）的连接问题不可避免。实现镁合金与钢异种金属之间的低成本、高效连接，将在降低产品重量方面发挥重要作用。由此可见，镁合金与钢的连接具有重要的实际工程应用价值。

6.1 概述

6.1.1 镁合金与钢异种金属的焊接性

异种金属的焊接性是指两种或两种以上化学成分、组织性能不同的金属，在给定的焊接工艺条件下，形成完整焊接接头的能力，并且焊后的接头在使用时安全可靠运行的能力。异种金属在焊接过程中能否形成优质焊接接头主要取决于两种金属的物理化学性能。当两种金属的物理化学性能相近，互溶性较好或者能够形成连续固溶体，则焊接性较好。当两种金属的物理化学性能差别较大，互溶性很低时，容易发生反应生成金属间化合物，脆性的金属间化合物严重影响接头的性能。有的金属之间甚至根本不发生化学反应，那么这两种金属的焊接性就很差。

由图 6-1 所示镁-铁二元合金相图可知，镁与铁之间不发生化学反应，因此镁与铁之间不形成金属间化合物，两者焊接不形成冶金结合，现有的研究均是通过金属氧化物或微量元素形成的结合，因此接头强度不高。

镁的熔点为 651℃，钢的熔点为 1539℃。由于两者熔点上的巨大差异，因此用传统的熔化焊方法很难使它们同时达到熔融态。从表中还可以看出其晶体结构也不同，镁是密排六方结构，钢在熔融态是体心立方结构，从而造成它们在液态下互不相溶，因此，镁合金与钢异种金属的焊接性很差。

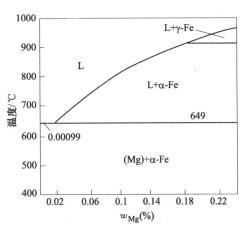

图 6-1 镁-铁二元合金相图

1）镁的化学性能非常活泼，表面容易氧化生成高熔点的 MgO，焊前很难完全清理干净，成为镁合金与钢异种金属接头的夹杂物，严重阻碍了焊接接头的成形，可能导致接头未熔合缺陷，严重影响了接头的力学性能。

2）镁合金的线膨胀系数是钢的两倍多，巨大的悬殊导致了焊接过程中接头处变形严重并且有很大的焊接应力，从而很容易使焊接接头产生裂纹。

3）镁、钢的熔点相差近1000℃，镁合金与钢在焊接过程中，由于两者之间密度差别很大，质轻的熔融镁合金会浮在钢液上，难以形成焊缝，同时由于钢达到熔化温度时镁合金已经达到了沸点，那么镁合金就会发生蒸发，导致在熔核中就会出现大量气孔、缩孔、裂纹以及偏析等缺陷，严重影响了接头的强度。

6.1.2 镁合金与钢异种金属焊接方法

1. 搅拌摩擦焊

搅拌摩擦焊是一种连续、纯机械的新型固相焊接方法，可有效避免熔化焊工艺中焊件由熔化至凝固过程引起的缺陷，因而接头力学性能优异，是异种金属连接的有效方法之一。在镁合金与钢的对接方面，进行了AZ31镁合金和钢的搅拌摩擦焊。发现拉伸试验时断裂均发生在镁合金与钢界面处，证实了界面位置是影响接头性能的薄弱区域。

在镁合金与镀锌钢板的搅拌摩擦搭接焊中，镀锌层促进镁合金与钢界面处Mg-Zn低熔点共晶组织的形成（图6-2），从而显著改善了镁合金与钢的焊接性。

生成Mg-Zn金属间化合物，从而提高了镁基体在钢表面的润湿性，但是Mg-Zn金属间化合物在搅拌头的热机械作用下，远离了镁合金与钢界面，因而在界面处并无金属间化合物和固溶体存在，镁合金和钢之间是一种机械结合的模式。

采用直插式搅拌摩擦焊（FSW）技术进行了AM60镁合金（上）-PD600钢（下）的焊接。研究发现，镀锌层可以与镁合金基体反应，但并

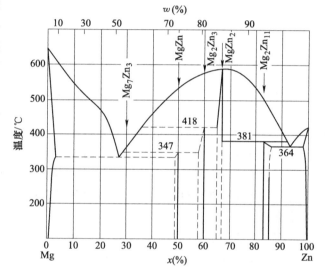

图6-2 Mg-Zn二元合金相图

没有与钢发生反应，因此镁合金与钢界面处同样没有金属间化合物生成，两者之间的结合方式仍以机械结合为主。

采用FSW技术可以实现镁合金与钢的连接，但FSW技术在柔性上的不足，一定程度上限制了其广泛应用。

2. 钎焊及扩散焊

钎焊及扩散焊技术均是利用元素之间的扩散、界面反应形成接头的连接技术，比较适合于异种金属的焊接。采用真空扩散焊技术可以对镁合金与低碳钢进行焊接。研究发现镁合金与钢界面不能直接形成过渡区，而是通过界面上生成的Mg-Mn相、Mn-Fe相进行结合，镁合金与钢界面仍是接头的薄弱区。

AZ31镁合金和316L可以进行瞬时液相扩散焊。将Cu和Ni作为中间层，采用分步扩散焊，可以进行镁合金与钢异种金属的焊接。界面生成的大量Mg-Ni-Fe或Mg-Cu-Fe三元金属

间化合物（脆性相）是限制接头强度提高的主要原因。

由以上分析可见，Cu、Ni 中间层以及 Mn 等元素均具有促进镁合金与钢界面反应的作用，但是如何合理设计中间层，调整界面处的相含量、组成与分布，进一步提高接头的强度，仍有待于进一步研究。

3. 熔-钎焊技术

针对镁合金与钢焊接性的分析可知，通过熔化焊技术实现镁合金与钢之间的连接是比较困难的，但是兼具熔化焊和钎焊双重特性的熔钎焊技术是比较适合有色金属与钢等熔点相差较大的异种金属薄板的焊接技术。该技术通过焊接热源对不同材质的母材进行加热，利用两种母材在熔点上的差异，在保证高熔点母材金属不发生熔化的前提下，让低熔点母材金属熔化，熔化的低熔点母材金属与填充金属之间一方面形成熔化焊接头；另一方面两者混合在一起，在高熔点母材金属表面铺展，形成钎焊接头，从而实现异种金属薄板的高效、低成本连接。因此传统熔钎焊技术中，熔化焊、钎焊过程在同一个焊接熔池发生。目前对于镁合金与钢异种金属熔钎焊的研究，根据热源差异主要可分为激光熔钎焊、激光-电弧复合熔钎焊以及电弧熔钎焊 3 种。

（1）激光熔钎焊技术　在镁合金与钢薄板对接焊方面，利用 AZ31 镁合金自身含有的合金元素（主要是 Al 元素）与钢的反应，在无外加钎料的情况下，将激光束偏离镁合金一侧位置，可以实现镁合金与钢异种材料的焊接。

针对 AZ31B 镁合金与 Q235 钢焊接技术的困难和特点，采用激光深熔钎焊方法进行工艺试验，获得了具有熔化焊和钎焊双重性能的接头。通过对镁合金与钢熔钎焊接头的显微组织和力学性能进行研究，结果表明，拉伸试样的断裂位置产生于镁合金和钢的界面处，有部分镁合金黏连在钢基体上，说明在该区域 Mg-Fe 两种原子结合非常紧密，达到了良好的连接效果。

在镁合金与钢搭接（角接）焊方面，以镁合金焊丝作为填充材料，采用单、双束激光（输出功率 1~3kW）进行了 1.5mm 厚镁合金与钢异种金属薄板（镁合金在上、钢在下）的连接。该接头通过拉伸试验获得的接头强度分别为 29MPa 和 43MPa，断裂仍发生在镁合金与钢界面位置。

可见，在无钎料添加的镁合金与钢激光熔钎焊中，虽然镁合金中的 Al 元素会起到一定的促进镁合金与钢界面反应的作用，但是效果有限，镁合金与钢界面仍是镁合金与钢连接的薄弱区域。

在镁合金与钢薄板搭接焊的基础上，通过改变镁合金和钢的搭接位置，对镀锌钢（1.6mm）与镁合金（3mm）进行了激光焊（输出功率 2~3kW）。研究表明，当采取镁合金上钢下的搭接结构、利用激光深熔钎焊模式时，由于镁合金和钢较大的物理、化学性能差异，导致在焊接过程中产生飞溅、下塌以及咬边等缺陷；当采取钢上镁合金下的搭接结构，采用类似熔钎焊模式时，通过上层钢板的熔化来促成下层镁合金板的熔化，利用界面处偏聚的 Al 元素与钢进行反应生成 Fe_3Al 金属间化合物的方式，可以实现镁合金与钢的激光焊。其中镀锌层在镁合金与钢焊接中可起到溶解镁合金表面氧化膜，防止钢在焊接过程中氧化的作用。但是由于受二元金属间化合物（脆性相）的影响以及激光热源熔宽较小的限制，接头载荷仅为 6kN 左右。

可见对于镁合金与钢界面处的合金元素而言，不同元素在促进镁合金与钢界面反应方面的作用不同，如何合理匹配、利用元素的不同作用，进行中间层的合理设计，对于提高熔钎焊接头的性能具有重要意义。

（2）激光-电弧复合熔钎焊技术　在镁合金与钢对接焊方面，通过铜-锌合金作为中间层，采用激光-电弧复合焊接技术，实现了镁合金与钢异种金属的焊接。采用铜-锌中间层使钢与焊缝在界面处形成了固溶体组织，接头的断裂位置发生在焊缝内部。可见预置铜基中间层的方式，可以起到促进焊缝与母材金属界面熔合，增强接头强度的作用。

在镁合金与钢搭接焊方面，在镁合金（上）与钢（下）之间分别预置铜或镍中间层的方式，利用高能量密度的激光-电弧复合热源技术，穿过镁合金上板，熔化中间层材料，实现了镁合金与钢的连接。中间层可有效促进镁合金与钢界面的合金化，使镁合金与钢界面由机械结合向"半冶金结合"方式转变。"半冶金结合"的提出主要是因为在熔池中部，焊缝与钢基体之间仍为机械结合的方式，采用向纯铜中间层添加锌元素形成二元合金中间层，对于促进接头完全冶金结合方式的形成效果也不明显。并且在接头界面处主要是激光起作用，接头熔宽狭小，因此与激光焊相似，接头强度虽高，但承载并不高。

采用激光-电弧复合焊技术可以对镁合金和镀锌钢板进行搭接焊接。镀锌层起到了提高镁合金与钢界面润湿性的作用，而铝与铁元素结合形成铝-铁金属间化合物，也是实现镁合金与钢在界面处形成冶金反应的关键因素。

由此可见，如何调整中间层的成分与含量，提高界面的润湿性以及促进镁合金与钢界面的冶金结合仍有待于进一步研究。在焊接设备方面，激光、激光-电弧复合焊接设备昂贵，一次性投资较高，操作复杂；同时，复合热源技术对于激光与电弧的相互作用位置和工装要求精度较高，这也是限制该技术在镁合金与钢焊接领域应用的一个重要因素。

（3）电弧熔钎焊技术　以镁合金焊丝作为填充材料，采用冷金属过渡（CMT）熔钎焊技术来焊接镁合金与镀锌钢板，接头载荷可达 1.75kN，研究发现，Zn 和 Al 元素对镁合金与钢的连接起着关键作用，尤其 Zn 元素在镁合金与钢连接中可起到提高界面润湿性，促进冶金反应的双重作用。利用铜作为中间层，采用含 Al 量不同的镁合金焊丝作为填充材料，通过金属惰性气体电弧（MIG）熔钎焊技术，进行镁合金（上）与钢（下）的 MIG 熔钎焊，发现 Al 元素对促进镁合金与钢的连接具有一定的作用，并且熔化的铜中间层促进了焊缝金属与钢的紧密结合，但是在镁合金与钢界面下部仍残留少量铜中间层，导致焊缝金属与铜中间层之间存在裂纹。

采用脉冲旁路耦合电弧熔钎焊技术，也成功实现镁合金与钢异种金属的电弧熔钎焊连接，在界面处有 Mg-Al、Mg-Zn、Fe-Zn 等多种金属间化合物的存在，证实两者之间形成冶金结合的可行性。

由以上分析可见，电弧熔钎焊技术可以实现镁合金与钢异种金属的焊接，与激光熔钎焊相比，具有焊接成本低、熔宽大的优点。但在焊接工艺等方面还存在以下不足：首先，镁合金的低沸点和高蒸汽压使其在填丝焊接中熔滴过渡相当困难，熔滴稍有过热就会产生爆炸，导致大量飞溅，工艺稳定性很差，较难形成稳定连续的焊缝；其次，镁合金焊丝的批量制备，仍有技术困难，因此市场上没有商品化的镁合金焊丝出售；再次，熔池中同时存在电弧与填充材料、镀锌层以及镁合金、钢母材之间复杂的相互作用，无疑增加了调控接头组织与界面反应的难度。可见，工艺稳定性以及焊材生产技术等方面的问题都为该技术的推广带来了困难。

6.2 镁合金-钢的冷金属过渡（CMT）熔钎焊

6.2.1 AZ31B 镁合金-HDG60 镀锌钢板的 CMT 熔钎焊

1. 焊接工艺

（1）材料 试验采用厚度为 1mm 的 AZ31B 变形镁合金板和 HDG60 镀锌钢板，采用直径为 1.6mm 的 AZ61、AZ92 和 MnE21 镁合金焊丝，其中 HDG60 镀锌钢板和 MnE21 镁合金焊丝的化学成分见表 6-1 和表 6-2。

表 6-1 HDG60 镀锌钢板的化学成分（质量分数,%）

C	Mn	Si	Fe	镀锌层/g·m⁻²
0.1~0.2	0.3~0.65	≤0.3	余量	60

表 6-2 MnE21 镁合金焊丝的化学成分（质量分数,%）

Mn	Ce	Cu	Mg
1.2~2.0	0.5~1.5	≤0.05	余量

（2）焊接装置 焊接时，焊枪与焊件的夹角为 45°，焊枪与焊件的垂直距离为 10mm，用高纯氩气作为保护气体，焊接接头形式为搭接接头。镁合金板在上，镀锌钢板在下。焊接装置如图 6-3 所示，*D* 为偏向镁合金板一侧的距离。

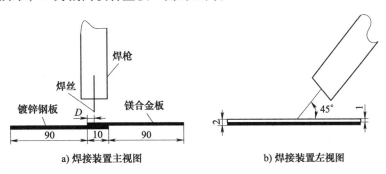

a) 焊接装置主视图　　b) 焊接装置左视图

图 6-3 焊接装置

（3）焊接参数 采用 AZ61 焊丝、AZ92 焊丝和 MnE21 焊丝的焊接参数分别见表 6-3~表 6-5。

表 6-3 采用 AZ61 焊丝的焊接参数

焊接参数窗口（见图 6-7）	焊接电压/V	焊接速度/mm·s⁻¹	送丝速度/m·min⁻¹	偏离距离/mm
1	10~17	7.2~8.5	4~5	1
2	13~18	7.2~8.5	4~5	2
3	15~19	7.2~8.5	4~5	3
4	18~20	7.2~8.5	4~5	4

表 6-4 采用 AZ92 焊丝的焊接参数

焊接参数窗口	焊接电压 /V	焊接速度 /mm·s⁻¹	送丝速度 /m·min⁻¹	偏离距离 /mm
1	14~19	7.2~8.5	4~5	1
2	15~20	7.2~8.5	4~5	2
3	15~20	7.2~8.5	4~5	3
4	16~20	7.2~8.5	4~5	4

表 6-5 采用 MnE21 焊丝的焊接参数

焊接参数窗口	焊接电压 /V	焊接速度 /mm·s⁻¹	送丝速度 /m·min⁻¹	偏离距离 /mm
1	18~21	7.2~8.5	4~5	1

2. 焊接接头组织

（1）焊接接头的宏观组织 图 6-4 所示为焊接接头宏观组织。

（2）焊接接头显微组织 由于在 CMT 熔钎焊过程中，热输入较小，只有焊丝、镁合金母材及镀锌层熔化，钢板并不熔化，所以结合区是由熔化的焊丝和镁合金母材铺展到镀锌钢板上与镀锌层反应而形成的。从镁-铝-锌三元相图可以看出，镁-铝-锌可以生

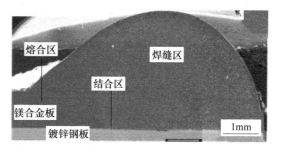

图 6-4 焊接接头宏观组织

成多种化合物，但是由于整个焊缝中的铝元素含量较少，镀锌层较薄及铝和锌在镁中不易扩散，所以得到不平衡的组织。

图 6-5a 所示为界面扫描照片，从图中可见焊接接头的结合区形成了一层灰色的新相，其平均厚度为 5~6μm。

结合区靠近钢板一侧边缘较为平直，而靠近焊缝区一侧不齐整，这表明在焊接过程中，结合区向焊缝区生长。对中间的结合区进行电子探针线扫描分析，结果如图 6-5b 所示，表明在结合区的主要元素为 Al、Zn、Mg、Fe。因此，中间结合区物质为它们之间的金属间化合物，同时由图发现结合区中 Al 起了主要作用。

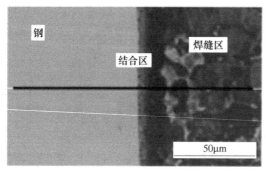

a) 界面扫描照片

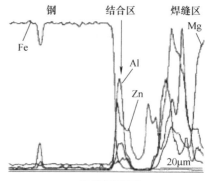

b) 线扫描照片

图 6-5 界面扫描和线扫描照片

1) AZ61 焊丝焊接接头结合区组织。经过 XRD 分析，AZ61 焊丝焊接接头结合区的相如图 6-6a 所示，从图中可以看出结合区除 Mg、Fe 固溶体外，主要有 $Al_{12}Mg_{17}$、Mg_2Zn_{11}、Al_7Zn_3（$Al_{0.71}Zn_{0.29}$）及少量 $MgFeAlO_4$ 复合氧化物等。在结合区起到连接作用的主要化合物是 Mg_2Zn_{11}、Al_7Zn_3（$Al_{0.71}Zn_{0.29}$）及少量 $MgFeAlO_4$ 复合氧化物。

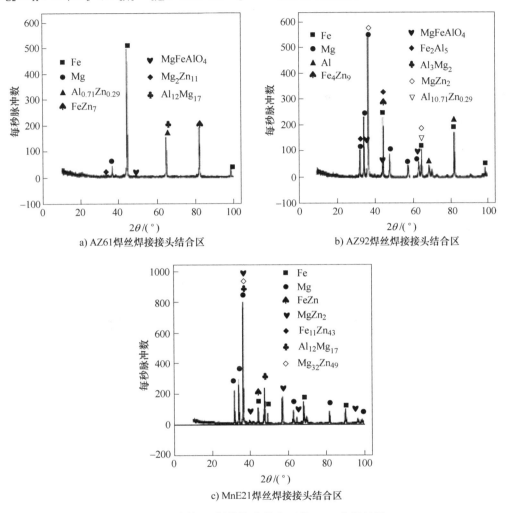

图 6-6　不同焊丝焊接接头结合区的 XRD 分析结果

2) AZ92 焊丝焊接接头结合区组织。经过 XRD 分析，AZ92 焊丝焊接接头结合区的相如图 6-6b 所示，从图中可以看出结合区除 Mg、Fe 固溶体外，结合区的相主要有 $MgZn_2$、$MgFeAlO_4$、Fe_2Al_5 及 $Al_{10.71}Zn_{0.29}$ 等。这些物质在结合区起到连接作用的。

3) MnE21 焊丝焊接接头结合区组织。经过 XRD 分析，MnE21 焊丝焊接接头结合区的相如图 6-6c 所示，从图中可以看出结合区除 Mg、Fe 固溶体外，结合区的相主要有 $Mg_{32}Zn_{49}$、$MgZn_2$、$Al_{12}Mg_{17}$ 等。这些物质在结合区起到连接作用的。

4) 3 种焊丝焊接接头结合区组织对比。可以看到，由 AZ61 焊丝和 AZ92 焊丝所焊的焊接接头结合区都含有 Mg、Fe 固溶体，其次都含有镁-锌、镁-铝、铝-锌化合物。由于它们都有铝元素，所以在焊接过程中容易形成带有铝的化合物，如 $Al_{0.71}Zn_{0.29}$、$Al_{10.71}Zn_{0.29}$、

Fe_2Al_5，由于含有铝元素，容易铺展润湿，更容易形成化合物或固溶体，从而提高焊接接头的性能，其焊接参数范围较宽。

而 MnE21 焊丝相比 AZ61 和 AZ92 焊丝，由于 MnE21 焊丝中没有铝元素，在焊接过程中只有镁母材本身所含有的少量铝元素，所以在焊接过程中形成含铝的金属间化合物较少，即使形成 $Al_{12}Mg_{17}$，也只有在一定焊接参数下形成，其焊接参数范围较窄。

3. 接头力学性能

拉伸断裂负载如图 6-7 所示。可以看出，AZ61 焊丝的焊接参数窗口较宽，所焊试样拉伸断裂负载能够达到 1.75kN，而 AZ92 焊丝的焊接参数窗口下的试样拉伸断裂负载可达到 1.65kN，MnE21 焊丝的焊接参数窗口下的试样可达到 1.5kN，所以可以看出，AZ61 焊丝更适合焊接镁合金与钢异种金属。

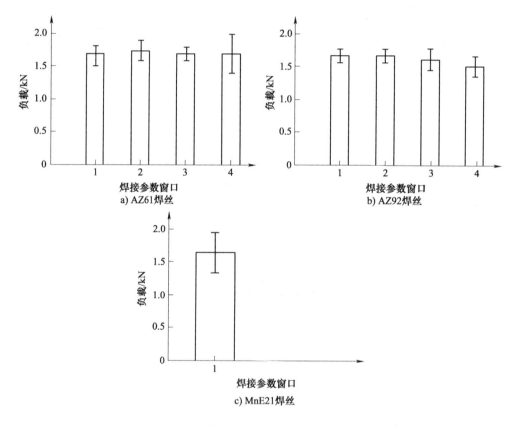

图 6-7 拉伸断裂负载

6.2.2 镁合金-裸钢板的 CMT 熔钎焊

1. 焊接工艺

（1）材料 采用的材料为 AZ31B 镁合金以及 Q235 裸钢板，厚度为 1mm；焊丝为直径 1.2mm 的 AZ61 镁合金焊丝。

（2）焊接方法 进行镁合金在上、裸钢板在下的搭接焊。最佳焊接参数为焊接电流 130A，焊接电压 11.9V，焊接速度 5mm/s，送丝速度 10m/min。

2. 焊缝成形

随着送丝速度的增加，焊缝宽度即结合界面的宽度呈先增大而后略减小的趋势，而润湿角则呈先减小而后保持稳定的趋势且都大于 90°，这说明镁合金焊丝在裸钢板上并没有良好的润湿。由此可知，随着送丝速度的增加，焊接热输入和填充的金属量增大，母材温度随之提高，焊缝填充金属润湿铺展能力也逐渐增加；当送丝速度增至 10.5m/min 时，焊接过程就会失稳，出现大量飞溅并且镁合金板烧损严重，这使得焊缝宽度减少，反而不利于钎料的润湿铺展。

3. 焊接接头组织

图 6-8a 所示为熔合区显微组织，焊接时镁合金一侧的部分母材熔化，并与熔融的镁合金焊丝混合后形成熔化焊接头。经能谱分析，其中白色骨架状物质为镁-铝金属间化合物 $Al_{12}Mg_{17}$。

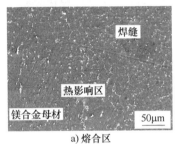
a) 熔合区

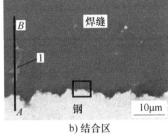
b) 结合区

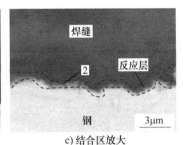
c) 结合区放大

图 6-8　焊接接头显微组织

图 6-8b、c 所示为镁合金-裸钢板 CMT 焊接过程中结合区显微组织，由图可见，裸钢板只有微熔，结合区通过焊缝金属与钢母材间原子的相互扩散最终在 Q235 裸钢板表面形成一层约 0.8μm 反应层，产生了有别于母材的新相，EDS 能谱分析结果见表 6-6。从图 6-8b 所示点 1 分析结果可知，焊缝中的骨架状物质是 $Al_{12}Mg_{17}$。从图 6-8c 所示点 2 分析结果可知，界面处除了 α-Mg 的固溶体和 α-Fe 的固溶体之外，界面反应层主要包括 FeAl 等金属间化合物。结合区的 XRD 分析结果如图 6-9 所示。

对界面沿着线 AB（图 6-8b）进行线扫描能谱分析，结果如图 6-10 所示。可见在界面处 Al 元素发生了偏聚富集。这主要是由于 Fe 元素和 Al 元素之间的亲和能力较大，从而在界面附近液态钎料中的 Al 原子在凝固的过程中不断向含有铁溶质的界面附近聚集，造成了 Al 元素在界面的偏聚，从而在界面处形成

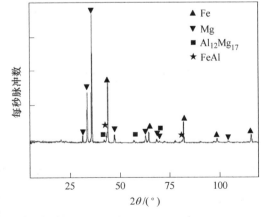

图 6-9　结合区的 XRD 分析结果

Fe-Al 相。这说明，镁合金和钢之间发生了冶金结合，产生了薄而均匀的界面层，这使得镁合金与裸钢润湿性虽不好，但结合强度较高。

表 6-6　EDS 能谱分析结果（摩尔分数,%）

测试点	Fe	Al	Mg
1	0	28.7	71.3
2	30.8	30.4	38.8

4. 焊接接头的力学性能

图 6-11 所示为焊接接头的最大拉伸载荷与送丝速度的关系。可以看出，随着送丝速度的增大，焊接接头的最大拉伸载荷先增大后减小。这是由于在送丝速度增大的同时，焊接电压和焊接电流也会逐渐增大，导致焊缝宽度增加，而较大的焊缝宽度会造成结合界面的面积大，意味着在承载时受力面积更大，使接头发生塑性变形和最终断裂所需载荷更大。但是焊接电压、焊接电流和焊缝宽度不总是随送丝速度的增加而增加，当送丝速度增加到一定值时，焊接接头的质量会变差，最大拉伸载荷就会下降。在最佳焊接参数下接头平均载荷为 6.44kN。

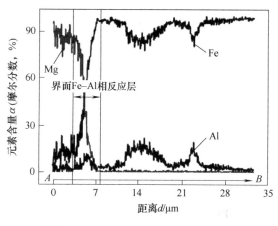

图 6-10　界面的线扫描能谱分析结果

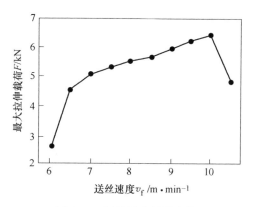

图 6-11　焊接接头的最大拉伸载荷随送丝速度的关系

6.3　AZ31B 镁合金-Q235 钢板的激光-TIG 复合焊

母材为 1.6mm 厚的 AZ31B 轧制镁合金和 1.0mm 厚的 Q235 低碳钢板材，填充材料选用直径为 1.6mm 的 AZ61 镁合金焊丝。采用 AZ61 焊丝可以补充焊接过程中镁的蒸发损失。

6.3.1　AZ31B 镁合金-Q235 钢板的激光-TIG 复合填丝焊

1. 焊接工艺

将 YAG 脉冲激光器与 TIG 焊机进行旁路复合，采用激光在前、电弧在后，前送丝的焊接方式进行镁合金-钢板激光诱导 TIG 电弧填丝对接焊，焊接工艺示意图如图 6-12 所示。通过正交试验得到优化的试验工艺参数：TIG 电弧焊接电流为 50A，钨极高度为 1.5mm；激光功率为 380W，离焦量为 -1.0mm；激光束与 TIG 焊枪呈 45°角，激光作用点与钨极的间距为 1.5mm；焊丝的送给角度为 30°，送丝速度 1.4m/min；正反面焊接速度均为 0.8m/min；保护气氛为 99.99% 的高纯氩气，其中 TIG 焊枪保护气流量为 14L/min，背面保护气流量为 8L/min。

2. 焊接接头组织

（1）焊接接头宏观组织　图 6-13 所示为焊接接头宏观组织。图 6-13 中可见，远离镁合金-钢对接界面处主要利用填充的镁合金焊丝在钢的上下表面实现稳定的润湿铺展，完全包覆住钢母材，起到性能加强效果，如图 6-13 中 A 区所示；对接界面处的钢母材由于激光的直接冲击作用发生了明显的熔化，且有部分钢的颗粒进入到镁合金的焊缝中，与熔化的镁合金形成熔焊区，如图 6-13 中 B 区所示。

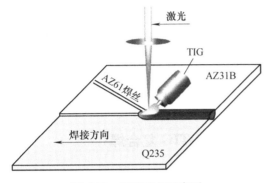

图 6-12　焊接工艺示意图

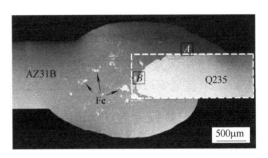

图 6-13　焊接接头宏观组织

（2）焊接接头显微组织　图 6-14 所示为焊接接头显微组织。可以看出，焊接接头远离镁合金-钢对接界面的上下界面以及镁合金-钢对接界面均结合紧密，未观察到微裂纹及微气孔等缺陷，也未见明显的金属间化合物过渡层生成。

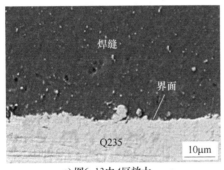

a）图6-13中A区放大

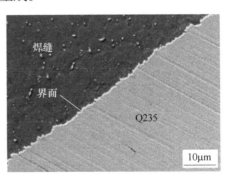

b）图6-13中B区放大

图 6-14　焊接接头显微组织

（3）界面结合　A 区附近的界面存在一定宽度的元素陡降区域，Al 元素在界面处没有明显的富集，该界面处结合方式主要是通过镁合金在钢表面的润湿铺展连接。在 B 区附近 Q235 钢与焊缝的对接界面处也存在元素的陡降区域，其宽度大于 A 区界面；对接界面处 Al 元素与 Mg 元素均未有明显富集，呈现相同的下降趋势，但是比 A 区 Al、Mg 元素下降趋势更平缓，对接界面处结合方式主要以元素扩散为主。

上述现象说明，A 区界面处并未形成明显的焊接熔池，焊缝的高温停留时间短、冷却速度快，元素的扩散不充分。在 B 区中由于激光诱导电弧复合热源的作用，对接界面处的镁合金母材和钢母材均发生明显熔化，使得钢与焊缝的界面附近较小的区域瞬间达到较高的温度；再加上激光对熔池的强烈搅拌作用进一步促进元素的扩散；另一方面，电弧的存在既提高了焊接熔池的高温停留时间，同时也降低了焊缝的冷却速度，这不仅延长了元素的扩散时间，也增大了其扩散的距离。所以，界面温度和高温停留时间是影响元素扩散的因素且对界面的结合有重要影响。

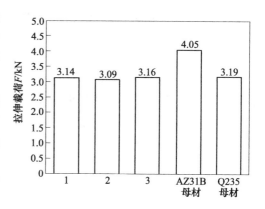

图 6-15　焊接接头与母材的抗拉载荷

3. 焊接接头力学性能

图 6-15 所示为焊接接头与母材的抗拉载荷，可以看出，复合焊接头的平均抗拉载荷为 3.13kN，其接近钢母材的抗拉载荷。

6.3.2　AZ31B 镁合金-Q235 钢板加镍中间层的激光-TIG 复合焊

1. 材料

采用上述母材和焊丝，采用厚度为 100μm 纯镍作为中间层。图 6-16 和图 6-17 所示为镁-镍和铁-镍二元合金相图。

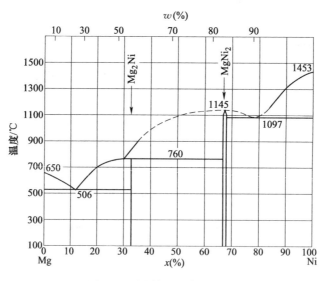

图 6-16　镁-镍二元合金相图

2. 焊接工艺

（1）焊接方法　焊接接头形式示意图如图 6-18 所示。焊接过程示意图如图 6-19 所示。

（2）焊接参数　焊接参数：激光功率为 390W，激光离焦量为 -1.8mm，焊接速度为 850mm/min，而 TIG 电流为 100A。通过激光束侧向保护装置，成功消除了镁合金焊接接头气孔。

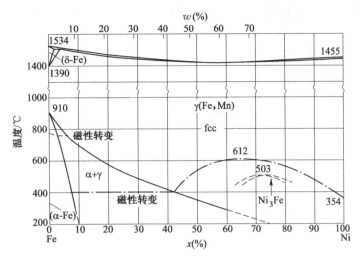

图 6-17　铁-镍二元合金相图

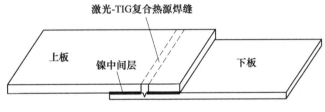

图 6-18　焊接接头形式示意图

3. 焊接接头组织

（1）不加中间层的焊接接头组织　镁合金-钢直接焊接（不加中间层）时焊接接头组织如图 6-20 所示，其 XRD 分析如图 6-21 所示。可以看到，焊缝金属主要是由镁合金组成。由于镁与铁没有相互作用，因而钢的组织被分散于镁合金焊缝之中（图 6-20 所示白点）。

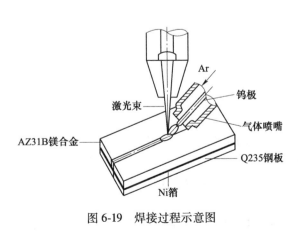

图 6-19　焊接过程示意图

图 6-20　镁合金-钢直接焊接（不加中间层）时焊接接头组织

（2）加镍中间层的焊接接头组织　镁合金-钢加镍中间层时焊接接头组织如图 6-22 所示，图中灰色部分为钢材，黑色部分为镁合金。可以看出，由于复合热源的搅拌作用，有一部分被熔化的铁和镍进入镁的熔池，由于镁和铁、镁和镍两种金属在液态下溶解度很小，因此铁和镍形成大小不等、形状不规则的块状颗粒凝固于镁合金焊缝金属中，如图6-22中箭头 A 所示。在焊接过程中，熔池内部能量不均匀，在激光直接作用区域能量密度大，钢板在经过电弧增强的激光作用下熔化，因此位于钢板上的焊缝宽度较小，与激光焊近似。图6-23所示为焊接接头组织示意图。由于镍的熔点比镁高得多，所以，在接头 A 部存在一个伪连接区（图6-24），在镁与镍之间存在一个宽度约40μm的过渡层，而在镍和钢之间没有过渡层存在，镍和钢分界线明显、清晰。这说明了没有镍与钢发生反应。

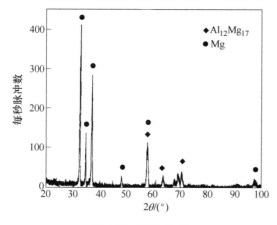

图6-21　XRD分析

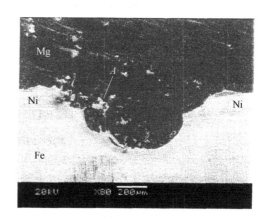

图6-22　镁合金-钢加镍中间层时焊接接头组织

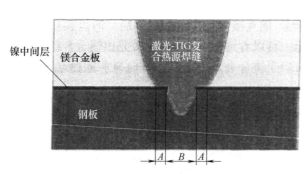

图6-23　焊接接头组织示意图

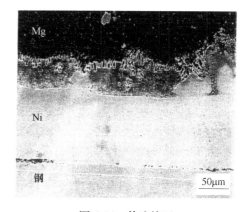

图6-24　伪连接区

图6-25所示为镁合金-钢加镍中间层时焊缝金属的组织放大。焊缝金属的XRD分析如图6-26所示。可以看到，焊缝金属的基体组织为 α-Mg、Ni、Mg_2Ni。由于镁与镍之间相互溶解度很低，因此可以肯定镁和镍是依靠 Mg_2Ni 金属间化合物实现相互连接的。

4. 焊接接头形成机理

加入镍中间层的镁合金-钢异种金属复合热源焊接接头中，接头的连接形式并不是镁、镍和铁三种元素之间相互混合形成金属间化合物连接，而是镁、铁分别与镍形成金属间化合物和固溶体实现连接。图6-27所示为镁合金-钢异种金属复合热源加镍中间层焊接接头连接机理示意图。

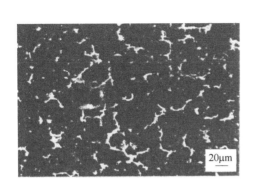

图 6-25　镁合金-钢加镍中间层
时焊缝金属的组织放大

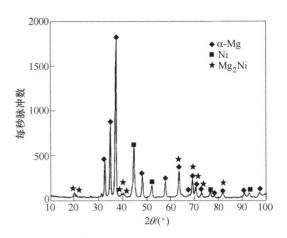

图 6-26　焊缝金属的 XRD 分析

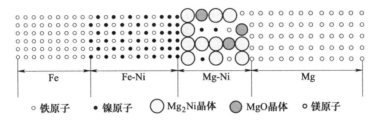

○ 铁原子　● 镍原子　◯ Mg_2Ni晶体　◉ MgO晶体　○ 镁原子

图 6-27　镁合金-钢异种金属复合热源加镍中间层焊接接头连接机理示意图

5. 焊接接头力学性能

拉伸试验结果表明，加入中间层的焊接接头抗拉强度为 170.8MPa，明显高于直接焊接接头强度（90MPa）。

6.4　AZ31 镁合金-镀锌钢板的焊接

镁合金与未镀锌钢板无法形成良好的焊接接头，改用镀锌钢板焊接，可以形成良好的焊接接头，接头的拉剪强度随着焊接时间 T（2~14 周波）、焊接电流 I（20~37.5kA）以及电极压力 P（5~8kN）的增大均呈先增大后减小的趋势，最佳焊接参数为 $T=8$ 周次、$I=32kA$、$p=7kN$，拉剪力达 6.97kN。在最佳焊接参数下，镁合金一侧接头显微组织主要由柱状晶和等轴晶组成。

6.4.1　AZ31B 镁合金-镀锌钢板的电阻点焊

1. 焊接方法

试验选用 2mm 厚的 Mg-Al-Zn 系热轧镁合金板材 AZ31B 以及 1.0mm 厚的 SPHC 镀锌钢板（镀锌层厚度 0.02mm）作为电阻点焊的焊接材料，电极材料选用铬锆铜合金（CuCrZr），镁合金一侧为端面直径为 20mm 的球面（半径为 200mm）电极，钢板一侧电极为端面直径为 20mm 的平面电极。

2. 焊接参数对电阻点焊接头拉剪力和焊核直径及压痕深度的影响

1）图 6-28 和图 6-29 所示为焊接电流对电阻点焊接头拉剪力和焊核直径及压痕深度的影响。

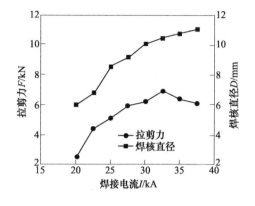

图 6-28 焊接电流对电阻点焊接头
拉剪力和焊核直径的影响

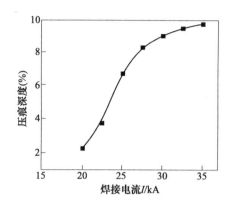

图 6-29 焊接电流对电阻点焊
接头压痕深度的影响

2）图 6-30 和图 6-31 所示为电极压力对电阻点焊接头拉剪力和焊核直径及压痕深度的影响。

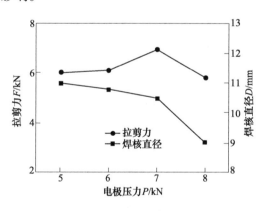

图 6-30 电极压力对电阻点焊接
头拉剪力和焊核直径的影响

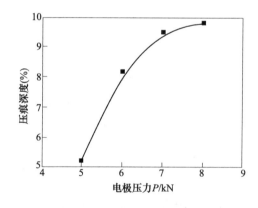

图 6-31 电极压力对电阻点焊
接头压痕深度的影响

3）图 6-32 和图 6-33 所示为焊接时间对电阻点焊接头拉剪力和焊核直径及压痕深度的影响。

3. 接头的拉剪断裂特征

镁合金-钢电阻点焊接头的断裂主要有两种模式（图 6-34）。当热输入较小时，接头主要是依靠焊核边界的镁锌化合物实现连接，焊核中心连接的区域很小，所以接头的强度不高，而在结合面处断裂。当热输入合适时，接头依靠焊核边界的镁锌化合物以及焊核中心的铝钢化合物共同作用实现连接，所以接头强度高而发生纽扣断裂，焊核被完全从镁合金母材侧拉出，而在镁合金板上留下一个圆形孔洞。

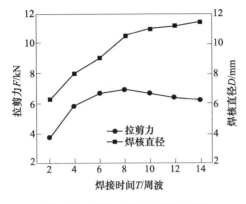

图 6-32　焊接时间对电阻点焊接
头拉剪力和焊核直径的影响

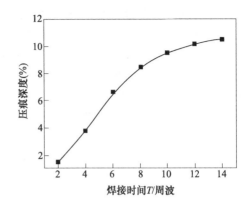

图 6-33　焊接时间对电阻点焊
接头压痕深度的影响

a) 结合面断裂

b) 纽扣式断裂

图 6-34　镁合金-钢电阻点焊接头的断裂模式

4. 接头组织

图 6-35 所示为点焊接头横截面。图 6-36 所示为接头各区域显微组织。图 6-36a 所示为镁合金一侧热影响区，该区域的显微组织相比未熔化的镁合金母材和焊核的晶粒，晶粒明显粗大，分布不均匀。热影响区的宽窄与焊接的热输入相关，当采用较小的热输入时，该区域就会变窄。大的热输入使热影响区晶粒粗大，且在晶界不断地析出熔点低的 β-$Al_{12}Mg_{17}$ 共晶体，很容易在晶界处引起应力集中，导致在凝固结晶后期生成裂纹，这些裂纹很有可能将引起点焊接头的脆性破坏而导致断裂。因此镁合金一侧热影响区不应该过宽。镁合金一侧接头焊核组织主要由柱状晶和等轴晶组成。断电后，由于电极的水冷作用使液态焊核边缘金属快速冷却，形成了大的过冷度，使焊核边缘的晶体紧靠着未焊化的镁合金母材发生非自发形核，而焊核边缘处于半熔化的镁合金与焊核区的液态镁合金的化学成分相差不大、晶格类型相同，所以，热影响区的晶粒总是联生长大，并且保持着同一晶轴，如图 6-36a 所示。随着凝固的进行，在结晶前沿液体中的过冷度很小，形成不了新的晶核，凝固的进行只能依靠晶粒的不断长大。由于晶体垂直于电极表面方向散热性最好，所以晶体以垂直于电极表面方向快速向液态的焊核中生长。而与散热方向倾斜的枝晶束受到优先生长的柱状晶约束而不能侧向生长，只能沿散热方向长大，从而形成了柱状晶，如图 6-36b 所示。随着凝固的进行不断地向前沿液态焊核生长，在这过程中许多二次枝晶发生熔断，并开始向焊核中心运送。由于

焊核中心的液态镁合金很难散热，因此焊核中心液相中的温度梯度很小，形成了大范围的成分过冷，使液态金属中发生熔断的枝晶成为晶核，这些晶核在焊核中心自由生长，晶粒沿各个方向长大的速率基本相等，就形成了等轴晶，如图 6-36c 所示。镀锌钢板一侧热影响区显微组织由板条状马氏体、少量的铁素体组成，如图 6-36d 所示。图 6-36e 所示为镁合金-钢接头界面处的显微组织的 SEM 图片，可以看出在镁合金-钢界面处形成了一层很薄的白色金属化合物层。

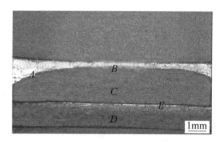

图 6-35　点焊接头横截面

a) A区

b) B区

c) C区

d) D区

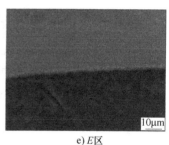

e) E区

图 6-36　接头各区域显微组织

5. 接头显微硬度分布

AZ31B 镁合金-镀锌钢板电阻点焊接头在焊接时间为周波、焊接电流为 32kA、焊接压力为 7kN 条件下，沿着焊缝中心的显微硬度分布如图 6-37 所示。

在镁合金一侧，越靠近结合面显微硬度越高，在结合面显微硬度最高。然而，在镀锌钢板一侧最高显微硬度出现在结合面和镀锌钢板的中心处。镁合金一侧母材显微硬度约为 66HV，镁合金一侧焊核区的显微硬度约 70HV，在接头界面处的显微硬度约为 168HV，在镀锌钢板一侧母材显微硬度在 230HV 左右，最高显微硬度出现在镀锌钢板中心，约为 420HV。镁合金焊核的显微硬度比母材稍高，

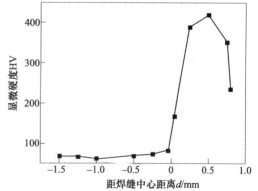

图 6-37　接头显微硬度分布

是因为在焊核中均匀地分布着细小的柱状晶和等轴晶组织，焊核在形成过程中析出硬而脆的 $\beta\text{-}Al_{12}Mg_{17}$ 共晶体，因此焊核中的 $\beta\text{-}Al_{12}Mg_{17}$ 共晶体含量明显多于母材，所以焊核的显微硬度高于母材。在结合面显微硬度突然增大，很可能是在结合面生成了少量金属间化合物。在镀锌钢板一侧由于钢的电导率远低于镁合金，镀锌钢一侧的产热量远高于镁合金的产热量，所以钢可以作为一个热铁砧去加热镁合金。同时电极的散热导致热量的损失，所以最高温度出现在钢板的中心，从而促进了马氏体的转变，增加了马氏体的含量，最终导致了该位置的高显微硬度。

6. 镀锌层对镁合金-钢焊接接头的作用

AZ31B 镁合金与 SPHC 镀锌钢板点焊时，能获得成形较好、高强度的接头，在合适的工艺条件下能获得断裂在镁合金焊核区的纽扣接头。镁与钢异种材料形成高强度接头有两个原因：一为镀锌层的存在，在镁合金一侧镁与锌发生共晶反应，其产物在界面能很好地润湿与铺展，促进了镁合金-钢界面的结合；二是镁合金中包含有铝元素，镀锌层使镁合金焊核区中的铝元素能富集于镁合金-钢界面处的钢表面，促使铝元素在界面处与铁元素反应生成 Fe-Al 化合物，促进了界面结合，提高了接头强度。

7. 镁合金-钢电阻点焊接头缺陷

（1）焊接飞溅　镁合金-镀锌钢板焊接时，经常会发生飞溅现象。原因是两者的热导率、电阻率不同，因此在焊接过程中两种材料产生的温度不同，导致两种材料的塑性不同，阻碍了塑性环的形成。塑性环的难以形成导致液态金属飞溅出来。塑性环难以包住液态金属导致飞溅。但是当采用合适的参数时，这种缺陷就会消失。但是当电流超过一定值时也会发生飞溅。外部飞溅会影响接头的表面质量和降低电极的使用寿命而对接头的强度影响不大。内部飞溅会降低点焊接头的力学性能，增加形成裂纹的倾向。

（2）缩孔　在镁合金-钢异种材料电阻点焊过程中，当热输入较大时，晶粒粗大。随着焊核凝固过程，中心粗大的等轴树枝晶连成一片，不断增加的固相将还没有凝固的液态镁合金分割为一个个互相隔离的小熔池。随着进一步的冷却，已凝固的液态镁合金产生固态收缩和凝固收缩。而焊核中心的液态镁合金将产生液态收缩，并对凝固收缩进行补充，导致体积缩小。如果固态收缩引起的体积缩小等于液态收缩和凝固收缩造成的体积缩小之和，则已凝固的镁合金能够与中心的液态镁合金紧密接触，就不会产生缩孔。但是，如果镁合金的液态收缩和凝固收缩大于固态收缩，则已凝固的镁合金与液态镁合金产生脱离，从而形成了细小孔洞。在凝固后期液态镁合金很少，如果没有足够的压力，液态镁合金就没法填补孔洞而凝固了，从而形成了缩孔缺陷（图 6-38）。在缩孔的尖端处容易引起应力集中而成为裂纹源，导致裂纹的产生（图 6-39）。

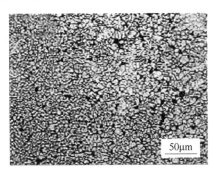

图 6-38　缩孔

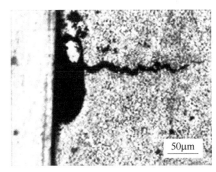

图 6-39　缩孔引起的裂纹

（3）焊接裂纹 在镁合金-钢异种材料电阻点焊中出现的裂纹一般为热裂纹，这其中主要以结晶裂纹为主。从图 6-40 中可以看出，裂纹的方向垂直于焊核界面。

6.4.2 AZ31 镁合金-DP600 镀锌钢板的无匙孔搅拌摩擦点焊

无匙孔搅拌摩擦点焊是一种新型的固相连接技术，被焊材料焊接变形小、能量消耗少、生产成本低，在焊接异种金属方面有其他焊接方法无法比拟的优势。它通过控制搅拌头与焊件的相对移动和搅拌针与轴肩的相

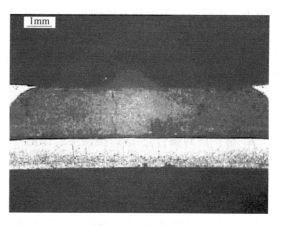

图 6-40 焊接裂纹

对运动，不仅增加了搅拌头作用的区域，使接头的强度大大提高，而且使焊接过程中形成的退出孔得到填充，减少后续处理工序，因而具有广阔的应用前景。

目前，搅拌摩擦焊的研究大多集中在同种材料或熔点相近的异种材料之间，对于 AZ31 镁合金与 DP600 镀锌钢板这样熔点相差很大的异种金属间搅拌摩擦点焊过程中界面迁移及塑性金属的流动特性的研究却很少。搅拌摩擦点焊下压量对界面畸变有影响，随着轴肩下压量增大，连接区宽度和变形区宽度显著增大；搅拌针表面螺纹线数与轴肩下压量对金属轴向迁移也有影响，随着轴肩下压量的增加，轴肩下方焊缝金属致密度增加，金属轴向迁移的驱动力增强，导致单位时间内金属在搅拌针轴向的迁移量增大。因此，了解无匙孔搅拌摩擦点焊轴肩下压量对接头性能的影响，对于优化焊接参数、防止焊接缺陷形成，以及指导搅拌头结构设计都具有重要的理论指导意义和实际应用价值。

1. 母材

试验选用厚度为 1mm 的 DP600 镀锌钢板（上层）和 2mm 的 AZ31 镁合金板材（下层），搭接形式。

2. 焊接接头的力学性能

轴肩下压量为 0.2mm 时搭接接头最大剪切载荷可以达到 13kN；而轴肩下压量为 0.6mm 时搭接接头最大剪切载荷可以达到 10kN。因此，在满足被焊材料被充分搅拌的前提下，合理控制轴肩下压量，焊点区域的金属不仅能够被很好地焊合，而且镁合金的减薄量较小，焊点成形美观。

DP600-AZ31 无匙孔搅拌摩擦点焊过程中，轴肩下压量影响搭接面的迁移量（即界面的移动），以至于影响接头的剪切强度。在过大的轴肩下压量下，焊点区域的镁合金减薄量较大，断裂发生在镁合金板；在合适的轴肩下压量下，焊点两侧仅发生较小的迁移，镁合金薄弱区与接头的强度相当，断裂发生在铝-钢结合面。

6.5 AZ31B 镁合金-304 不锈钢加中间层的扩散焊

1. 焊接工艺

表 6-7 和表 6-8 分别给出了 304 不锈钢的化学成分、力学性能及一些物理性能。

表 6-7　304 不锈钢的化学成分（质量分数,%）

Fe	Cr	Ni	Mn	Si	Mo	C
余量	18	11	1.8	1.5	2	0.03

表 6-8　304 不锈钢的力学性能及一些物理性能

熔点 /℃	密度 /g·cm⁻³	剪切强度 /MPa	抗拉屈服强度 /MPa	抗压屈服强度 /MPa	抗拉强度 /MPa	断后伸长率 （%）
1539	7.87	210	≥205	≥177	≥520	27

AZ31B 镁合金-304 不锈钢加中间层（镍箔和铜箔）的扩散焊焊接，采用搭接接头，镁合金在上，不锈钢在下。真空度为 $1.33×10^{-3}$Pa。

由于 Mg 与 Fe 之间几乎不发生扩散反应和化学反应，所以镁合金与钢异种金属的焊接接头很难形成。为了解决镁合金与钢异种金属的连接问题，所以选用中间层对镁合金与钢异种金属进行焊接。

2. 以镍为中间层的扩散焊

选择镍为中间层是由于镍能够与镁和铁都能够发生作用而形成接头。

（1）304 不锈钢表面化学镀镍层的焊接

1）化学镀镍。化学镀镍的镀液配方为：硫酸镍（主盐）28g/L、乙酸钠（缓冲剂）19g/L、柠檬酸钠（络合剂）17g/L、次亚磷酸钠（还原剂）29g/L、硫脲（稳定剂）6~7 滴、乳酸 30 滴左右，将 pH 值调节至 4.5~5.0。

2）碱洗液配方为：氢氧化钠 20g/L、磷酸三钠 35g/L、碳酸钠 25g/L、硅酸钠 2.5g/L。

3）施镀工艺条件为：碱洗温度为 60℃，碱洗时间为 10~15min；碱洗后，在盐酸中进行酸洗，酸洗时间为 10~15s；施镀温度为 80℃。

图 6-41 所示为不锈钢表面镀镍的显微组织。镀镍层厚度为 21μm。镀镍层良好，均匀连续，没有明显的裂纹、气孔等显微缺陷产生。图 6-42 所示为镀镍层 XRD 分

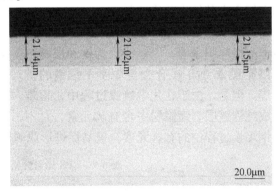

图 6-41　不锈钢表面镀镍的显微组织

析，可以看出，镍大多以 Ni-P 化合物的形式存在于镀镍层中。

（2）焊接接头的显微组织　图 6-43 所示为 AZ31B 镁合金/镀镍层/304 不锈钢扩散焊接头的 SEM 图像。可以看出，镍向不锈钢一侧和镁合金一侧均有扩散，焊接接头有缝隙等显微焊接缺陷存在。在不锈钢一侧扩散层厚度比较小，界面模糊且不均匀，如图 6-43 中层 Ⅰ 所示；镁合金一侧扩散层厚度约为 200μm。对图 6-43 所示不同特征点进行了 EDS 元素分析，分析结果见表 6-9。Ⅱ层为靠近不锈钢一侧的扩散层，这一层中弥散分布着一些白色条状组织，如图 6-43 中 A 点所示，其组成成分为：Mg 含量为 22.63%（摩尔分数），P 含量为 1.48%（摩尔分数），Ni 含量为 3.62%（摩尔分数）；Ⅱ层为被氧化 Mg-P-Ni 合金产物层。

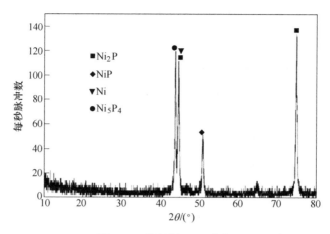

图 6-42　镀镍层 XRD 分析

Ⅲ层中有少量共晶体产生，形成片层状组织，阻断了白色块状 Mg-Al-Ni 三元金属间化合物的连续分布，这一扩散层与镁合金基体的界面比较明显，C 点组成成分为：Mg 含量为 58.91%（摩尔分数），Al 含量为 12.14%（摩尔分数）及 Ni 含量为 28.95%（摩尔分数）。Ⅳ区为 Mg-Al-Ni 金属间化合物向镁合金基体中的渗透层。

AZ31B 镁合金/镀镍层/304 不锈钢焊接界面显微组织表明，以镀镍层为中间层材料可以实现 AZ31B 镁合金与 304 不锈钢的扩散焊。但是，由于在化学镀镍过程中，很难形成纯镍镀层，镀镍层中含有磷元素，是不锈钢焊接过程中的有害元素，极易促进形成脆性相。

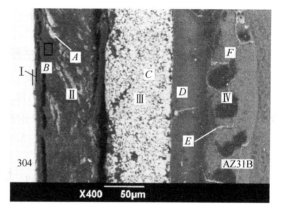

图 6-43　AZ31B 镁合金/镀镍层/304
不锈钢扩散焊镍接头的 SEM 图像

表 6-9　EPS 元素分析结果（摩尔分数,%）

特征点	Mg	Al	Ni	P
A	22.63	—	3.62	1.48
B	0.92	—	—	—
C	58.91	12.14	28.95	—
D	95.35	1.76	2.89	—
E	83.66	7.70	8.64	—
F	94.84	1.91	3.25	—

3. 接头组织与性能

（1）真空度对焊接接头的影响　在高真空状态（真空度为 $5\times10^{-2}\sim1\times10^{-1}$ mPa）下的扩散焊焊接，镁合金挥发严重，不利于形成完整焊接接头。因此，要对真空度进行严格控制，要既能够保证不会出现氧化，又能够保证在高温状态下镁合金不会挥发。

（2）AZ31B 镁合金/镍箔/304 不锈钢焊接接头的显微组织　在 510℃、保温 20min、焊接压力 2MPa、真空度 0.1~1mPa 时，AZ31B 镁合金/镍箔/304 不锈钢扩散焊接头的显微组织，如图 6-44 所示。可以看出，镍箔与不锈钢、镁合金均有明显扩散层形成，接头结合良好，镍箔完全熔化；焊接接头的扩散区域分为四层，不锈钢侧扩散层（Ⅰ层）、Mg-Ni 低熔点共晶层（Ⅱ层）、Mg-Ni-Al 三元金属间化合物层（Ⅲ层）及 AZ31B 镁合金基体晶界渗透层（Ⅳ层），总厚度约为 180μm。对图 6-44 进行 EDS 元素分析，结果见表 6-10。

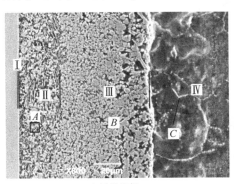
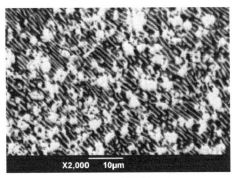

a) 显微组织　　　　　　　　　　b) Ⅲ层的放大图

图 6-44　AZ31B 镁合金/镍箔/304 不锈钢扩散焊接头的显微组织

表 6-10　AZ31B 镁合金/镍箔/304 不锈钢焊接界面 EDS 元素分析结果（摩尔分数,%）

特征点	Mg	Al	Ni	Fe
A	89.81	—	10.19	—
B	61.51	15.08	23.41	—
C	82.23	8.88	8.45	0.44

Ⅰ层为镍向不锈钢基体中的扩散层，这一层界面清晰，厚度均匀，大约为 3~5μm，这是由于镍可以与不锈钢中的铁元素无限固溶的结果。

Ⅱ层呈片层状分布，片层厚度约为 1μm。由表 6-10 可知，A 点组成成分为：Mg 含量为 89.81%（摩尔分数），Ni 含量为 10.19%（摩尔分数）。从镁-镍二元相图可知，Ⅱ层片层状组织应为 Mg、Ni 发生共晶反应所产生的 Mg-Ni 共晶组织，黑色片层是镁基固溶体 α-Mg，白色片层为 Mg_2Ni 金属间化合物，这一层的厚度大约为 30μm。

Ⅲ层的显微组织呈共晶组织环绕着白色块状组织分布，且分布均匀、致密，如图 6-44b 所示。由表 6-10 中的 EDS 元素分析可知，Ⅲ层中的白色块状组织的组成成分为：Mg 含量为 61.51%（摩尔分数），Ni 含量为 23.41%（摩尔分数），Al 含量为 15.08%（摩尔分数），可以认为是 Mg-Ni-Al 三元金属间化合物，厚度约为 60μm。

Ⅳ层为 AZ31B 镁合金基体晶界渗透层。从图 6-44 中可以明显看出金属间化合物及共晶液相沿着镁合金晶界向镁合金基体中渗透。

XRD 分析（图 6-45）表明，在不锈钢一侧主要有 Mg-Ni-Al 三元金属间化合物、（α-Mg+Mg_2Ni）共晶组织及 Ni 向不锈钢一侧扩散与 Fe 形成的 FeNi 固溶体，而镁合金一侧则主要为 Mg-Ni-Al 三元金属间化合物、（α-Mg+Mg_2Ni）共晶组织。

（3）焊接接头力学性能

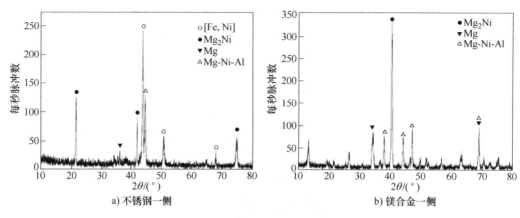

图 6-45　焊接接头 XRD 分析

1）焊接接头的显微硬度分布。在焊接温度 510℃时，不同保温时间下焊接接头的显微硬度分布，如图 6-46 所示。

2）焊接接头的抗剪强度。在焊接温度 510℃时，不同保温时间下焊接接头的抗剪强度，如图 6-47 所示。在焊接温度 510℃时，保温时间 20min 的焊接接头的断口形貌，如图 6-48 所示。图 6-49 所示为不锈钢一侧断口的 XRD 分析。

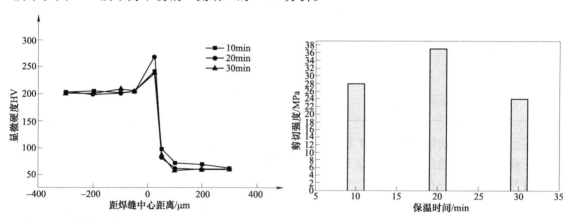

图 6-46　不同保温时间下焊接接头的显微硬度分布　　图 6-47　不同保温时间下焊接接头的抗剪强度

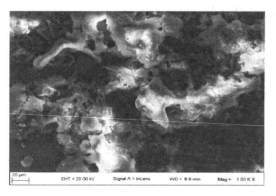

图 6-48　焊接接头的断口形貌

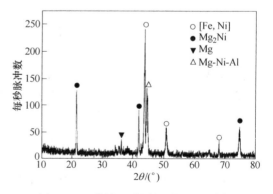

图 6-49　不锈钢一侧断口的 XRD 分析

4. AZ31B 镁合金/铜箔/304 不锈钢的扩散焊

选择高纯铜箔作为中间层材料，是由于：高纯铜箔具有良好的塑性变形能力，在初始加
热阶段可以保证与待焊面形成满
意的物理接触；铜的线膨胀系数
介于两种母材之间，具有"桥梁"
作用，能够缓解异种金属材料之间
因线膨胀系数差异而引起的焊接残
余应力；由镁-铜二元合金相图
（图 6-50）可知，铜与镁在 485℃
会发生共晶反应；共晶反应形成的
液态金属有利于在被焊金属表面润
湿和铺展，以获得可靠焊接接头；
由铁-铜二元相图可知，铜在铁中
的固溶度虽然很小，但也不会生成
金属间化合物；而且，镁与不锈钢

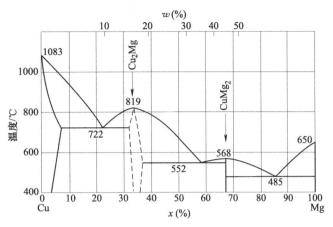

图 6-50　镁-铜二元合金相图

中的镍可以形成无限固溶体（图 6-16）。这些都有利于形成可靠的焊接接头。

（1）焊接参数　焊接参数为：焊接温度为 530℃，保温时间为 30min，焊接压力为
2MPa，真空度为 0.1~1MPa。

（2）焊接接头的显微组织　图 6-51 所示为 AZ31B 镁合金/铜箔/304 不锈钢扩散焊接头
的 SEM 图像。从图 6-51a 中可以看出，采用铜箔中间层进行 AZ31B 镁合金与 304 不锈钢的
扩散焊，效果良好，不锈钢一侧无明显界面反应层，镁合金一侧界面模糊，焊缝中心区域主
要由 Mg-Cu 共晶组织构成；Mg-Cu 共晶液相在不锈钢表面的润湿、铺展性良好，扩散层厚
度大约为 350μm。

 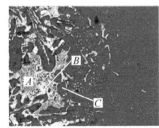 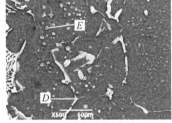

a) 接头的SEM图像　　　　b) Ⅰ层放大图　　　　c) Ⅲ层放大图

图 6-51　AZ31B 镁合金/铜箔/304 不锈钢扩散焊接头的 SEM 图像

图 6-51 所示特征点的 EDS 元素分析结果见表 6-11。

表 6-11　特征点的 EDS 元素分析结果（摩尔分数，%）

元素	特征点化学成分（摩尔分数，%）				
	A	B	C	D	E
Cu	17.65	25.73	1.40	24.53	35.92
Mg	82.35	74.27	96.40	49.05	58.09
Al	—	—	2.20	26.42	5.99

图 6-51c 所示为Ⅲ层放大图，可以看出，镁合金基体上分布着一些白色的第二相颗粒（E 点）。由表 6-11 可知，其 Mg 含量为 58.09%（摩尔分数），Al 含量为 5.99%（摩尔分数），Cu 含量为 35.92%（摩尔分数）；其 Mg：(Cu+Al) 的摩尔分数比接近于镁基体增强相 β-$Al_{12}Mg_{17}$ 中的 Mg：Al 的摩尔分数比，因此可以认为，这些白色颗粒是在扩散过程中 Cu 替代镁基体增强相 β-$Al_{12}Mg_{17}$ 中的部分 Al 所产生的新相，这是由于 Cu、Al 元素的原子半径比较接近，容易置换，新相可以表示为 $(Cu, Al)_{12}Mg_{17}$；$(Cu, Al)_{12}Mg_{17}$ 在镁合金基体（Ⅲ层）中分布均匀，并向镁合金基体中扩散，扩散宽度大约为 100μm。随着元素扩散继续进行，反应层中元素浓度发生变化，当温度达到 481℃ 时，据 Mg-Al-Cu 三元合金相图（图 6-52）可知，在 E_6 点发生三元共晶反应，即：

$$L \rightarrow \lambda_1 + CuMg_2 + Mg \tag{6-1}$$

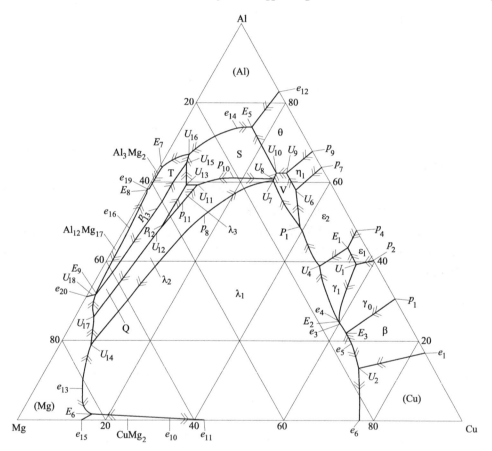

图 6-52　Mg-Al-Cu 三元合金相图

图 6-51c 所示特征点 D 的 Mg 含量为 49.05%（摩尔分数），Al 含量为 26.42%（摩尔分数），Cu 含量为 24.53%（摩尔分数），可以认定 D 点为 Cu、Mg、Al 元素发生共晶反应所产生的三元金属间化合物。三元金属间化合物首先沿晶界析出，并围绕着 AZ31B 镁合金晶界与新相 $(Cu, Al)_{12}Mg_{17}$ 一起形成闭合环状，呈网格分布于Ⅲ层外侧镁合金基体中。同时，三元金属间化合物的扩散宽度远大于 $(Cu, Al)_{12}Mg_{17}$ 相。相对于镁合金基体中 3%（摩尔分数）的 Al 含量，Cu-Mg-Al 三元金属间化合物中 19.2%（摩尔分数）的 Al 含量耗尽了靠近

焊接界面镁合金基体中的 Al 元素，从而导致了如图 6-51a 所示的富镁层（Ⅱ层）形成。

图 6-51b 所示为 I 层放大图，由表 6-11 可知，特征点 A 中的 Mg 含量为 82.35%（摩尔分数），Cu 含量为 17.65%（摩尔分数）。根据镁-铜二元合金相图，A 点组织应为 Cu/Mg 在界面发生共晶反应所生成的共晶体组织，黑色片层为 Mg（Cu）固溶体 α-Mg，白色片层为 $CuMg_2$ 金属间化合物，共晶反应过程可以用式（6-2）表达。图 6-51b 所示的 B 点 Mg 含量为 74.27%（摩尔分数），Cu 含量为 25.73%（摩尔分数）；结合镁-铜二元合金相图可以确定为 $CuMg_2$ 金属间化合物。

$$L \rightarrow CuMg_2 + \alpha\text{-}Mg \tag{6-2}$$

对 530℃、30min 条件下的焊接接头断面进行了 XRD 分析。结果表明，AZ31B 镁合金/铜箔/304 不锈钢焊接接头的显微组织由（α-Mg+$CuMg_2$）共晶组织、Cu-Mg-Al 金属间化合物、富镁层及（Cu，Al）$_{12}Mg_{17}$ 相组成，且不锈钢一侧还有 Cu 与不锈钢中的 Ni 元素形成的合金相。因此可证明以铜箔为中间层可以实现 AZ31B 镁合金/304 不锈钢异种金属的可靠冶金结合。

（3）焊接接头力学性能

1）焊接接头的显微硬度分布。在焊接温度 530℃ 时，不同保温时间下焊接接头的显微硬度分布，如图 6-53 所示。可以看到，铜对不锈钢一侧显微硬度影响不大；但是，对镁合金一侧的影响很大，呈现先增大后减小的趋势。焊接接头的最高显微硬度是在铜中间层与镁合金界面的位置，即铜中间层向镁合金扩散的位置。随着保温时间的延长，反应产生的 Cu-Mg-Al 三元金属间化合物的数量，也是呈现先增大后减小的趋势。在保温 30min 时，反应产生的 Cu-Mg-Al 三元金属间化合物的数量最多，所以显微硬度也最高。再继续延长保温时间，达到 40min 时，铜从焊接接头处继续向镁合金基体中扩散，Cu-Mg-Al 三元金属间化合物沿镁合金晶界向镁合金基体中的扩散宽度增加，浓度降低，因而接头显微硬度值降低。

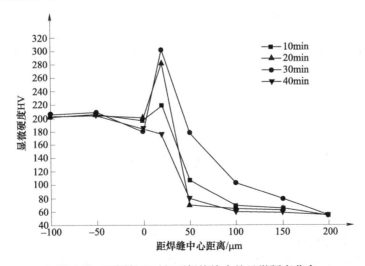

图 6-53　不同保温时间下焊接接头的显微硬度分布

2）焊接接头抗剪强度。在焊接温度 530℃ 时，不同保温时间下焊接接头的抗剪强度，如图 6-54 所示。其变化趋势与接头显微硬度的变化趋势惊人的一致，其原因也与组织的变化有关。

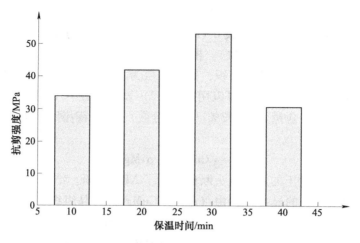

图 6-54　不同保温时间下焊接接头的抗剪强度

3）焊接接头的断口形貌，在焊接温度 530℃、保温时间 30min 时，焊接接头的断口形貌，如图 6-55 所示。可以看到韧窝及撕裂棱的存在，其断裂形式为低塑性断裂。图 6-56 所示为不锈钢一侧断口的 XRD 分析，可以看到断口上存在 Cu-Mg-Al 三元金属间化合物、α-Mg 和 CuMg$_2$ 金属间化合物。

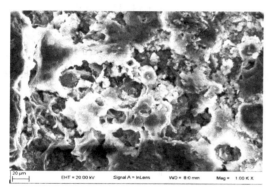

图 6-55　焊接接头的断口形貌

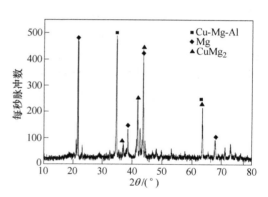

图 6-56　不锈钢一侧断口的 XRD 分析

6.6　AZ31B 镁合金-超高强度钢的 MIG 焊

6.6.1　焊接方法

（1）材料　母材为板厚 4mm 的超高强度钢板和 AZ31B 镁合金板。超高强度钢的化学成分和力学性能在表 6-12 中给出。图 6-57 所示为超高强度钢的显微组织和 XRD 分析结果，表明超高强度钢主要由 α-Fe 组成。采用直径为 1.6mm 的 AZ31、AZ61 镁合金焊丝作为填充金属。

（2）焊接坡口　图 6-58 所示为焊接坡口尺寸。

（3）焊接参数　焊接参数在表 6-13 中给出。

表 6-12 超高强度钢的化学成分和力学性能

化学成分（质量分数,%)				力学性能		
C	Mn	Si	S	R_m/MPa	R_{eL}/MPa	A（%)
0.18	1.36	0.27	0.004	1055	962	13.4

a)

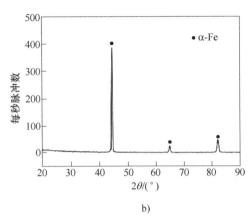

b)

图 6-57 超高强度钢的显微组织和 XRD 分析结果

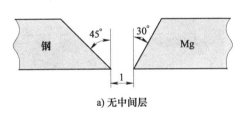

a) 无中间层

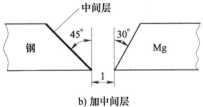

b) 加中间层

图 6-58 焊接坡口尺寸

表 6-13 焊接参数

焊丝伸出长度 /mm	氩气流量 /(L/min)	预通气时间 /s	持续通气时间 /s
18	15~18	2	3

6.6.2 无中间层的 MIG 焊

1. 焊接接头的显微组织

（1）焊缝金属的显微组织　图 6-59 所示为无中间层时的镁-钢 MIG 焊焊接接头的宏观组织，其主要由焊缝区（WZ）、界面区（IZ）和熔合区（BZ）组成。图 6-60 所示为焊缝金属的显微组织，可见为等轴晶，经 XRD 分析，焊缝组织为 α-Mg 固溶体和 α-Mg+β-$Al_{12}Mg_{17}$ 共晶组织。焊缝金属的晶粒尺寸是不均匀的，呈现从钢一侧向镁合金一侧逐渐细小的趋势（靠近钢一侧焊缝金属晶粒直径约为 24μm，而靠近镁合金一侧焊缝金属晶粒直径约为 13μm）。这是由于两侧金属的导热性能不同，使得两侧冷却速度不同所导致的：钢一侧焊缝金属的冷却速度较慢；镁合金一侧焊缝金属的冷却速度较快。

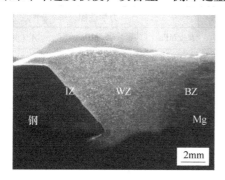

图 6-59　无中间层时的镁-钢
MIG 焊焊接接头的宏观组织

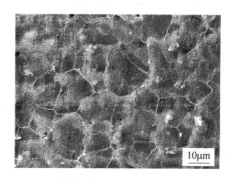

图 6-60　焊缝金属的显微组织

（2）钢一侧界面区的显微组织　使用 AZ31 镁合金焊丝作为填充金属的镁合金-超高强度钢 MIG 焊焊接接头钢一侧界面区（IZ）的 SEM 图像，如图 6-61 所示。可以看出，钢母材未熔化，在钢母材与镁合金焊缝之间形成了明显的界面层，界面层均匀、致密，无明显的焊接缺陷。表 6-14 给出了界面区化学成分的 EDS 分析结果。

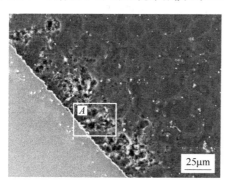

a) 低倍像

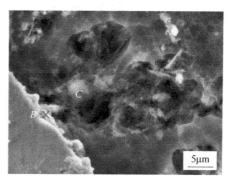

b) 高倍像

图 6-61　钢一侧界面区（IZ）的 SEM 图像

表 6-14　界面区化学成分的 EDS 分析结果（摩尔分数,%）

特征点	Al	Fe	Mg	Zn	Mn
B	33.66	29.98	36.02	0.16	0.18
C	30.27	10.91	58.27	0.36	0.19

图 6-62 所示为钢一侧断口表面的 XRD 分析，可见，在钢一侧的组织为 α-Mg、$AlFe_3$、$Mg_{3.1}Al_{0.9}$ 和 $Mg(Fe，Al)O_4$；靠近镁合金焊缝一侧主要是 $Mg_{3.1}Al_{0.9}$ 和 $Mg(Fe，Al)O_4$。

（3）熔合区的显微组织　AZ31 镁合金焊丝作为填充金属的镁合金-超高强度钢 MIG 焊焊接接头镁合金一侧熔合区（BZ）的显微组织，如图 6-63 所示。

2. 焊接接头的力学性能

1）显微硬度分布。图 6-64 所示为 MIG 焊焊接接头的显微硬度分布。

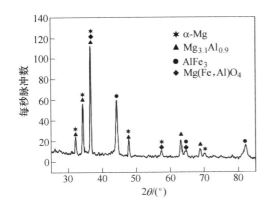

图 6-62　钢一侧断口表面的 XRD 分析

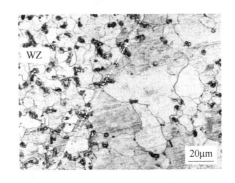

图 6-63　镁合金一侧熔合区的显微组织

2）焊接接头强度。焊接参数对焊接质量有重大影响，也同样严重影响接头强度。在焊接电流为 100A、焊接速度为 50mm/min 及焊接热输入为 2000J/cm 时，焊接接头抗拉强度最高，可以达到 170MPa 以上。

3. 焊缝成形

1）坡口角度对焊缝成形的影响。超高强度钢坡口角度 45°、镁合金坡口角度 30° 有利于改善焊缝成形和焊接质量。

2）焊丝位置对焊缝成形的影响。焊丝位置如图 6-65 所示。焊丝在位置 A

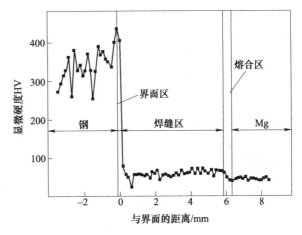

图 6-64　MIG 焊焊接接头的显微硬度分布

时，造成了钢的坡口表面受热不均，液态镁合金容易在温度较高的钢的坡口上部堆积，坡口底部的温度相对较低，影响了液态镁合金在坡口底部的流动和铺展，导致接头产生了未连接缺陷。焊丝在位置 B 时，由于钢的坡口表面受热较为均匀，焊缝成形得到了明显改善，并消除了焊缝底部的未连接缺陷。焊丝在位置 C 时，焊缝的顶部出现了明显的未填满缺陷，镁合金焊缝金属在底部聚集；焊丝在位置 D 时，镁合金母材一侧产生了明显的凹陷和咬边缺陷。所以，焊丝在位置 B 时，可以得到良好结果。

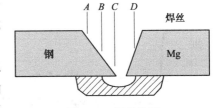

图 6-65　焊丝位置

3）焊接参数对焊缝成形的影响。在焊接电流为 100A、焊接速度为 500mm/min 及焊接热输入为 2000J/cm 时，焊缝成形最好。这实际上是焊接热输入的影响。焊接电流太小、焊接速度过快，焊接热输入就小，对母材（特别是）加热温度不高，导致产生未焊透的缺陷；而焊接电流太大、焊接速度过慢，焊接热输入就过大，导致使焊丝熔敷金属和母材熔化金属增多，焊缝区的面积和上、下余高增加，造成焊缝成形不良。

6.6.3 采用 AZ61 焊丝

采用 AZ61 焊丝，由于其铝含量高，在相同条件下，焊缝金属中含铝量就高。其焊接接头与采用 AZ31 焊丝相比，就是增加了焊缝金属中的含铝量，相应增加了含铝金属间化合物的含量（焊缝中 β-$Al_{12}Mg_{17}$ 金属间化合物增加），其焊接接头显微硬度和强度都会有相应的改变。如图 6-66 所示，其焊缝区金属显微硬度比采用 AZ31 焊丝提高到 72HV，界面区显微硬度也提高到 448HV，这可能与界面区脆硬的 $AlFe_3$ 金属间化合物增加有关。

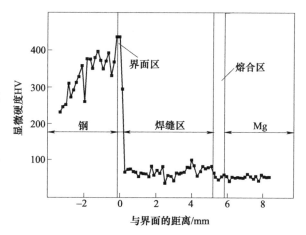

图 6-66　采用 AZ61 焊丝的接头显微硬度分布

采用 AZ61 焊丝的超高强度钢-镁合金 MIG 焊焊接接头的抗拉强度为 201MPa。与采用 AZ31 焊丝的焊接接头抗拉强度（174MPa）相比，采用 AZ61 焊丝的焊接接头强度提高了 15.5%，达到 AZ31B 镁合金母材强度的 83.8%。

6.6.4 加中间层的 MIG 焊

1. 加锌为中间层

采用纯锌箔作为中间层固定在超高强度钢的焊接坡口表面，采用 AZ31 镁合金焊丝，焊接接头具有明显的熔钎焊特征，焊缝成形良好，界面区结合较紧密，未出现明显的焊接缺陷。根据 XRD 的分析结果，焊缝金属主要由 α-Mg 固溶体和 $MgZn_2$ 金属间化合物组成。因此，α-Mg 晶界处的白色析出物主要为 $MgZn_2$ 金属间化合物。加锌中间层对焊接接头力学性能的影响如图 6-67 和图 6-68 所示。可见，锌中间层提高了焊缝金属的显微硬度，降低了焊接接头的强度。这可能是增加了 $MgZn_2$ 金属间化合物的缘故。

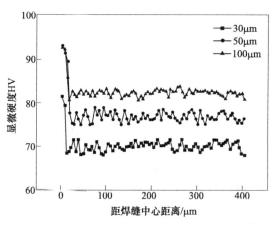

图 6-67　不同锌中间层厚度下的接头焊缝区显微硬度分布

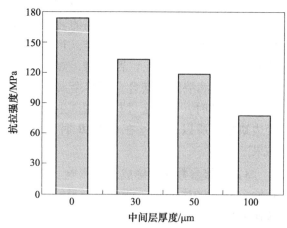

图 6-68　不同锌中间层厚度下接头的抗拉强度

2. 加铜为中间层

加铜为中间层的接头焊缝区显微组织及 XRD 分析如图 6-69 所示，其主要由 α-Mg 等轴晶组成，α-Mg 晶界处存在较多的白色析出相，且晶界处具有明显的共晶组织特征（图 6-69a），这种白色析出相为 α-Mg+Mg_2Cu 共晶组织（图 6-69a）。

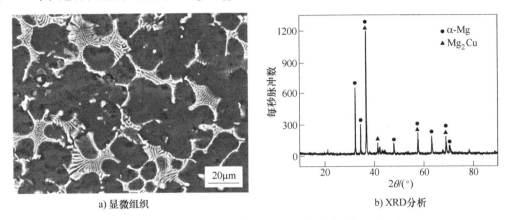

a) 显微组织　　　　　　　　　　　　　b) XRD分析

图 6-69　加铜为中间层的接头焊缝区显微组织及 XRD 分析

加铜中间层对焊接接头力学性能的影响如图 6-70 和图 6-71 所示，可见，铜中间层提高了焊缝金属的显微硬度，而对于焊接接头的强度则是先提高后降低，这可能是增加了 α-Mg+Mg_2Cu 共晶组织的影响。

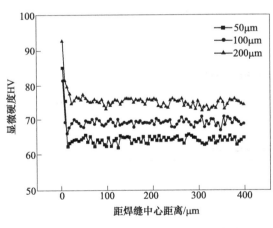

图 6-70　不同铜中间层厚度下的接
头焊缝区显微硬度分布

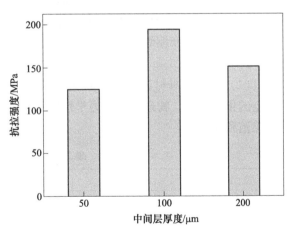

图 6-71　不同铜中间层厚度
下接头的抗拉强度

第7章

镁和其他材料的焊接

采用传统的方法焊接时，往往会出现以下一些问题。

1）两种性质不同的母材之间不能够形成合金。

2）在焊接过程中会使金相组织产生变化或生成新的组织从而使接头的性能变差。

3）传统的焊接会使熔合区及热影响区的力学性能降低。

4）由于母材的线胀系数不同，会引起结合区产生不能消除的热应力。

7.1 镁-钛的瞬间液相扩散焊

镁-钛二元相图如图 7-1 所示。鉴于镁、钛自身特征相似度很小，钛的熔点要比镁高出将近 1000℃，镁、钛相互溶解能力极差，基本不存在相互间的化学反应，也没有金属间化合物形成，使得在对镁、钛进行焊接时，会产生一系列问题，如焊接扩散区脆硬、焊件强度不高等，所以使用传统方法实现镁-钛焊接还存在诸多困难。所以镁-钛之间的焊接，只能采用爆炸焊、搅拌摩擦焊、钎焊及扩散焊等固相焊接的方法。

1. 焊接方法

（1）材料　母材为厚度 2mm 的 AZ31B 镁合金板和 TC4（Ti-6Al-4V）钛合金板。TC4 钛合金的化学成分、物理性能及力学性能见表 7-1 和表 7-2。中间层分别为 20μm 厚的纯铜箔、纯镍箔和纯铝箔。

表 7-1　TC4 钛合金的化学成分

元　素	Ti	Al	V	Fe	O
质量分数（%）	余量	6.2~6.4	4.0	0.08	0.16

表 7-2　TC4 钛合金的物理性能及力学性能

熔点/℃	密度/g·cm⁻³	剪切强度/MPa	抗拉屈服强度/MPa	抗压屈服强度/MPa	抗拉强度/MPa	断后伸长率（%）
1725	4.51	800	895	865	940	17

（2）焊接参数　采用真空扩散焊，加热温度为 520~540℃，保温时间为 5~30min，压力为 2MPa。

2. 焊接接头组织

（1）以镍为中间层　用高纯镍箔作为中间层对 AZ31B 和 TC4 异种金属进行瞬间液相扩

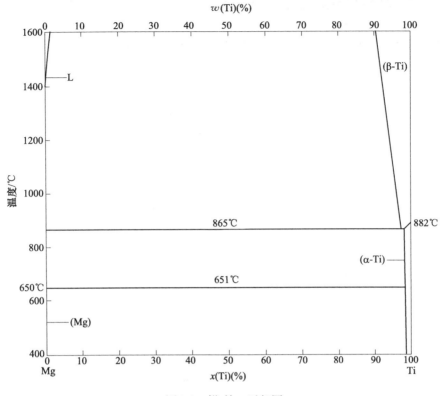

图 7-1 镁-钛二元相图

散焊时，根据镁-镍二元合金相图（图 6-16），镁-镍在 506℃发生共晶反应，生成共晶组织和 Mg_2Ni 金属间化合物，能够很好地在钛基体一侧润湿铺展。同时，钛合金中的 Ti、Al、V 元素和镁合金中的 Ti、Al 元素均能与中间层 Ni 发生相互扩散，分别在 Ti/Ni 和 Ni/Mg 界面形成共晶组织和金属间化合物（图 7-2 和图 7-3），从而形成冶金连接。脆性相金属间化合物

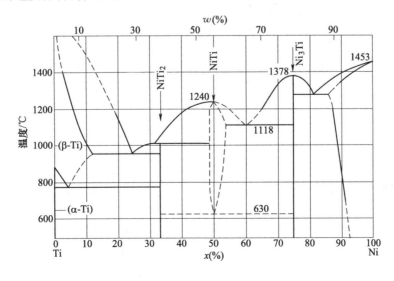

图 7-2 钛-镍二元合金相图

层的厚度可以通过改变焊接参数进行调节，以降低脆性相对接头性能的影响。图 7-4 所示为 $T=520℃$、$t=10min$ 时的接头组织。图 7-5 所示为接头主要元素分布。图 7-6 所示为 520℃、10min 接头断面 XRD 分析。可以看到接头组织由复杂的金属间化合物组成。

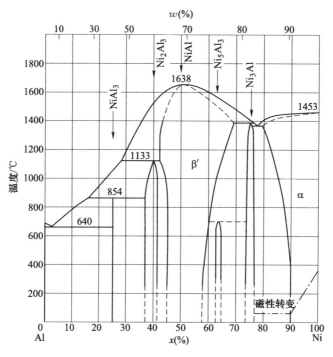

图 7-3　铝-镍二元合金相图

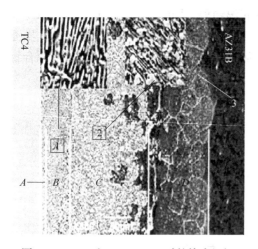

图 7-4　$T=520℃$、$t=10min$ 时的接头组织

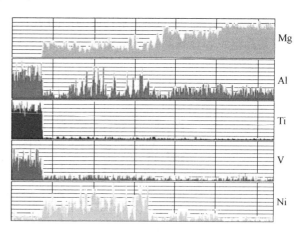

图 7-5　接头主要元素分布

（2）以铜为中间层　图 7-7 所示为 $T=530℃$、$t=10min$ 时 AZ31B/Cu/TC4 扩散焊接头组织及元素分布。可以看出，AZ31B/Cu/TC4 接头元素呈层状不均匀分布，中间层铜原子向两侧母材迁移，并且逐渐生成不同的扩散层（A、B、C 层）。在靠近 AZ31B 一侧的 A 层，沿晶界析出的白色组织中存在大量 Mg，而 Cu、Al 则大量地向灰色区域迁移；A、B 层中 Mg、

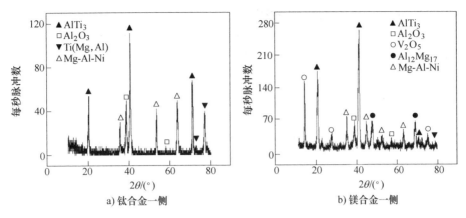

图 7-6 520℃、10min 接头断面 XRD 分析

Al、Cu 元素的含量不稳定，曲线最高点与最低点间的差距较大，B 层白色的第二相颗粒状组织铝含量与铜含量相当；C 层中沿 TC4 界面分布的块状物质是 Mg-Al-Cu 三元化合物，并有少量 Ti、V 存在；钛合金母材中含有大量 Ti、V 元素，但镁含量却很少，且没有发现铜原子聚集在 Ti-6Al-4V 母材内。

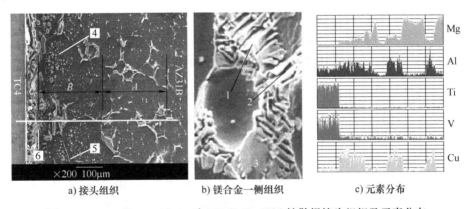

图 7-7 $T=530℃$、$t=10min$ 时 AZ31B/Cu/TC4 扩散焊接头组织及元素分布

表 7-3 给出了图 7-7 所示各特征点的 EDS 分析结果。A 层中的共晶组织中的白色区域（特征点 1）是 Mg_2Cu 金属间化合物，黑色区域（特征点 2）主要是由 Cu 元素形成的 α-Mg 固溶体；白色块状组织（特征点 3）是 Mg_2Cu 金属间化合物。

表 7-3 图 7-7 所示各特征点的 EDS 分析结果（摩尔分数,%）

特征点	1、2	3	4	5	6
Mg	81.75	80.23	58.05	48.45	—
Cu	18.25	19.77	35.94	24.81	64.29
Al	—	—	6.01	26.74	35.71

B 层中有沿镁合金母材晶界析出的球形颗粒组织（特征点 4），EDS 分析认为，根据 Mg-Al-Cu 三元合金相图（图 6-52）可推断该组织为 $(Cu, Al)_{12}Mg_{17}$。根据 B 层中沿镁合金母材晶界析出的细条状组织（特征点 5）的 EDS 测试结果和 Mg-Al-Cu 三元相图（图 6-52），

该组织应该为 Mg-Al-Cu 三元金属间化合物。

C 层中充满了 Cu 元素，还有部分 Mg、Al 存在，说明 Cu 中间层中的 Mg 和 Al 分别来自于 AZ31B 镁合金母材一侧和 TC4 钛合金母材一侧，形成 γ-Cu 固溶体。从图 7-7 中还可以看出，C 层中还含有少量白色亮条状组织（特征点 6），EDS 分析结果显示，其组织成分以 Al、Cu 为主，可见，Al 向 Cu 中间层大量迁移，形成白色亮条状 Cu₂Al 金属间化合物。

根据对图 7-7 所示各特征点的分析（表 7-3）认为，在钛合金一侧形成了 Cu₂Al 和 Cu₃Ti 两种金属间化合物；在镁合金一侧则形成了（Cu，Al）₁₂Mg₁₇、Mg₂Cu 和 Mg-Cu-Al 三种金属间化合物。各金属间化合物的相对含量如图 7-8 所示。

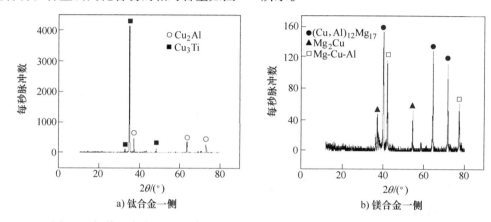

图 7-8　焊接温度为 530℃，保温时间为 10min 时的焊接接头断口的 XRD 分析

（3）以铝为中间层　图 7-9 所示为 T=540℃ 时，不同保温时间的 AZ31B/Al/TC4 接头的组织。当保温时间较短（5min）时（图 7-9a），可以看到接头界面处有一白色块状 Ti₃Al 金属间化合物，与 TC4 钛合金相连，均匀分布于钛合金一侧，其厚度约为 20μm；蜂窝状（α-Mg+Mg₂Al）共晶组织沿 Ti₃Al 金属间化合物层向镁合金一侧生长，其厚度约为 50μm；同时，在共晶组织与 AZ31B 之间还存在一层约为 70μm 厚的富 Mg 层。当保温时间延长至 10min（图 7-9b）时，白色块状 Ti₃Al 金属间化合物层更加连续致密，其厚度增加到 50μm；这时（α-Mg+Mg₂Al）共晶组织向镁合金一侧扩散更加深入，整个共晶组织层厚度达到 200μm 以上，共晶液相呈连续宽大的片状分布，充满整个接头区。与保温时间为 5min 时相比，富 Mg 层已消失，被共晶组织代替。将保温时间继续延长至 20min 后（图 7-9c），共晶液相组织均匀铺展于整个 AZ31B 镁合金母材表面，呈连续网格状分布；靠近 TC4 侧的白色块状 Ti₃Al 金属间化合物层消失，在该处有白色点状组织出现，经过 EDS 分析，该白色点状组织中主要含 84.98%（摩尔分数）的 Al 和 14.58% 的 Mg，说明 Al 富集于此。保温时间为 30min 时的接头没有明显的金属间化合物层和共晶组织层（图 7-9d），镁合金母材呈波浪状分布，亮白色条纹是 Al 沉积于整个 AZ31B 镁合金晶界上；白色点状 Al₁₂Mg₁₇ 金属间化合物均匀分布于 AZ31B 镁合金母材中。

图 7-10 所示为 T=540℃、t=5min 时 AZ31B/Al/TC4 接头组织及元素分布。可以看出，扩散焊接头呈层状结构，镁合金与钛合金的界面结合紧密，未出现裂纹、孔洞等缺陷，说明以铝箔为中间层可以实现 AZ31B 镁合金和 TC4 钛合金异种金属材料之间的焊接。

表 7-4 给出了图 7-10 所示各特征点的 EDS 分析结果。图 7-11 所示为 T=540℃、t=5min

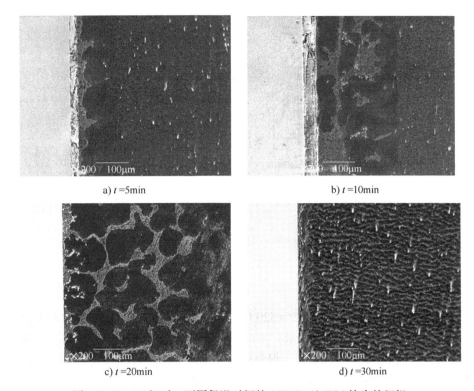

a) $t = 5$min

b) $t = 10$min

c) $t = 20$min

d) $t = 30$min

图 7-9　$T = 540℃$ 时，不同保温时间的 AZ31B/Al/TC4 接头的组织

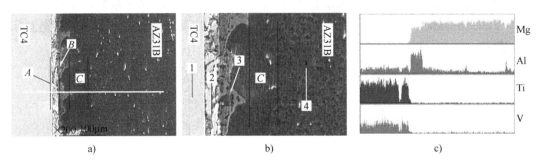

a)

b)

c)

图 7-10　$T = 540℃$、$t = 5$min 时 AZ31B/Al/TC4 接头组织及元素分布

时 AZ31B/Al/TC4 接头的 XRD 分析。可以确定，这时的 AZ31B/Al/TC4 接头从钛合金一侧至镁合金一侧的显微组织依次是：α-Ti 固溶体、Ti_3Al 金属间化合物，（α-Mg+Mg_2Al）共晶组织及少量 $Al_{12}Mg_{17}$。

表 7-4　图 7-10 所示各特征点的 EDS 分析结果（摩尔分数,%）

特征点	1	2	3	4
Mg	0.68	0.41	66.74	97.85
Al	13.97	21.19	33.26	2.09
Ti	81.14	78.40	—	—
V	4.21	—	—	0.06

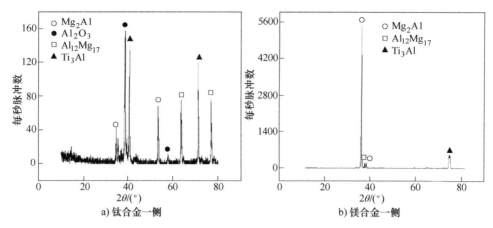

a) 钛合金一侧   b) 镁合金一侧

图 7-11 $T=540℃$、$t=5min$ 时 AZ31B/Al/TC4 接头的 XRD 分析

3. 焊接接头力学性能

（1）以镍为中间层

1）焊接接头显微硬度分布：对 $T=520℃$、不同保温时间下 AZ31B/Ni/TC4 焊接接头进行显微硬度测试，结果如图 7-12a 所示。可以看到，不同保温时间接头的显微硬度从钛合金一侧至镁合金一侧呈减小趋势。其中，保温时间为 10min 时的显微硬度值较高，在靠近 TC4 侧出现最大值，为 330.09HV。结合 AZ31B/Ni/TC4 接头显微组织分析可知，显微硬度值的增大是由于 Mg-Al-Ni 三元金属间化合物的形成。

2）焊接接头强度：图 7-12b 所示为 AZ31B/Ni/Ti-6Al-4V 焊接接头在 $T=520℃$、不同保温时间下的抗剪强度。从此图中可见，焊接接头的抗剪强度随着保温时间的增加呈先上升再下降的趋势。

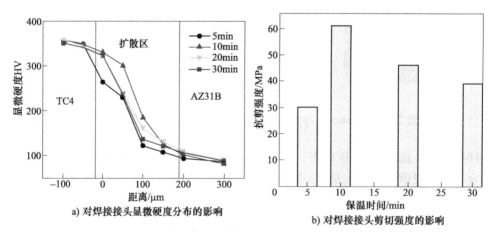

a) 对焊接接头显微硬度分布的影响   b) 对焊接接头剪切强度的影响

图 7-12 $T=520℃$、不同保温时间下 AZ31B/Ni/TC4 焊接接头力学性能

3）断口形貌：图 7-13 所示为 $T=530℃$、$t=10min$ 时 AZ31B/Ni/TC4 焊接接头的断口形貌。接头沿 Ti/Ni 界面发生剪切断裂，这是因为沿 Ti/Ni 界面有一些块状脆性金属间化合物析出，所以就在该界面发生断裂。从图 7-13 中还可以看出，断口存在平台，为片层状共晶组织沿晶内断裂的反应层，具有一定韧性，同时还可以观察到断裂后的一些凹坑，该处为母

材中的增强相,所以该焊件的断口以韧-脆混合断裂为主。

(2) 以铜为中间层

1) 焊接接头显微硬度分布:如图 7-14 所示,不同保温时间下焊接接头的显微硬度为从钛合金母材一侧至镁合金母材一侧呈先减小后增大最后再减小的变化规律,保温时间为 20min 时扩散区的显微硬度值整体偏高,最大值为 292.87HV。从 AZ31B/Cu/TC4 焊接接头显微组织可知,焊接界面硬度值的减小,是因为脆性相 Mg-Cu-Al 三元金属间化合物的形成。还可以看出,Cu 中间层向 AZ31B

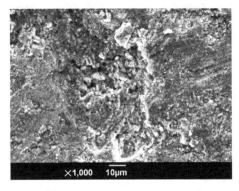

图 7-13 $T=530℃$、$t=10min$ 时 AZ31B/Ni/TC4 焊接接头的断口形貌

镁合金母材的扩散,对其显微硬度值的影响不是很大,但在靠近 TC4 钛合金母材一侧,显微硬度值呈直线下降趋势,说明在相同工艺条件下 Mg 比 Ti 在中间层 Cu 中的扩散更加充分。

2) 焊接接头强度:图 7-15 所示为 $T=520℃$ 时,不同保温时间下焊接接头的抗剪强度。从此图中可见,焊接接头的抗剪强度随着保温时间的延长呈先上升后下降,最终在 30min 趋于平缓,当保温时间为 20min 时,其焊接接头的抗剪强度最大值为 69MPa,是 AZ31B 母材的 49%。

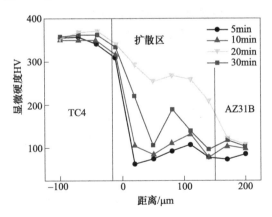

图 7-14 $T=520℃$ 时,不同保温时间下焊接接头的显微硬度分布

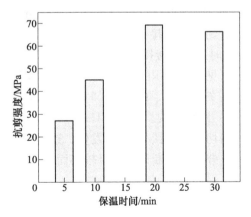

图 7-15 $T=520℃$ 时,不同保温时间下焊接接头的抗剪强度

3) 断口形貌:$T=520℃$、$t=20min$ 时 AZ31B/Cu/TC4 焊接接头的断口形貌如图 7-16 所示。可以看到,断口为韧-脆混合断裂,断口表面呈小而多的平台状,塑性较好。从接头界面显微组织分析可知,在该焊接温度和保温时间下产生了大量板条状共晶液相均匀铺展于接头界面处,共晶组织的存在有助于增大焊件的塑性。

(3) 以铝为中间层

1) 焊接接头显微硬度分布:$T=540℃$ 时,不同保温时间下焊接接头的显微硬度分布如图 7-17 所示。结果表明,焊接接头的显微硬度从钛合金一侧到镁合金一侧逐渐降低,并有两个明显的平台，靠近 TC4 一侧的第一个硬度平台对应的组织为 Ti_3Al 脆性金属间化合物。同时，接头的显微硬度最大值在保温时间为 10min 时的 Ti_3Al 金属间化合物层，约为 306.87HV；且保温 10min 时的 Ti_3Al 金属间化合物层厚度最大。第二个硬度平台靠近 AZ31B 一侧，该层主要为 Mg-Al 共晶组织。而保温 30min 的焊接接头显微硬度分布减小趋势较为平缓，没有过大起伏，也没有出现平台阶段，这是因为焊接接头没有出现明显的层状组织，中间层铝已完全均匀扩散至镁、钛中，整个扩散区均匀分布波浪状镁合金母材组织。

图 7-16　T = 520℃、t = 20min 时
AZ31B/Cu/TC4 焊接接头的断口形貌

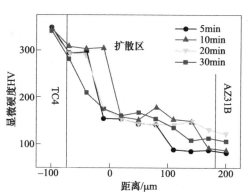

图 7-17　T = 540℃时，不同保温
时间下焊接接头的显微硬度分布

2）焊接接头强度：T = 540℃时，不同保温时间下焊接接头的抗剪强度如图 7-18 所示。可以看到，焊接接头抗剪强度随保温时间的延长呈先增大后减小的趋势。当保温时间为 20min 时，其焊接接头抗剪强度最大，约为 71MPa，是 AZ31B 母材的 50.7%。

可见共晶组织的存在有助于提高焊接接头抗剪强度，应尽可能减少脆性相化合物的产生。在 T = 540℃、t = 20min 时，可以得到力学性能较优的焊接接头。

3）断口形貌。T = 540℃、t = 20min 时 AZ31B/Al/TC4 焊接接头的断口形貌如图 7-19 所示。剪切断裂沿钛/铝界面发生，这是因为这时的接头沿钛/铝界面有一白色点状的富 Al 金属间化合物层。断口形貌呈较小而浅的韧窝状，属于韧性断裂的一种。

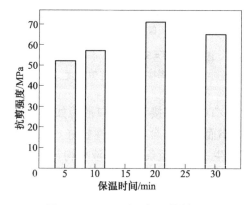

图 7-18　T = 540℃时，不同保温
时间下焊接接头的抗剪强度

图 7-19　T = 540℃、t = 20min 时
AZ31B/Al/TC4 焊接接头的断口形貌

7.2 镁-钛的爆炸焊

1. 材料

选用厚度为 3mm 的工业纯钛 TA2 作为覆板材料，厚度为 10mm 和 15mm 的 AZ31B 镁合金作为基板材料制备 Mg/Ti 复合板。选用厚度为 1mm 的 AA6061 铝合金板材作为中间层制备 Mg/Al/Ti 三层复合材料。AZ31B、TA2 与 AA6061 的化学成分、力学性能以及主要的物理化学性能见表 7-5~表 7-7。

表 7-5　AZ31B、TA2 与 AA6061 的化学成分（质量分数,%）

材料	C	N	O	Ti	Mg	Mn	Al	Fe
AZ31B	—	—	—	—	余量	0.4	3.22	0.0019
TA2	0.01	0.008	0.13	余量	—	—	—	0.02
AA6061	—	—	—	0.15	0.8~1.2	0.15	余量	0.7

表 7-6　AZ31B、TA2 与 AA6061 的力学性能

材料	力学性能				
	抗拉强度 R_m/MPa	屈服强度 $R_{p0.2}$/MPa	断后伸长率 A（%）	断面收缩率 Z（%）	硬度 HV
AZ31B	210~240	150~170	12~15	11	70
TA2	440~560	300~430	20~30	50	160
AA6061	280~310	250~280	25~28	40	95

表 7-7　AZ31B、TA2 与 AA6061 主要的物理化学性能

材料	主要物理性能					晶格类型
	密度 ρ /(g/cm³)	熔点 /℃	比热容 C /[J/(kg·K)]	热导率 /[W/(m·K)]	线膨胀系数 /10^{-6}K^{-1}	
AZ31B	1.7	650	580	156	18	密排六方
TA2	4.5	1670	540	15	8	密排六方
AA6061	2.7	660	940	206	24	面心六方

2. 爆炸焊工艺

（1）爆炸焊装置　图 7-20 所示为复合板爆炸焊装置示意图。

基板与覆板之间的间距

$$H = 3k\delta R \qquad (7-1)$$

式中　k——常数；

δ——炸药厚度（mm）；

R——单位面积装药质量和覆板

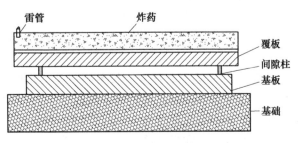

图 7-20　复合板爆炸焊装置示意图

233

质量之比。

通过上述公式以及实际经验来确定爆炸焊基板与覆板之间的间距为 3mm。

（2）单位面积装药质量　　　　　　　　　　$C = Rm_f$　　　　　　　　　　　　　　（7-2）

式中　R——单位面积装药质量与覆板质量之比，R 值一般选取 1~3，鉴于镁合金塑性变形能力较差的特性，选取 R 值为 1.5；

　　　m_f——覆板质量（kg）。

（3）爆炸焊焊接参数（表 7-8）

表 7-8　爆炸焊焊接参数

材料组合	安置方式	炸药类型	引爆方式	间距 h/mm	炸药密度 ρ/g·cm^{-3}	炸药厚度 δ/mm	爆速 v/m·s^{-1}
Mg/Ti	平行安装	铵油炸药	边缘起爆	3	2.8	4	2500
Mg/Al/Ti	平行安装	铵油炸药	边缘起爆	1 和 3	2.8	5	2500

3. 爆炸焊后的热处理工艺

由于镁、钛两者的熔点相差较大且镁合金的熔点限制了热处理温度的提高，与此同时为了避免镁合金晶粒的严重长大，热处理温度应当低于 500℃。

Mg/Ti 复合板爆炸焊后的热处理工艺参数见表 7-9。

表 7-9　Mg/Ti 复合板爆炸焊后的热处理工艺参数

参数	试样 1	试样 2	试样 3	试样 4
加热温度/℃	450	450	490	490
保温时间/h	4	8	4	8
冷却方式	空冷	空冷	空冷	空冷

4. 爆炸焊界面的形成过程和组织

图 7-21 所示为爆炸焊界面的形成过程。图 7-22 所示为复合板界面金相组织，上面是钛板，下面是镁合金基板。从图中可以看到 Mg/Ti 复合板界面处结合良好，并未出现破碎的颗粒、气孔、夹杂、空洞与微裂纹等，说明镁合金基体与钛之间形成了良好结合。结合界面主要由平直界面和介于平直界面与波形界面之间的微波形界面组成。

在镁合金一侧，晶粒变形较为严重，靠近界面为细小的团絮状组织，距离界面大约 300μm 处，发现绝热剪切带（ASB）组织。爆炸焊过程中，剧烈的塑性变形导致组织中产生了绝热剪切带，如图 7-23 所示。从图 7-23 中可以看出，绝热剪切带经过腐蚀剂腐蚀后呈白色带状，且与炸药爆炸方向成 45°倾斜，界面一直延伸到镁合金。在高倍显微镜下观察可以发现：绝热剪切带穿插在镁合金变形晶粒内，呈树枝状形貌。绝热剪切带内部与两边基体不同，内部晶粒一般都较细，晶粒沿中心内部逐渐向基体两侧演变。

图 7-24 所示为 Mg/Ti 复合板界面扫描及元素分布。从图 7-24a 中可以看到，Mg/Ti 界面产生了一些突起和旋涡。这是由于在爆炸焊过程中，覆板 TA2 与基板 AZ31B 镁合金发生快速碰撞，高温和高压环境便在 Mg/Ti 结合界面形成，在这样的环境下 AZ31B 基板由于产生剧烈的塑性变形，在碰撞前产生突起，进入的射流被突起的波峰阻挡，从而形成类似象鼻状的显微组织。旋涡的产生是由于基、覆板金属在碰撞时产生的剧烈塑性变形热引起的，这种

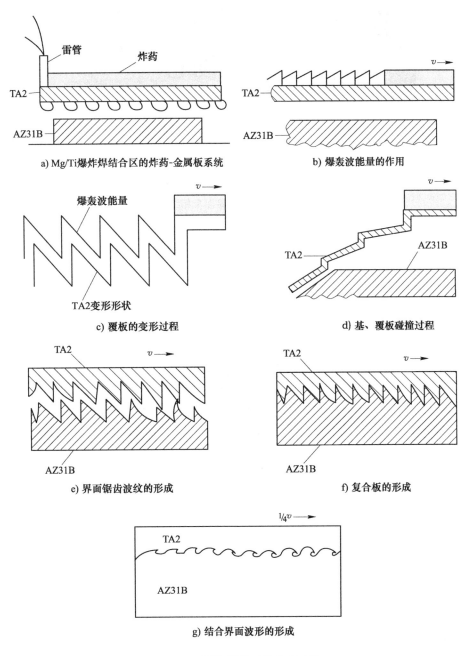

a) Mg/Ti爆炸焊结合区的炸药-金属板系统

b) 爆轰波能量的作用

c) 覆板的变形过程

d) 基、覆板碰撞过程

e) 界面锯齿波纹的形成

f) 复合板的形成

g) 结合界面波形的形成

图 7-21　爆炸焊界面的形成过程

塑性变形保证了镁-钛爆炸焊的有效结合。由于形成了象鼻状突起，使得 Mg/Ti 波形界面的结合面积增大，从而增大了界面的结合强度。

在界面左右进行线扫描，结果如图 7-24b 所示，由此可以看出在 AZ31B 与 TA2 之间存在着微弱的扩散。

5. 焊接接头力学性能

（1）焊接接头显微硬度分布　图 7-25 所示为焊接接头显微硬度分布。可以看到，在界

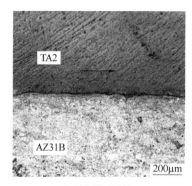 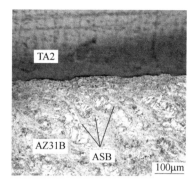

a) 低倍界面组织   b) 高倍界面组织

图 7-22 复合板界面金相组织

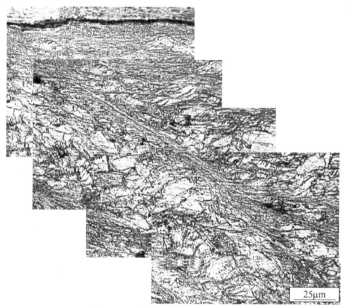

图 7-23 复合板界面的 ASB 组织

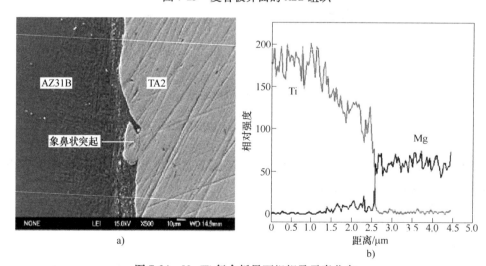

a)   b)

图 7-24 Mg/Ti 复合板界面组织及元素分布

面两侧一定范围内的显微硬度都比母材高，这也进一步说明是扩散引起了组织的变化，导致显微硬度的提高。

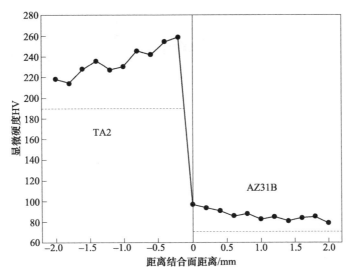

图 7-25 焊接接头显微硬度分布

（2）拉伸性能 图 7-26 所示为 Mg/Ti 复合板拉伸试验的应力-应变曲线图，由曲线图可以知道，复合板的拉伸断裂过程可以划分为 4 个阶段：阶段 1 为弹性变形阶段；阶段 2 为塑性变形阶段；阶段 3 为 AZ31B 镁合金基板断裂阶段；阶段 4 为 TA2 覆板断裂阶段。

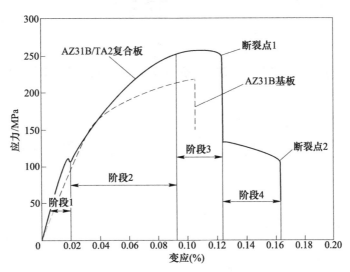

图 7-26 Mg/Ti 复合板拉伸试验的应力-应变曲线图

（3）弯曲性能 ①将 TA2 板在上、AZ31B 板在下进行正弯试验；②AZ31B 板在上、TA2 板在下进行背弯试验。由于镁合金的塑性较差，钛的塑性较好，所以在正弯试验中，镁合金在承受较小弯曲度时就发生断裂，而在背弯试验中，钛并没有发生断裂，最后也是在镁合金一侧产生裂纹，如图 7-27 所示。所以可以认为钛的添加改善了镁合金的力学性能，使镁合金的抗弯曲性能得到提高。

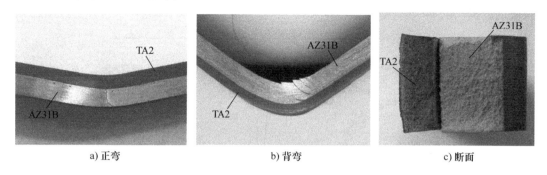

a) 正弯　　　　　　　　　b) 背弯　　　　　　　　　c) 断面

图 7-27　Mg/Ti 复合板弯曲试验结果

（4）冲击韧度　V 形缺口夏比冲击韧度为 12.71J。试验后的 Mg/Ti 复合板冲击试样断口形貌如图 7-28 所示。可以看到，镁合金几乎没有发生变形。

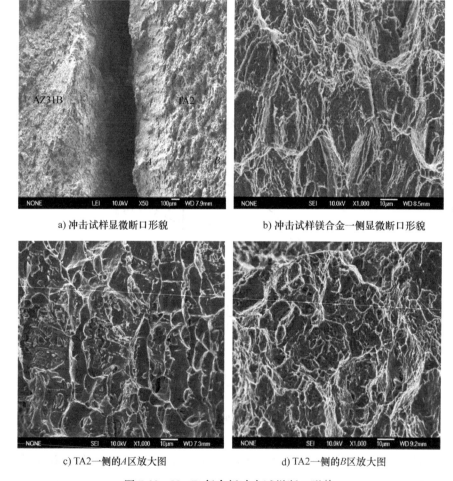

a) 冲击试样显微断口形貌　　　　　　　　b) 冲击试样镁合金一侧显微断口形貌

c) TA2 一侧的 A 区放大图　　　　　　　　d) TA2 一侧的 B 区放大图

图 7-28　Mg/Ti 复合板冲击试样断口形貌

图 7-28a 所示为冲击试样显微断口形貌。图 7-28b 所示为冲击试样镁合金一侧显微断口

形貌，可以看到，镁合金一侧断口为准解理断裂，韧窝数量较少，而且小而浅，并可见大量的解理刻面及其上的河流花样、解理台阶。这些解理或准解理区域有大有小，分布也不均匀。图 7-28c 所示为 TA2 一侧的 A 区放大图，它是靠近结合界面处的断口，从图中可以看出该处断口形貌为准解理加韧窝特征。由于钛在靠近结合界面处的部分与基板 AZ31B 镁合金发生了剧烈碰撞，产生了较大塑性变形，导致钛一侧内部产生了高密度的位错，形成了大量的缠绕位错，使材料的塑性和韧性急剧下降，从而在靠近结合界面处发生加工硬化，致使材料在断裂中发生脆性断裂。图 7-28d 所示为 TA2 一侧的 B 区放大图，它远离结合面，从图中可以看出，该处冲击断口形貌以韧窝特征形貌为主并伴有少量的准解理形貌。其中韧窝数量比 A 区多，且断口表面的微孔尺寸较大也较深。这是由于钛本身对裂纹的扩展有较强的抵抗能力，且同时表明覆板 TA2 在断裂前发生了明显的塑性变形，从而消耗的能量相对较大，形成的韧窝也就较多。

6. 热处理对 Mg-Ti 爆炸焊的影响

（1）热处理状态下 Mg/Ti 界面组织的变化　图 7-29 和图 7-30 所示为热处理后 AZ31B/TA2 复合板界面 SEM 形貌图和热处理后 Mg/Ti 界面元素扩散 EDS 图。

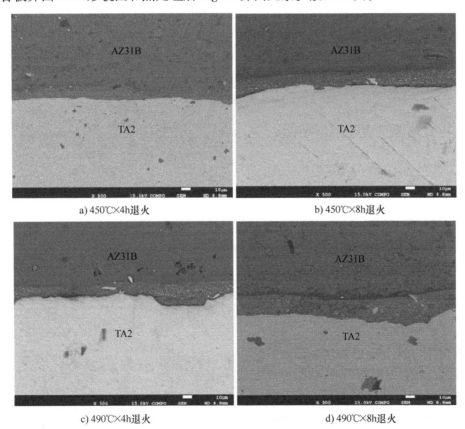

a) 450℃×4h退火

b) 450℃×8h退火

c) 490℃×4h退火

d) 490℃×8h退火

图 7-29　热处理后 AZ31B/TA2 复合板界面 SEM 形貌图

从图 7-29 中可以看到，随着热处理温度的提高和保温时间的延长，扩散区范围在扩大。从图 7-30 中可以看到，随着热处理温度的提高和保温时间的延长，元素的扩散范围在扩大。

（2）热处理状态下 Mg/Ti 爆炸焊界面的显微硬度分布　将图 7-31 和图 7-25 对比，可以

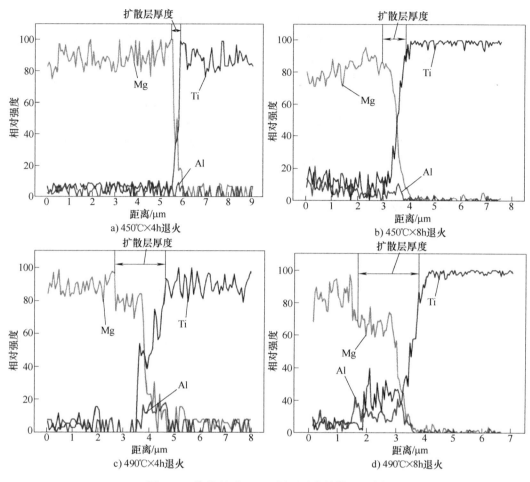

a) 450℃×4h退火

b) 450℃×8h退火

c) 490℃×4h退火

d) 490℃×8h退火

图 7-30　热处理后 Mg/Ti 界面元素扩散 EDS 图

明显看出热处理后界面两侧的显微硬度较爆炸焊后有所降低。在镁合金一侧，随着热处理温度的提高及保温时间的延长，显微硬度明显降低，这是由于在 450℃、490℃ 热处理时镁合金的组织发生了改变。镁合金的再结晶温度为 300℃，所以在热处理温度下，镁合金已发生退火再结晶，随着温度的提高，晶粒发生长大和软化，因而显微硬度也明显降低。而对于钛一侧，显微硬度较爆炸焊后只稍微减小，这是由于钛合金的再结晶温度较高，晶粒形态并没有发生明显的改变。显微硬度的降低只是因为热处理释放

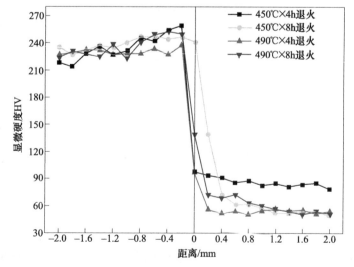

图 7-31　不同热处理后界面的显微硬度分布

了界面的残余应力。

7. Mg-Al-Ti 三层爆炸焊界面组织及性能

（1）Mg-Al-Ti 三层爆炸焊接头组织　图 7-32 所示为复合板界面 SEM 形貌。图 7-33 所示为界面元素 EDS 图。

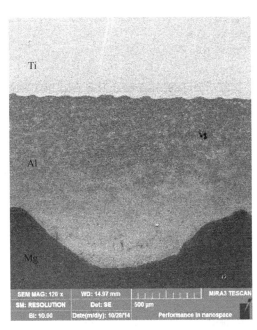

图 7-32　复合板界面 SEM 形貌

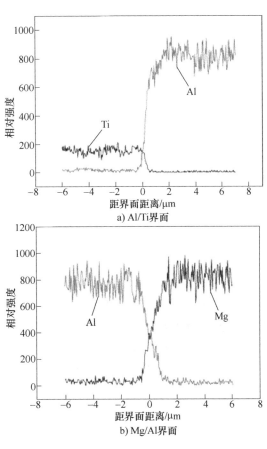

a) Al/Ti界面

b) Mg/Al界面

图 7-33　界面元素 EDS 图

从图 7-32 中可以看出，Mg/Al 界面和 Al/Ti 界面均出现爆炸焊所特有的波浪形貌。这种形貌表明爆炸焊过程中，在 Mg/Al 和 Al/Ti 界面均发生激烈的碰撞，使金属间发生剧烈的塑性变形，且没有较为明显的金属间化合物产生。值得注意的是，作为中间层的 AA6061，在上下表面均出现了波浪状形貌。Al/Ti 界面的波形较小，而 Mg/Al 界面的波形较大。对于爆炸焊 Mg/Ti 复合板界面来说，由于爆炸冲击过程中能量较大，导致结合无法正常产生波浪形貌，而对于三层复合板的爆炸焊，中间层的存在缓冲了一定的能量，使复合板发生了正常的结合。

如图 7-33 所示，在 Al/Ti 界面和 Mg/Al 界面元素均发生了一定的扩散，从而产生了冶金结合，这样的冶金结合有利于复合板的整体结合强度。该现象在爆炸焊 Mg/Ti 复合板中并未观察到，说明添加中间层的爆炸焊方法有利于 Mg、Ti 的结合。还可以看出，元素线扫描曲线在界面处发生斜坡式的过渡，并没有在中间位置出现台阶状平缓的线扫描曲线，说明在结合界面并没有生成影响复合板性能的金属间化合物，在结合界面只是发生了各自元素固溶度之内的正常扩散，因而再次证明此处采用了合适的爆炸焊工艺。同样可以看出，相对于 Al，在 Mg/Al 界面的扩散程度要比 Al/Ti 界面的剧烈，说明 Mg 相对于 Ti 比较软，易于发生塑性变形，Al 更容易与 Mg 发生扩散，Al 在 Mg 中的扩散激活能较 Al 在 Ti 中的扩散激活能小，且由于 Mg/Al 界面的塑性变形较 Al/Ti 界面大，塑性变形导致界面的激活原子较多，从而认为扩散更容易在 Mg/Al 界面发生。

（2）Mg-Al-Ti 三层爆炸焊复合板力学性能

1）三层复合板界面显微硬度：图 7-34 所示为三层爆炸焊复合板界面显微硬度分布。可以看出，Mg/Al 界面和 Al/Ti 界面显微硬度变化程度不同。由于在两个结合界面均发生了剧烈的塑性变形，塑性变形会使结合界面产生加工硬化，导致其硬度升高。首

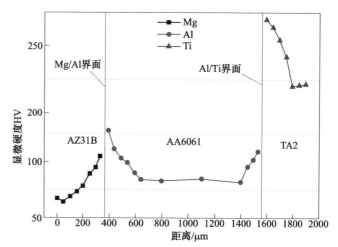

图 7-34　三层爆炸焊复合板界面显微硬度分布

先，对于 Mg/Al 界面，显微硬度在结合界面处明显升高。对于 AA6061 中间层，在 Mg/Al 界面显微硬度比 Al/Ti 界面明显提高。由图 7-34 可知。Mg/Al 界面 Al 侧塑性变形较大，加工硬化现象较为严重，导致其显微硬度值更高。

2）三层复合板拉伸性能：图 7-35 所示为三层复合板拉伸性能。复合板的断裂经过三个阶段，在拉伸开始时载荷先上升一段时间，上升速率较快，然后上升速率开始降低，这是由于复合板在爆炸焊过程中基-覆板发生剧烈变形，表面有轻微的弯曲度，所以在初期加载过程中，会发生相应调整，使应力的上升速率发生改变。经过适当调整后，复合板在拉伸载荷的作用下试样变得平整，上升速率增大，直至复合板发生分离。可以看出，复合板经历了一定的塑性阶段，最高应力达到 290MPa，在 Mg/Al 界面发生分离，应力在该处急速下降，然后裂纹沿着界面开始

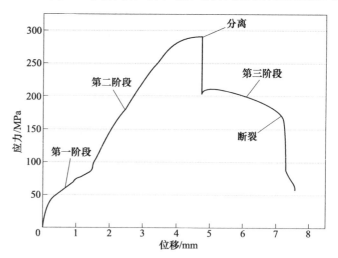

图 7-35　三层复合板拉伸性能

传播，应力继续平缓下降，直至最后在基板 Mg 侧发生断裂。在整个断裂过程中，Al/Ti 界面并没有发生分离断裂。因此认为，在三层复合板的断裂过程中，由于 Ti 的强度较高，因而断裂发生在 Mg/Al 界面。另一种原因可能为 Al/Ti 界面的波纹较细密，而 Mg/Al 界面波纹较粗大，导致 Al/Ti 界面的结合强度较大。

3）三层复合板弯曲性能：图 7-36 所示为三层复合板三点弯曲试验结果形貌图。

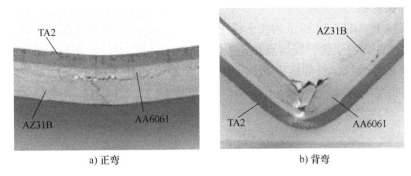

a) 正弯　　　　　　　　　　　b) 背弯

图 7-36　三层复合板三点弯曲试验结果形貌图

7.3　镁-钛的冷金属过渡焊

1. 焊接方法

（1）材料　母材为厚度 1mm 的工业纯钛和 AZ31B 镁合金，采用直径为 1.6mm 的 AZ61、AZ92 镁合金焊丝。

（2）焊接工艺　采用搭接接头的形式，如图 7-37 所示，搭接方式有两种：一、钛板在下，镁板在上（钛下镁上）；二、钛板在上，镁板在下（钛上镁下）。焊接电源分为一元化焊接和非一元化焊接两种模式。非一元化焊接的电弧电压、焊接电流以及送丝速度互不影响，相互独立，可以对其进行调节；一元化焊接即焊接电源的一元化模式，送丝速度直接决定电弧电压以及焊接电流。

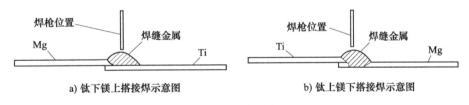

a) 钛下镁上搭接焊示意图　　　　　　　　　b) 钛上镁下搭接焊示意图

图 7-37　焊接示意图

（3）焊接参数

1）钛下镁上：钛下镁上一元化搭接焊不可行，因此采用非一元化搭接焊，使用焊丝 AZ61 和 AZ92，这些焊丝能够实现异种金属的有效连接。优化的焊接参数下，接头焊缝成形较好。

① 使用 AZ61 镁焊丝：焊接电流为 50~70A，电弧电压为 10~19V，焊接速度为 4.5~8.84mm/s，送丝速度为 3~6m/min。

② 使用 AZ91 镁焊丝：焊接电流为 56~73A，电弧电压为 10~19V，焊接速度为 7.14mm/s，送丝速度为 4.5~5.0m/min。最佳焊接参数为：电弧电压 13V，送丝速度 5.0m/min，焊接速度 7.14mm/s。

2）钛上镁下：采用一元化搭接焊，使用直径为 1.6mm 的焊丝 AZ61。送丝速度为

12.5m/min，焊接速度为 7.14mm/s、电弧电压为 10~19V。

2. 焊接接头组织

（1）钛下镁上　图 7-38 所示为钛下镁上的非一元化搭接焊接头形貌。可以看到，对镁来说是熔化焊接头，由于钛、镁熔点相差太大，钛还不能够熔化，所以对钛来说，则是钎焊接头。图 7-39 所示为钛的钎焊接头 SEM 组织，表 7-10 给出了图 7-39 所示各特征点的元素含量和可能的相组成。

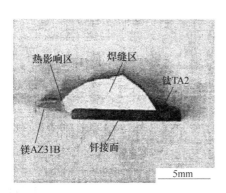

图 7-38　钛下镁上的非一元化搭接焊接头形貌

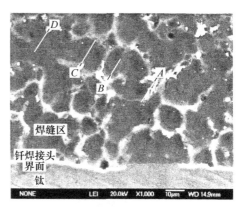

图 7-39　钛的钎焊接头 SEM 组织

表 7-10　图 7-39 所示各特征点的元素含量和可能的相组成

特征点		A	B	C	D
元素含量 （摩尔分数,%）	Mg	91.73	97.05	67.22	71.58
	Al	7.28	1.95	28.43	24.26
	Zn	0.99	0.78	4.35	4.16
	Ti	—	0.22	—	—
可能的相		$Mg_{17}Al(Zn)_{12}$	$Mg_{17}Al(Zn)_{12}$ Ti_3Al、Ti	$Mg_{17}Al(Zn)_{12}$	$Mg_{17}Al(Zn)_{12}$

图 7-40 所示为钛下镁上焊接接头处 XRD 分析。可以看到，在钎焊接头界面处焊丝里面

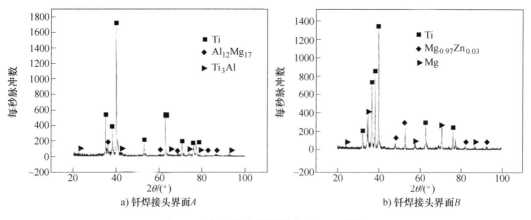

a) 钎焊接头界面 A　　　　　　　　　　b) 钎焊接头界面 B

图 7-40　钛下镁上焊接接头处 XRD 分析

的铝和熔化的钛反应生成了新相 Ti_3Al，镁和铝反应生成新相 $Al_{12}Mg_{17}$，焊丝里面的锌与镁反应生成少量的 $Mg_{0.97}Zn_{0.03}$。生成的 Ti_3Al、$Al_{12}Mg_{17}$ 以及少量的 $Mg_{0.97}Zn_{0.03}$ 金属间化合物是实现镁、钛连接的重要因素。

采用 AZ92 焊丝得到的焊接接头组织与采用 AZ61 焊丝得到的焊接接头组织相似，由于焊丝中 Al 和 Zn 的含量较高，其形成的金属间化合物也多一些。

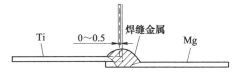

图 7-41　钛上镁下搭接焊偏移量示意图

（2）钛上镁下　采用 AZ61 焊丝的一元化焊接。

1）偏移量对焊缝成形的影响：采用一元化焊接时，焊丝偏移量对焊缝成形有很大的影响。钛上镁下搭接焊偏移量示意图如图 7-41 所示。

当焊丝偏向镁一侧时，镁母材烧穿现象严重，焊缝成形较差。当焊丝偏向钛一侧的偏移量在 0～5mm 范围内时，所得焊缝成形连续、粗细均匀，且无烧穿、咬边等焊接缺陷，是较为理想的焊缝形貌。当偏移量大于 5mm 时，飞溅现象极为严重，熔化的焊丝几乎大部分以飞溅的形式被吹跑，焊缝几乎不成形，这是由于钛母材的熔点远远高于镁焊丝，当熔化的焊丝落到钛母材上时，钛母材的熔化量很少，甚至不熔化，再加上焊接速度较快，从而使得熔化的焊丝不能有效地在钛母材上铺展，焊缝成形不好。

2）送丝速度对焊缝成形的影响：焊丝的偏移量必须在 0～5mm 范围内，才能保证焊缝能够成形。送丝速度为 12.5m/min 时，所得焊缝连续、平滑，焊缝宽度也较为理想。送丝速度降低到 10m/min 时，焊缝成形不好。送丝速度太快，焊接过程不稳，出现飞溅现象，成形恶化。

3）焊接接头显微组织：图 7-42 所示为钛上镁下的一元化模式搭接焊的接头形貌。与钛下镁上相比，钛上镁下焊接接头的横截面多了钎接面 A、B 和熔合面 C。焊接接头也为典型的熔钎焊焊接接头。图 7-43 所示为图 7-42 中钎接面 A 的 SEM 照片。表 7-11 给出了焊接接头钎接面 A 处各点元素含量及可能的相组成，图 7-44 所示为焊接接头钎接面 A 处 XRD 分析。

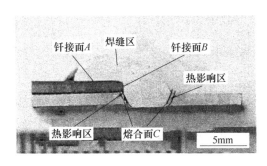

图 7-42　钛上镁下的一元线性程序搭接焊接头形貌

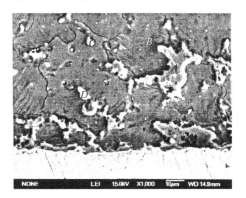

图 7-43　图 7-42 中钎接面 A 的 SEM 照片

3. 焊接接头力学性能

（1）钛下镁上　图 7-45 所示为不同焊接参数对接头平均载荷的影响。可以看到，电弧电压为 13V、送丝速度为 5.0m/min 及焊接速度为 7.14mm/s 时接头平均载荷比较高。

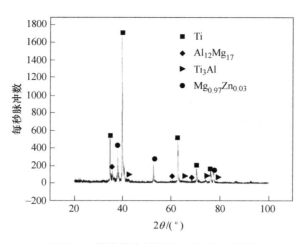

图 7-44　焊接接头钎接面 *A* 处 XRD 分析

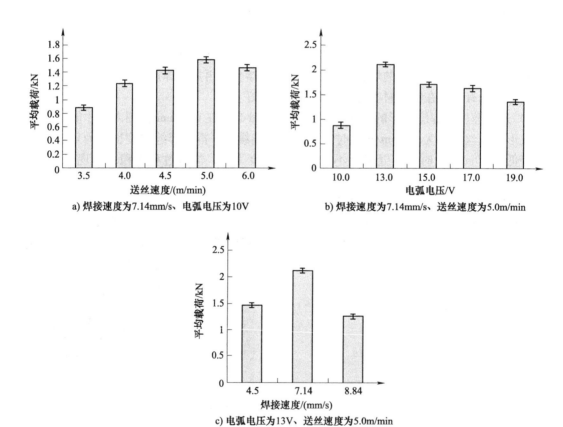

a) 焊接速度为7.14mm/s、电弧电压为10V

b) 焊接速度为7.14mm/s、送丝速度为5.0m/min

c) 电弧电压为13V、送丝速度为5.0m/min

图 7-45　不同焊接参数对接头平均载荷的影响

表 7-11　焊接接头钎接面 *A* 处各点元素含量及可能的相组成

特征点		*A*	*B*	*C*	*D*
元素含量 （质量分数,%）	Mg	92.77	97.15	69.21	72.41
	Al	6.29	1.85	26.46	24.23

（续）

特征点		A	B	C	D
元素含量	Zn	0.94	0.88	4.33	3.36
（质量分数,%）	Ti	—	0.12	—	—
可能的相		$Mg_{17}Al(Zn)_{12}$	$\alpha\text{-}Mg$、Ti Ti_3Al	$Mg_{17}Al(Zn)_{12}$	$Mg_{17}Al(Zn)_{12}$

（2）钛上镁下　图 7-46 所示为钛上镁下焊接参数对接头平均载荷的影响。可以看到，采用 AZ61 焊丝比采用 AZ92 焊丝的力学性能要好。这可能是由于采用 AZ61 焊丝比采用 AZ92 焊丝得到的焊接接头中金属间化合物较低的缘故。

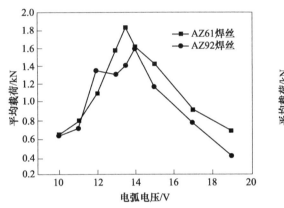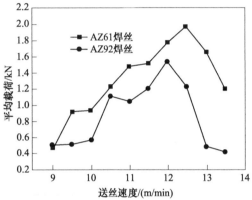

图 7-46　钛上镁下焊接参数对接头平均载荷的影响

（3）两种搭接方式焊接接头力学性能比较　图 7-47 所示为不同搭接方式焊接接头拉伸试样平均载荷，可以看到，钛下镁上的搭接方式焊接接头拉伸试样平均载荷比钛上镁下大。

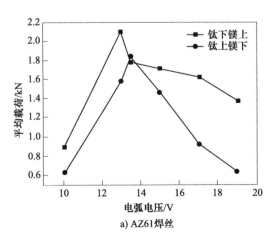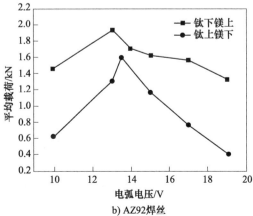

a) AZ61焊丝　　　　　b) AZ92焊丝

图 7-47　不同搭接方式焊接接头拉伸试样平均载荷

7.4 镁-铜的冷金属过渡焊

1. 镁-铜异种金属的焊接性

镁和铜的物理性能、化学性能差异很大，其焊接接头将产生较大的残余应力，降低接头性能。同时镁和铜的晶格类型不相同，在焊接接头会产生大量的金属间化合物（图 6-50），大大降低接头性能，所以与镁-镁、铜-铜的焊接相比，镁-铜的焊接更困难。采用加入适宜中间层的方法可减少金属间化合物等脆性相的形成，提高接头的性能，但易受接头形式与高温服役条件的限制。

2. 材料

母材为厚度 1mm 和 3mm 的 AZ31B 镁合金及 T2 工业纯铜，采用直径为 1.2mm 的 AZ61 和 AZ92 镁合金焊丝。

3. 焊接方法

焊接方法如图 7-48 所示，采用搭接角焊和叠焊两种方式，每种方式又采用镁上铜下和铜上镁下两种方法。

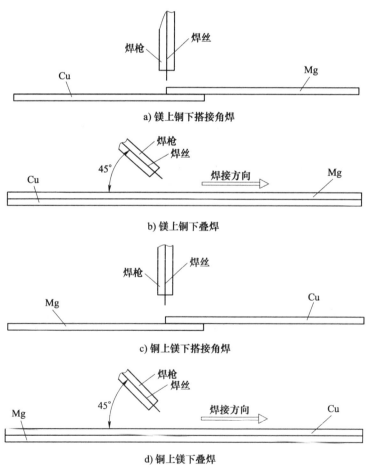

图 7-48 焊接方法

固定焊接速度 6mm/s，改变送丝速度、焊接电流、电弧电压、保护气体的流量、焊丝伸出长度等焊接参数。

4. 铜上镁下的搭接

（1）焊缝成形

1）垫板材料的影响：采用 AZ61 焊丝和铁垫板可以较好地成形，而采用铜垫板时，焊缝成形不能令人满意，熔化的焊丝并不能在铜板上均匀铺展。这是因为铜的导热性太好，没有足够的热输入使焊丝均匀铺展，所以铜垫板并不适合于镁-铜异种金属焊接。

2）送丝速度的影响：焊接速度为 6mm/s、送丝速度为 8~10.0m/min 时，成形良好。

（2）焊接接头力学性能　焊接接头最大载荷也仅仅有 1.12kN，多数处于 0.6~1.0kN，而镁母材为 1.9kN 左右，参数焊接接头的力学性能低于镁母材的一半，这是由于镁和铜会生成金属间化合物，而铜板在上进行搭接焊时，镁板和铜板都熔化了，产生大量金属间化合物，导致焊接接头力学性能不高，拉伸试样都断在焊缝，这也说明了焊缝位置是最薄弱的。

5. 镁上铜下的搭接

（1）焊缝成形　随着送丝速度的增大，热输入也随之增大，焊缝变宽，熔化的镁合金焊丝铺展更为均匀，余高变低，在送丝速度达到 9.0m/min 时，焊缝成形是最好的。当送丝速度继续增大时，由于热输入过大，导致焊缝宽度太宽，试样变形严重，飞溅过大。

（2）焊接接头组织　由于镁的熔点低，而铜的熔点高，并且以镁合金焊丝作为填充金属，因此在电弧的作用下只有镁合金母材和镁合金焊丝熔化，铜母材没有焊化或者微焊（在焊缝金属底部），因而得到的焊接接头具有熔化焊和钎焊的双重性质。

1）熔化焊接头：图 7-49 所示为镁上铜下的搭接接头的宏观组织，可以看到，在焊缝底部铜母材只有局部的熔化（图 7-49 所示 B 点），而焊缝金属与镁合金母材则形成了很好的焊接接头。图 7-50 所示为焊缝中心和镁合金一侧熔合线处的显微组织。表 7-12 给出了图 7-50 所示各特征点的化学成分和可能的相组成。焊缝区（图 7-50a）由白色骨架状的

$CuMg_2 + Al_{12}Mg_{17}$（箭头 3）和 α-Mg 固溶体（箭头 1）组成，占据了焊缝的大部分区域。图 7-50b 所示为镁合金一侧熔合线处的显微组织，镁合金母材和焊缝有明显的熔合线。由于铜板散热能力比较好，在熔合线处发生不均匀形核，镁合金热影响区的晶粒粗大。在靠近熔合线一侧，由于铜母材处于固态，熔化的液态金属首先在处于固态的铜母材上

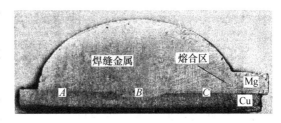

图 7-49　镁上铜下的搭接接头的宏观组织

形核长大。由于电弧的搅拌作用，铜原子发生扩散，在晶界处形成金属间化合物 $CuMg_2 + Al_{12}Mg_{17}$（箭头 4）。

2）界面的显微组织：从图 7-51 中可以看到，在 A、C 两区铜母材没有熔化，只是与焊缝金属形成了一种钎焊接头。铜原子通过热扩散与镁发生反应，形成了一层金属间化合物，在焊缝中则是骨架状的 $CuMg_2 + Al_{12}Mg_{17}$（附在黑色 α-Mg 固溶体的基体上），而热输入最大的 B 区域，铜大量熔化，与镁反应形成了两层金属间化合物。

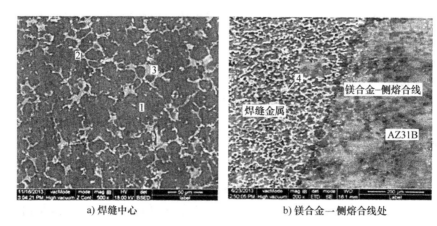

a) 焊缝中心　　　　　　　　　　　b) 镁合金一侧熔合线处

图 7-50　焊缝中心和镁合金一侧熔合线处的显微组织

表 7-12　图 7-50 所示各特征点的化学成分和可能的相组成

特征点	化学成分（摩尔分数,%）					可能的相
	Mg	Cu	Al	Zn	Si	
1	98.1	0.4	1.3	0.1	0.1	α-Mg
2	73.3	12.5	13.1	1.0	0.1	$CuMg_2+Al_{12}Mg_{17}$
3	70.7	17.2	11.5	0.4	0.2	$CuMg_2+Al_{12}Mg_{17}$
4	72.1	16.0	11.3	0.4	0.2	$CuMg_2+Al_{12}Mg_{17}$

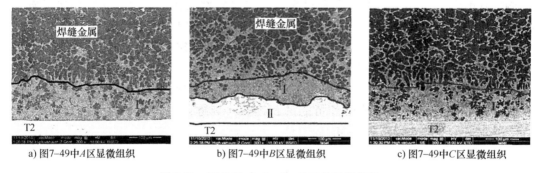

a) 图7-49中A区显微组织　　　b) 图7-49中B区显微组织　　　c) 图7-49中C区显微组织

图 7-51　图 7-49 中 A、B、C 区的显微组织

在靠近铜母材一侧，由于液态镁合金的润湿铺展作用，铜原子发生扩散，形成金属间化合物层。根据线扫描结果，金属间化合物层厚度约为 40μm，主要含有 $CuMg_2+Al_{12}Mg_{17}$。图 7-52 和图 7-53 所示为图 7-49 中 A 区和 B 区的高倍显微组织。图 7-52 中特征点 5、6、7 的能谱点分析结果见表 7-13。

表 7-13　图 7-52 所示特征点 5、6、7 的能谱点分析结果

特征点	化学成分（摩尔分数,%）					可能的相
	Mg	Cu	Al	Zn	Si	
5	61.1	22.3	15.4	1.0	0.2	$CuMg_2+Al_{12}Mg_{17}$
6	98.1	0.2	1.5	0.1	0.1	α-Mg
7	54.1	26.8	17.3	1.7	0.1	$CuMg_2+Al_{12}Mg_{17}$

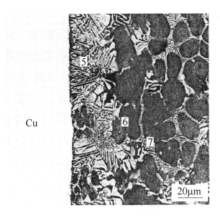

图 7-52 图 7-49 中 A 区的高倍显微组织

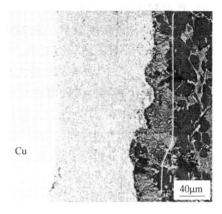

图 7-53 图 7-49 中 B 区的高倍显微组织

图 7-54 所示为图 7-51b 中 Ⅰ 区和 Ⅱ 区的高倍显微组织。表 7-14 给出了图 7-54 所示各特征点的化学成分及可能的相组成。

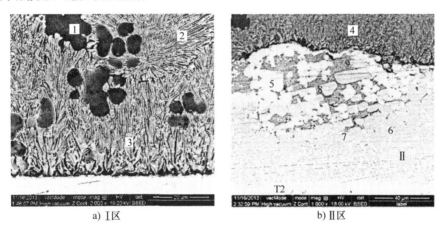

a) Ⅰ 区   b) Ⅱ 区

图 7-54 图 7-51b 中 Ⅰ 区和 Ⅱ 区的高倍显微组织

表 7-14 图 7-54 所示各特征点的化学成分及可能的相组成

特征点	化学成分（摩尔分数,%）				可能的相
	Mg	Cu	Al	Zn	
1	97.8	0.6	1.5	0.1	α-Mg
2	86.3	8.3	5.0	0.4	$Al_{12}Mg_{17}+\alpha$-Mg$+CuMg_2$
3	79.2	11.3	9.4	0.1	$Al_{12}Mg_{17}+\alpha$-Mg$+CuMg_2$
4	71.5	10.5	9.7	8.3	$Al_{12}Mg_{17}+\alpha$-Mg$+CuMg_2$
5	36.9	43.7	19.3	0.1	$Cu_2Mg+CuMg_2+Al_6Cu_4Mg_5$
6	43.3	50.4	6.3	0	$Cu_2Mg+CuMg_2+Al_6Cu_4Mg_5$
7	68.6	31.0	0.4	0	$CuMg_2$
8	64.9	34.7	0.4	0	$CuMg_2$
9	70.3	29.4	0.3	0	$CuMg_2+\alpha$-Mg

（3）焊接接头力学性能

1）焊接接头显微硬度分布：图 7-55 所示为焊接接头显微硬度分布。可以看到，从铜母材到焊缝的显微硬度值先增大后减小，在图 7-49 中 B 区的金属间化合物层的显微硬度值是最大的，送丝速度为 9.0m/min 时最大显微硬度达到了 230HV 左右，铜母材的显微硬度在 60HV 左右，焊缝金属的显微硬度在 65HV 左右。送丝速度为 12.0m/min 时的显微硬度值变化趋势和 9.0m/min 时一样，在金属间化合物层的显微硬度值提高到 300HV 左右，这就说明热输入过大时，铜熔化量增多，使得焊缝中生成的脆性相也随之增多，这就导致焊缝强度降低。经过 X 射线衍射分析（图 7-56），认为这些金属间化合物为 $CuMg_2$、Cu_2Mg、$Al_{12}Mg_{17}$ 和 $Al_6Cu_4Mg_5$。

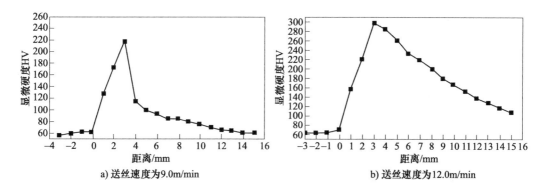

a) 送丝速度为9.0m/min   b) 送丝速度为12.0m/min

图 7-55 焊接接头显微硬度分布

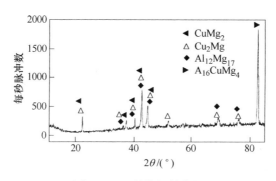

图 7-56 X 射线衍射分析

2）焊接接头强度：采用 AZ61 焊丝时送丝速度为 8.0~12.5m/min 时（图 7-57），焊接接头的力学性能普遍较好，大多在 1.4~1.7kN 之间，最高可超过镁合金母材强度的 95%。随着送丝速度的增大，形成的金属间化合物厚度在增加，力学性能有明显的先增大后减小的趋势。在送丝速度为 9.0~10.0m/min 时，力学性能比较好而且稳定，当送丝速度达到 11.5m/min 以上时，力学性能普遍降低。这说明，送丝速度的影响，实际上是金属间化合物厚度的影响。送丝速度提高，焊接电流随着提高，焊接热输入增大，焊接接头高温停留时间延长，所以金属间化合物增厚。金属间化合物厚度的增加在一定范围内可以增强力学性能，但是增加到某一个厚度之后，由于金属间化合物的脆性，再继续增加厚度（即增大送丝速度），接头力学性能降低。

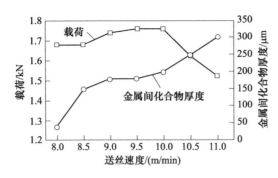

图 7-57 送丝速度对力学性能的影响

采用 AZ92 焊丝比采用 AZ61 焊丝时的强度有所提高，这是由于其形成的金属间化合物增多的缘故。

第8章

镁基复合材料的焊接

8.1 镁基复合材料概述

8.1.1 镁基复合材料的基本组织特点

镁基复合材料主要由镁合金基体、增强相和基体与增强相间的接触面——界面组成。镁基复合材料要求基体组织细小、均匀，基体合金使用性能良好。常用基体合金主要有 Mg-Mn、Mg-Al、Mg-Zn、Mg-Zr、Mg-Li 和 Mg-RE 等。此外，还有在较高温度下工作的两个合金系 Mg-Ag 和 Mg-Y。镁基复合材料根据其使用性能选择基体镁合金，侧重铸造性能可选择铸造镁合金为基体；侧重挤压性能则一般选用变形镁合金。这些基体镁合金主要有镁-铝-锌系（AZ31、AZ61、AZ91）、镁-锌-锆系、镁-锂系、镁-锌-铜系（ZC71）、镁-锰系、镁-稀土-锆系、镁-钍-锆系和镁-钕-银系等。

镁基复合材料的增强相要求与镁合金物理、化学相容性好，润湿性良好，载荷承受能力强。有限的化学反应可以提高界面的结合强度，但过量的反应会使界面成为薄弱环节，导致力学性能下降。

SiC 是常用的增强相。SiC 的硬度高，耐磨性好，并具有抗热冲击、抗氧化等性能。镁没有稳定的碳化物，SiC 在镁中热力学上是稳定的，因此 SiC 常用作镁基复合材料的增强相，并且来源广泛，价格便宜，用其作为增强相制备镁基复合材料具有工业化生产前景。镁对 SiC 具有良好的润湿性，并且 SiC_p/Mg 复合材料界面光滑，无界面反应。镁基复合材料的典型组织为增强相分布在基体合金中，同时伴有大量界面、高密度位错。增强相的加入与基体形成了大量的界面，这是复合材料最明显的组织特征。界面及近界面区对复合材料的各项性能有重要影响，如界面区形貌、成分偏聚、相组成与结构和取向、界面反应等。增强相与基体合金之间线胀系数一般差别较大，如 SiC 为 $4.3×10^{-6}$/K，ZM5 镁合金为 $28.7×10^{-6}$/K。由于增强相与基体合金之间线胀系数不匹配，在复合材料制备冷却过程中，将会在界面处产生残余应力，引起基体发生塑性流变，产生高密度位错。这些高密度位错是镁基复合材料的另一个组织特点。高密度位错的存在，将引起位错强化，提高复合材料的抗拉强度和刚度，也是高阻尼性能（位错钉扎与脱扎）的基础。增强相的引入还有细化晶粒的作用，使得镁基复合材料基体的晶粒小于合金的晶粒，这预示着镁基复合材料的力学性能比基体合金将有较大提高。

8.1.2 镁基复合材料的焊接性

由于复合材料增强相和基体之间以及复合材料与待焊接材料之间的物理化学以及力学性

能差异太大，其焊接问题是该种材料使用的关键问题。目前，虽然国内外对镁基复合材料连接（焊接）的研究非常少，但金属基复合材料，尤其是铝基复合材料的连接研究对其具有重要的参考价值。焊接铝基复合材料时出现的问题，也会在焊接镁基复合材料时出现。此外，镁基复合材料还具有其特有的焊接性问题。熔化焊（TIG、LBW）和固相焊（FSW、扩散焊）及其他一些方法（钎焊、粘接等）已经被用于非连续增强铝基复合材料的焊接。

1. 熔化焊接主要问题

（1）熔池金属流动性　镁基复合材料在焊接过程中，母材熔化以后，有大量的固态增强相颗粒存在于熔融的液态基体中，大幅度降低了熔池金属的流动性，使其发生黏滞，熔池黏度大，阻碍熔化母材和填充金属的充分混合，易产生夹杂并影响焊缝成形。

（2）增强相/基体之间的界面反应　氩弧焊焊接复合材料时，在高温条件下，增强相与熔化的基体之间很容易发生反应。反应产物一般为脆性金属间化合物。增强相和基体还会形成共晶，聚集在增强相/基体界面以及晶界处，降低接头的韧性。研究表明，在焊接热循环过程中，绝大部分金属基复合材料的增强相与基体之间会发生物理或化学反应，使材料性能下降。

（3）焊缝结晶动力学　在焊缝冷却结晶过程中，熔池金属中增强相颗粒的存在，使焊缝结晶动力学状态复杂化。增强相颗粒不能成为结晶核心，被生长的液/固界面所排斥，并聚集于最后结晶的焊缝中心或母材与焊缝金属的熔合线处，极易引发结晶裂纹，降低接头强度。还可以产生固体夹杂、未熔合等缺陷。

（4）接头的等强性　由于通常采用的焊接填充材料为不含增强相的合金焊丝，接头形成以后，难以达到与母材等强。

（5）氧化和蒸发　镁的氧化性很强，在焊接高温过程中，易形成氧化镁（MgO），MgO密度大（$3.2 \times 10^3 kg/m^3$），熔点高（2500℃）。氧化镁混杂在密度较小的熔融态镁中，易在熔池中形成细小片状的夹杂，使熔池液态金属受污染，并且导致焊缝背面不能熔合。同时，镁在高温下还易和空气中的氮化合，生成镁的氮化物，氮化镁夹杂物将导致焊缝金属的塑性降低，使接头性能恶化。镁的沸点低（1100℃），在焊接高温中很容易蒸发。

（6）粗晶　基体镁合金的熔点低（651℃）、热导率高，如使用大功率热源、高速焊接，焊缝及焊缝附近区域金属易产生过热和晶粒长大。

（7）薄件的烧穿与塌陷　因为镁的表面张力比较小，焊接时很容易产生焊缝金属下塌。在焊接薄件时，由于镁基复合材料的熔点较低，而氧化镁薄膜的熔点很高，两者不易熔合，焊接操作时难以观察焊缝的熔化过程。温度升高，熔池的颜色没有显著变化，极易产生烧穿和塌陷现象。

（8）气孔　镁基合复合材料焊接时易产生氢气孔，气孔是镁基复合材料熔化焊的主要问题。氢在镁中的溶解度随温度的降低而减小，而且镁的密度比较小，形成的氢气泡不易逸出，再者镁合金基体导热快，液态熔池凝固速度较大，使熔池中形成的气泡来不及上浮而留在焊缝金属中，形成气孔。

2. 扩散焊主要问题

（1）焊接参数难以优化　由于扩散焊中有温度、压力和时间等几个主要参数，再加上需要焊接的复合材料的材料种类比较多，不同的增强相与基体之间的相互组合，就可以得到各种复合材料（金属间化合物），所以要实现每一种复合材料的可靠扩散连接都存在焊接参数优化问题。因此，如何处理众多的焊接参数不是一件容易的事，因为任何一个参数都可能影响到最终获得接头的性能。

（2）接头表面氧化膜　镁基复合材料扩散焊主要问题是在复合材料表面有一层氧化膜，清理后，它又立刻生成，即使在高真空条件下，这层氧化膜也难于分解，影响原子扩散。如何控制结合区氧化膜的行为是该种复合材料扩散连接的技术关键。

（3）接头界面连接行为　可以把镁基复合材料看成是增强相-基体（R-M）通过微连接形成的，即存在 R-M 连接。在扩散焊过程中，除存在 R-M 连接外，还可能存在颗粒-颗粒（R-R）和基体-基体（M-M）连接。镁基复合材料扩散焊与镁合金扩散焊相比有一个不同的问题，就是在不采用中间层时连接表面上存在增强相与增强相直接接触现象，在扩散焊条件下很难实现增强相之间的扩散连接。该部位不仅减少了载荷的传递能力，而且还会引起裂纹的萌生和扩展，成为接头强度不高的主要原因。这种弱连接越多，接头的抗剪强度越低。

3. 解决的办法

综合以上的分析，对于复合材料（包括镁基复合材料）的焊接，其主要问题是氧化和界面连接的问题，采用在真空下焊接和在接头界面添加适当中间层材料及适当调节焊接参数的方法来解决。

8.2　SiCp/ZC71 镁基复合材料的焊接

1. 焊接工艺

采用激光焊和加填料铝粉激光焊。表 8-1 给出了焊接参数。铝粉厚度为 0.2mm。图 8-1 所示为母材的显微组织形貌。

表 8-1　焊接参数

试样编号	激光功率 P/kW	扫描速度/(mm/s)	脉冲频率/Hz
1	300	350	60
2	310	350	60
3	320	350	60
4	330	350	60
5	340	350	60
6	350	350	60
7	360	350	60
8	370	350	60
9	380	350	60
10	350	200	60
11	350	250	60
12	350	300	60
13	350	400	60
14	350	350	30
15	350	350	45

2. 焊接接头组织

（1）焊缝横截面宏观形貌　在不同激光功率条件下，扫描速度 $V=350$mm/s，其他参数固定，得到三种典型焊缝，分别为未焊透焊缝、没有充分熔透的焊缝和良好的焊缝，如图

8-2 所示。随着激光功率的增加，焊缝熔深、熔宽都有所增加。

（2）焊接接头显微组织　图 8-3 所示为焊缝和熔合线附近区域的显微组织。从图 8-3a 中可见，由于激光焊快速加热和冷却，使接头区域的热影响区不明显；微米尺寸的 SiC 颗粒均匀分布在焊缝中，如图 8-3b 所示，而沿熔合线焊缝一侧白色质点的 CuMgZn 消失了；当图像放大到 5000 倍时，如图 8-3c 所示，又重新出现白色质点，分析认为白色质点是 CuMgZn 金属间化合物。这可能是因为能量密度很高的激光焊的凝固速率经常达到 $10^5 \sim$

图 8-1　母材的显微组织形貌

$10^6 ℃/s$，而常规电弧焊的凝固速率一般为 $10^2 \sim 10^3 ℃/s$，使得 CuMgZn 溶解，改变了 CuMgZn 的形态，晶粒细化。

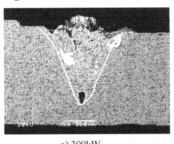
a) 300kW

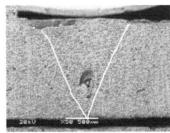
b) 330kW

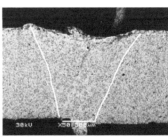
c) 350kW

图 8-2　焊缝横截面宏观形貌

a) 熔合线附近区域

b) 焊缝

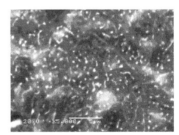
c) 焊缝 5000×

图 8-3　焊缝和熔合线附近区域的显微组织

（3）焊接接头的相组成　图 8-4 所示为焊接接头 XRD 分析结果，可以看到，焊接接头的相组成为 α-Mg 固溶体、SiC 和 CuMgZn 金属间化合物。图 8-5 所示为焊接接头透射电镜照片。可以看到，SiC 和 CuMgZn 金属间化合物都呈球状分布。从图 8-5a 中可以看出，金属间化合物 CuMgZn 在晶粒内部和晶界附近都有分布。从图 8-5b 中可以看出，接头区域 SiC 和镁合金基体之间界面干净，无反应物产生。SiC 颗粒周围存在一些位错，这是因为镁合金基体与 SiC 颗粒的线胀系数不同而形成的。从图 8-6 中可以看出，黑色颗粒中 C 含量为 15.79%（质量分数，后同），Mg 含量为 1.42%，Si 含量为 82.79%，颗粒中很明显以 Si 的含量为主，这些颗粒是 SiC 颗粒。SiC 颗粒在焊缝与母材中均出现了两种不同的形态，一种为块状，一

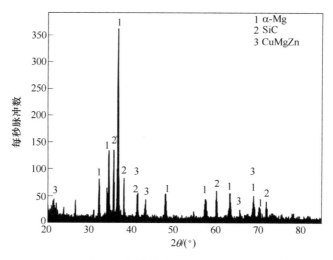

图 8-4 焊接接头 XRD 分析结果

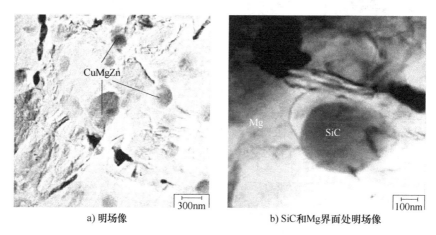

a) 明场像   b) SiC和Mg界面处明场像

图 8-5 焊接接头透射电镜照片

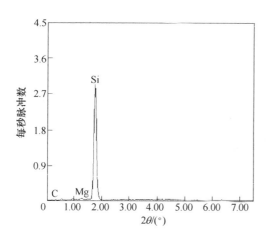

元素	质量分数(%)	摩尔分数(%)
C	15.79	30.42
Mg	1.42	1.35
Si	82.79	68.23

图 8-6 黑色质点 XRD 分析结果

种为细长条状。从图 8-7 中可以看到，白色质点主要成分为 Cu、Mg、Zn，应该是 CuMgZn 颗粒重熔形成，经 XRD 分析认为该相为 CuMgZn。

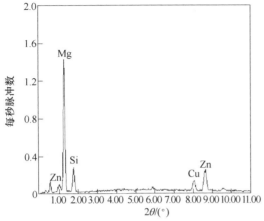

元素	质量分数 (%)	摩尔分数 (%)
Mg	67.05	84.12
Cu	10.20	5.01
Zn	22.75	10.87

图 8-7　白色质点 XRD 分析结果

3. 焊缝金属化学成分分布特点

图 8-8 所示为从焊缝（左）到母材（右）线扫描结果，由此可以看到，焊缝中的镁和锌的含量低于母材，这是由于镁和锌的沸点比较低，蒸发和氧化（主要是镁）损失的结果。

表 8-2 给出了对焊缝金属从上（1）到下（5）化学成分分析的结果。可以看到，镁和锌含量从上向下是增加的，说明这是蒸发和氧化造成的。

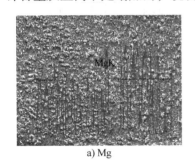

a) Mg

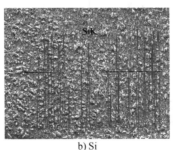

b) Si

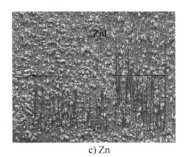

c) Zn

图 8-8　从焊缝（左）到母材（右）线扫描结果

表 8-2　对焊缝金属从上（1）到下（5）化学成分分析的结果

元　素	1	2	3	4	5
$w(Mg)(\%)$	41.33	45.25	51.38	58.26	57.64
$w(Si)(\%)$	54.87	50.75	43.63	35.6	36.45
$w(Zn)(\%)$	3.8	4.0	4.99	6.14	5.91

4. 焊接接头力学性能

（1）焊接接头显微硬度分布　图 8-9 和图 8-10 所示为激光功率和扫描速度对焊接接头显微硬度分布的影响。可以看到，焊缝金属的显微硬度比母材有了很大提高。

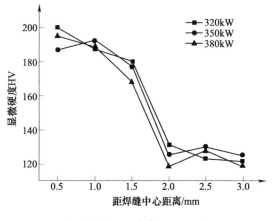

图8-9　激光功率对焊接接
头显微硬度分布的影响

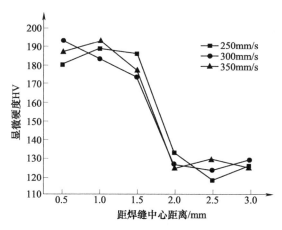

图8-10　扫描速度对焊接接
头显微硬度分布的影响

（2）焊接接头拉伸性能

1）焊接接头抗拉强度：表8-3给出了焊接接头的拉伸性能。

表8-3　焊接接头的拉伸性能（试样编号与表8-1对应）

试样编号	抗拉强度/MPa	断后伸长率（%）	试样编号	抗拉强度/MPa	断后伸长率（%）
1	22.6	1.2	9	31.2	1.9
2	32.7	1.6	10	39.2	1.4
3	37.8	0.9	11	46.5	1.8
4	41.9	1.9	12	70.2	1.6
5	69.6	1.8	13	64.4	1.5
6	80.6	1.9	14	70.4	2.2
7	56.1	1.2	15	75	1.9
8	40.2	1.5	—	—	—

① 激光功率的影响：图8-11所示为激光功率对焊接接头抗拉强度的影响，可以看到，在扫描速度为350mm/s、脉冲频率为60Hz的条件下，激光功率为350kW时有最高的抗拉强度。

② 扫描速度的影响：图8-12所示为扫描速度对焊接接头抗拉强度的影响，可以看到，在激光功率为350kW、脉冲频率为60Hz的条件下，扫描速度为350mm/s时有最高的抗拉强度。

③ 脉冲频率的影响：图8-13所示为脉冲频率对焊接接头抗拉强度的影响，可以看

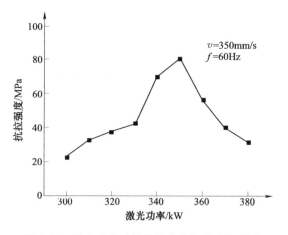

图8-11　激光功率对焊接接头抗拉强度的影响

到，在扫描速度为 350mm/s、激光功率为 350kW 的条件下，抗拉强度逐步提高。

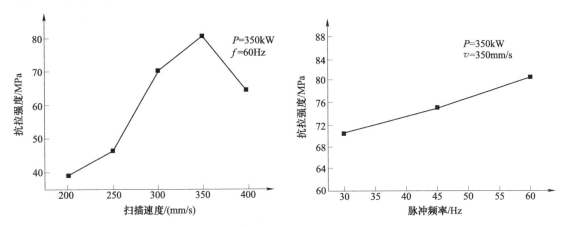

图 8-12 扫描速度对焊接接头抗拉强度的影响　　　　图 8-13 脉冲频率对焊接接头抗拉强度的影响

2）拉伸断口形貌。图 8-14 所示为 $SiC_p/ZC71$ 镁基复合材料激光焊接头的拉伸断口形貌。试样断裂均发生在焊缝区，可以认为是脆性断裂。

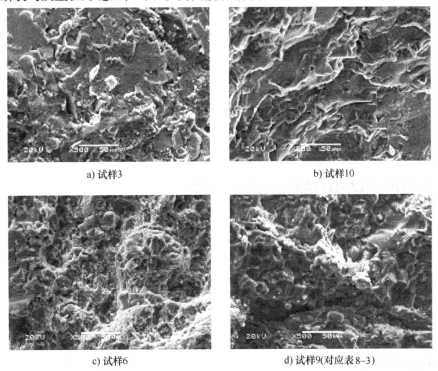

a) 试样3　　　　　　　　　　　　　b) 试样10

c) 试样6　　　　　　　　　d) 试样9(对应表8-3)

图 8-14 $SiC_p/ZC71$ 镁基复合材料激光焊接头的拉伸断口形貌

8.3 TiCp/AZ91D 镁基复合材料的瞬间液相扩散焊

（1）母材 采用高温合成反应制备的碳化钛颗粒增强镁基复合材料（$TiC_p/AZ91D$）。

选用 TiC 的体积分数分别为 10% 和 30% 的两种镁基复合材料，TiC 颗粒直径约为 3~5μm。AZ91D 和 TiC$_p$/AZ91D 基体主要成分见表 8-4。母材显微组织如图 8-15 和图 8-16 所示。

表 8-4　AZ91D 和 TiC$_p$/AZ91D 基体主要成分

材　　料	化学成分（质量分数,%）			
	Mg	Al	Zn	Mn
AZ91D	余量	8.1	0.91	0.15~0.50
TiC$_p$/AZ91D 基体	余量	9.4	0.62	0.17

图 8-15　AZ91D 显微组织

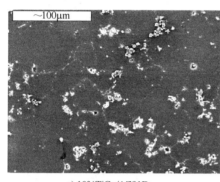

a) 10%TiCp/AZ91D

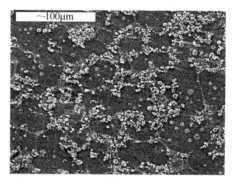

b) 30%TiCp/AZ91D

图 8-16　母材显微组织

（2）中间层材料　中间层材料为纯铜和纯铝金属。纯铜中间层厚度分别为 20μm、50μm；纯铝中间层厚度为 30μm。

8.3.1　10%TiC$_p$/AZ91D 的瞬间液相扩散焊

1. 焊接方法

焊接在真空炉中进行。真空度为 $6.0×10^{-1}$Pa，加热平均升温速度为 10℃/min，加热至焊接温度开始计保温时间（焊接时间），焊接温度误差为 ±5℃。保温至预定时间后，试样随炉冷却至 100℃取出。

2. 焊接接头组织

（1）以厚度为 20μm 纯铜为中间层　对采用纯铜作为中间层的 10%TiC 颗粒增强镁基复合材料 TiC$_p$/AZ91D 进行瞬间液相扩散焊，焊接温度为 530℃，焊接时间为 1~60min。接头形成过程分为固相扩散、中间层及母材的熔化、等温凝固、固相均匀化四个阶段。

如图 8-17 所示，在焊接温度为 530℃、焊接时间为 1min 时中间层还没有熔化，A 区、B 区 Cu 原子平均含量分别为 68.14%（质量分数，后同）、83.30%。这说明界面处发生了 Mg、Cu 原子的固相扩散。

图 8-18 所示为焊接温度为 530℃、焊接时间为 10min 时的焊接接头组织及断口的 XRD 分析。从图中可以看到，焊接时间为 10min 时，中间层铜片已经基本熔化，但是在晶界处仍存在 Cu 的高浓度区（A 区），该区不连续分布于晶界。EDS 分析结果表明，A 区、B 区 Cu

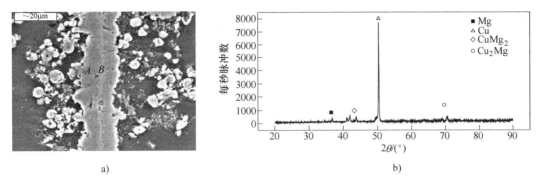

a) b)

图 8-17 焊接温度为 530℃、焊接时间为 1min 时的焊接接头组织及断口的 XRD 分析

原子的平均含量分别为 53.10%（质量分数，后同）、6.40%。表明在焊接温度为 530℃条件下，A 区处于固/液相区，B 区处于固相区。这说明，焊接温度为 530℃时，接头中存在少量未熔化的中间层铜，但此残留的中间层已经是不连续的。断口分析表明，接头中存在大量的 Cu 和 Mg 的金属间化合物和 TiC，另外还存在 α-Mg 以及 Cu₂Mg 金属间化合物，TiC 的存在是由于母材的熔化致使 TiC 进入液相而造成的。

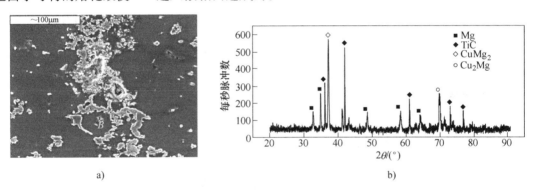

a) b)

图 8-18 焊接温度为 530℃、焊接时间为 10min 时的焊接接头组织及断口的 XRD 分析

焊接时间为 20min、焊接温度为 530℃时，开始等温凝固，如图 8-19a 所示，A 区、B 区 Cu 原子的平均含量分别为 5.15%（质量分数，后同）、13.75%。等温凝固时，α-Mg 晶粒依附于母材晶粒生长，增强相 TiC 颗粒与固/液界面有相互作用。这种相互作用或是捕获或是

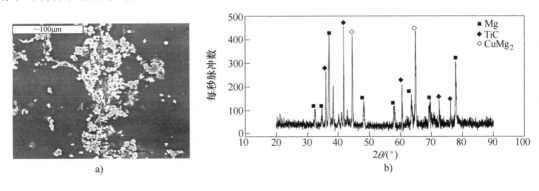

a) b)

图 8-19 焊接温度为 530℃、焊接时间为 20min 时的焊接接头组织及断口的 XRD 分析

推移。若 TiC 颗粒被固/液界面捕获，增强相颗粒在凝固组织中分布均匀；若 TiC 颗粒被固/液界面推移，增强相颗粒被推至最后凝固的区域。从图 8-19b 可以看到，焊接接头组织主要为 α-Mg、TiC、$CuMg_2$。

图 8-20a 所示为焊接温度为 530℃、焊接时间为 60min 时的焊接接头组织。可以看到，等温凝固已基本结束，TiC 颗粒偏聚在连接区中心。EDS 分析结果表明，Cu 原子在焊接接头中的分布趋于均匀。XRD 分析结果表明，焊接接头组织主要为 α-Mg、TiC、$CuMg_2$。但是焊接温度提高，接头中金属间化合物的数量减少。

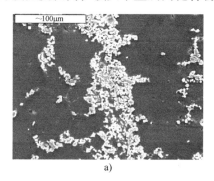
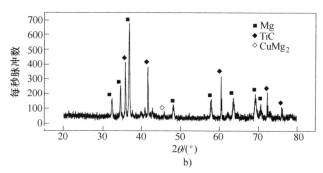

图 8-20　焊接温度为 530℃、焊接时间为 60min 时的焊接接头组织及断口的 XRD 分析

由上述分析可知，采用纯铜中间层对 $10\%TiC_p/AZ91D$ 进行瞬间液相扩散焊时，在一定的温度条件下，随着焊接时间的增加，接头中 Cu 的含量逐渐降低；焊接接头组织中，$CuMg_2$ 金属间化合物的含量逐渐减少。采用纯铜中间层对 $10\%TiC_p/AZ91D$ 进行瞬间液相扩散焊，其连接进程比镁合金瞬间液相扩散焊要快。最后得到的焊接接头组织为 α-Mg、TiC、$CuMg_2$。但是焊接温度提高，焊接接头中 $CuMg_2$ 金属间化合物的数量将减少。

图 8-21 所示为焊接接头中心铜含量随着焊接时间的变化。可以预计，如果焊接时间足够长，不同焊接温度的接头的铜含量将趋于一致。

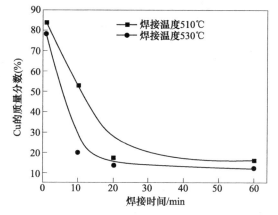

图 8-21　焊接接头中心铜含量随着焊接时间的变化

（2）以厚度为 30μm 纯铝为中间层　在采用纯铝中间层对 $10\%TiC_p/AZ91D$ 颗粒增强镁基复合材料进行瞬间液相扩散焊时，其接头形成过程同样为固相扩散、中间层及母材的熔化、等温凝固、固相均匀化四个阶段。等温凝固结束之后，最后得到的接头组织主要为 α-Mg、TiC，与母材组织基本相同。

采用纯铝中间层对 $10\%TiC_p/AZ91D$ 进行瞬间液相扩散焊，在焊接温度一定的条件下，不同的焊接时间，接头的成分和组织也是不相同的。在同一焊接温度下，随着焊接时间的增长，接头成分趋于均匀化，接头组织中 $Al_{12}Mg_{17}$ 化合物数量减少。同样，焊接时间相同时，不同的焊接温度，接头的组织也是不相同的，较高焊接温度时，焊接进程要快于低焊接温度，接头组织中 $Al_{12}Mg_{17}$ 化合物数量少于较低焊接温度接头。图 8-22 所示为焊接接头中心铝含量的变化。可以预计，如果焊接时间足够长，不同焊接温度的焊接接头的铝含量将趋于一致。

众所周知，焊接接头的力学性能主要取决于焊接接头的组织结构。因此，上述组织结构特点必将影响焊接接头的力学性能。

3. 焊接接头的力学性能

（1）纯铜中间层焊接接头力学性能　采用纯铜中间层对 $10\%TiC_p/AZ91D$ 进行瞬间液相扩散焊，焊接温度为 510℃时，不同焊接时间对焊接接头抗剪强度的影响，如图 8-23 所示。从此图中可以看到，焊接接头抗剪强度随着焊接时间的增加而提高，但是焊接时间为 60min 时，焊接接头强度有所降低。

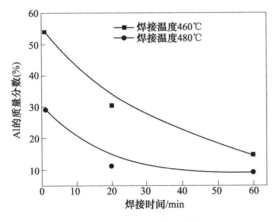

图 8-22　焊接接头中心铝含量的变化

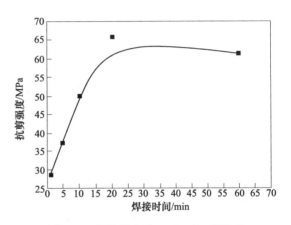

图 8-23　焊接温度为 510℃时，不同焊接时间对焊接接头抗剪强度的影响

图 8-24 所示为焊接接头断口形貌。

焊接时间为 1min 时，由于中间层铜片没有熔化，中间层/母材界面只发生了固相扩散，结合力比较弱，所以接头的抗剪强度值很低，为 28.59MPa。从图 8-24a 中可以看到，断口比较平坦且存在二次裂纹（箭头所指处），具有解理断裂特征。EDS 分析表明，断面处 Cu 的平均含量为 76.99%（质量分数），处于固相区。

焊接时间增长到 5min 时，由于母材和中间层的熔化产生一定量的液相，使接头冷却后达到一定的冶金结合，抗剪强度有所增大，为 37.23MPa。

焊接时间进一步增加至 10min 时，由于铜中间层几乎全部熔化，液相数量增多，冷却凝固后实现了连接面的整体冶金结合，但是由于液相区在冷却过程中，通过共晶反应 L（液相）→$Mg+CuMg_2$ 所产生的金属间化合物 $CuMg_2$ 的数量增多，接头强度提高，抗剪强度为 50.14MPa。其断口处可以明显地看到由于局部塑性变形而形成的剪切唇（图 8-24b），表明接头具有一定的塑性。

当焊接时间为 20min 时，接头抗剪强度达到最大值 66.02MPa。断口上可以看到撕裂棱等塑性变形的特征（图 8-24c），说明断口局部具有一定的塑性。

当焊接时间为 60min 时，接头抗剪强度有所降低，为 61.43MPa，其断口形貌如图 8-24d 所示。等温凝固已经基本结束，增强相的偏聚以及杂质在凝固时被固/液界面推到接头中心

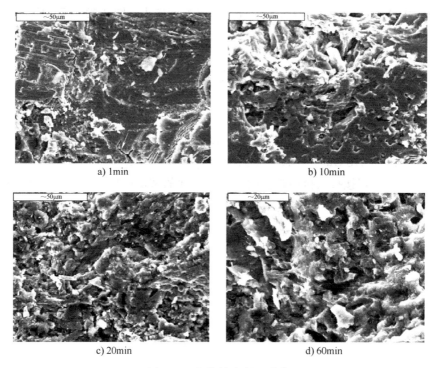

a) 1min b) 10min

c) 20min d) 60min

图 8-24　焊接接头断口形貌

线，都将导致接头性能的降低。

　　图 8-25 所示为焊接温度为 530℃时，不同焊接时间对焊接接头抗剪强度的影响。从此图中可以看到，焊接接头抗剪强度随着焊接时间的增加而提高。可以看到，与焊接温度为 510℃类似，在焊接时间达到 20min 时，其焊接接头抗剪强度达到最大值，不同的是，在焊接时间继续增加到 60min 时，焊接温度为 510℃时的焊接接头抗剪强度有所下降，而焊接温度为 530℃时的焊接接头抗剪强度，基本保持不变。

　　焊接时间为 20min，焊接温度对焊接接头抗剪强度的影响，如图 8-26 所示。焊接温度为 510~530℃时，焊接时间为 20min 是最佳焊接参数。

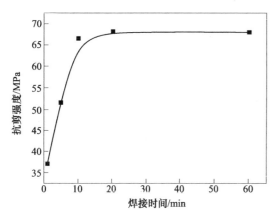

图 8-25　焊接温度为 530℃时，不同焊接时间对焊接接头抗剪强度的影响

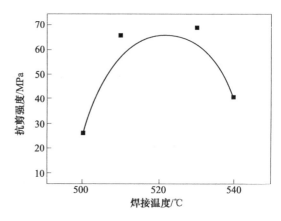

图 8-26　焊接时间为 20min，焊接温度对焊接接头抗剪强度的影响

（2）纯铝中间层焊接接头力学性能
采用纯铝中间层对 10%TiC_p/AZ91D 进行瞬间液相扩散焊。焊接温度为 460℃ 时，不同焊接时间对焊接接头抗剪强度的影响，如图 8-27 所示。可以看到，焊接接头抗剪强度随着焊接时间的增加而提高。图 8-28 所示为焊接温度为 460℃，不同焊接时间的焊接接头断口形貌。

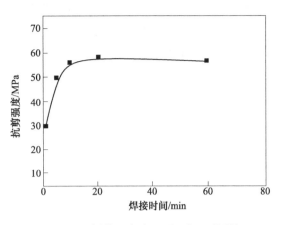

图 8-27 焊接温度为 460℃ 时，不同焊接时间对焊接接头抗剪强度的影响

从图 8-28a 所示可以看到，断口为解理形貌，有放射状河流花样（黑色箭头方向表示断裂裂纹的扩展方向），并且还可以看到二次裂纹（白色箭头所指），表明其断裂方式是以解理为主的脆性断裂。另外，断口表面存在一些白色点状的新相，这些新相是 Mg-Al 金属间化合物。

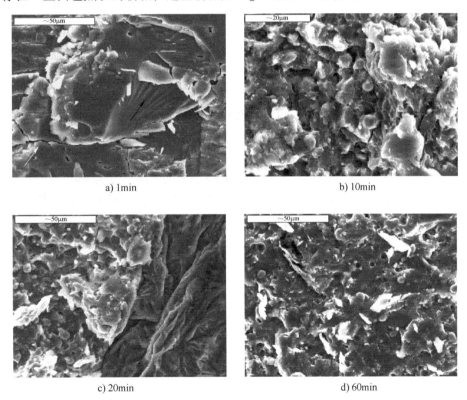

a) 1min

b) 10min

c) 20min

d) 60min

图 8-28 焊接温度为 460℃，不同焊接时间的焊接接头断口形貌

焊接时间增长到 10min，中间层铝完全熔化，部分 TiC 颗粒进入液相铝中。在断口上可以看到裸露出的增强相（图 8-28b）。

当焊接时间为 20min 时，开始发生等温凝固，接头中脆性金属间化合物减少，强度提高到 58.37MPa。图 8-28c 所示为其断口形貌。从图中可以看到撕裂棱等塑性变形特征。

当焊接时间增长至60min时，由于等温凝固过程中，增强相TiC被推至最后凝固的液相中，造成偏聚，致使接头性能稍微下降，为57.01MPa。图8-28d所示的凹坑为圆球形的TiC颗粒从基体上脱落所形成。

8.3.2 30%TiC$_p$/AZ91D的瞬间液相扩散焊

1. 焊接方法

焊接在真空炉中进行。真空度为$6.0×10^{-1}$Pa，加热平均升温速度为10℃/min，加热至焊接温度开始计保温时间（焊接时间），焊接温度误差为±5℃。保温至预定时间后，试样随炉冷却至100℃取出。

2. 焊接接头组织

（1）以厚度为50μm的纯铜为中间层　以纯铜中间层对30%TiC$_p$/AZ91D进行瞬间液相扩散焊，其接头形成过程仍然为固相扩散、中间层及母材的熔化、等温凝固、固相均匀化四个阶段，其接头组织与8.3.2节以20μm纯铜中间层10%TiC$_p$/AZ91D进行瞬间液相扩散焊时相近。接头组织主要为α-Mg、TiC、CuMg$_2$。

（2）以厚度为30μm的纯铝为中间层　以纯铝中间层对30%TiC$_p$/AZ91D进行瞬间液相扩散焊时，其接头形成过程同样为固相扩散、中间层及母材的熔化、等温凝固、固相均匀化四个阶段。等温凝固结束之后，最后得到的接头组织主要为接头冷却凝固后的组织α-Mg、TiC、Al$_{12}$Mg$_{17}$。

3. 焊接接头力学性能

（1）以厚度为50μm的纯铜为中间层　图8-29所示为焊接温度为510℃时，不同焊接时间对焊接接头抗剪强度的影响。可以看到，达到最大焊接接头强度的焊接时间比采用20μm纯铜为中间层时长。这是由于中间层加厚，要反应完毕需要的时间要长的缘故。

（2）以厚度为30μm的纯铝为中间层　图8-30所示为焊接温度为480℃时，不同焊接时间对焊接接头抗剪强度的影响。从图中可以看到，随着焊接时间的增长，接头强度逐渐提高。

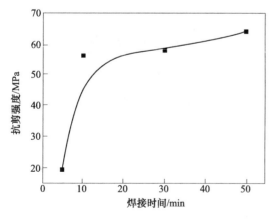

图8-29　焊接温度为510℃时，不同焊接时间
对焊接接头抗剪强度的影响（以铜为中间层）

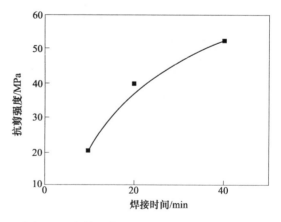

图8 30　焊接温度为480℃时，不同焊接时间
对焊接接头抗剪强度的影响（以铝为中间层）

参 考 文 献

[1] 丁文江. 镁合金科学与技术 [M]. 北京：科学出版社，2007.

[2] 黎文献. 镁及镁合金 [M]. 长沙：中南大学出版社，2005.

[3] 长崎诚三，平林真. 二元合金状态图集 [M]. 刘安生，译. 北京：冶金工业出版社，2004.

[4] 刘正，张奎，曾小勤. 镁基轻质合金理论基础及其应用 [M]. 北京：机械工业出版社，2002.

[5] 陈振华，严红革，陈吉华，等. 镁合金 [M]. 北京：化学工业出版社，2004.

[6] 张永忠，张奎，樊建中，等. 压铸镁合金及其在汽车工业中的应用 [J]. 特种铸造及有色合金，1999（3）：54-56.

[7] 余琨，黎文献，王日初，等. 变形镁合金的研究、开发和应用 [J]. 中国有色金属学报，2003，13（2）：277-288.

[8] 陈力禾，刘正，林立，等. 镁——汽车工业通向新世纪的轻量化之路 [J]. 铸造，2004，53（1）：5-11.

[9] 李忠盛，潘复生，张静. AZ31 镁合金的研究现状和发展前景 [J]. 金属成形工艺，2004，22（1）：54-57.

[10] RUDEN T J, ALBRIGHT D L. High ductility magnesium alloys in automotive applications [J]. Advanced Materials & Processes, 1998, 145 (6): 28.

[11] 翟春泉，曾小勤，丁文江，等. 镁合金的开发与应用 [J]. 机械工程材料，2001，25（1）：6-10.

[12] 樊建锋，杨根仓，程素玲，等. 含 Ca 阻燃镁合金的高温氧化行为 [J]. 中国有色金属学报，2004，14（10），1666-1670.

[13] CAHN R W，师昌绪，柯俊. 非铁合金的结构与性能 [M]. 北京：科学出版社，1999.

[14] 冯吉才，王亚荣，张忠典. 镁合金焊接技术的研究现状及应用 [J]. 中国有色金属学报，2005，15（2）：165-178.

[15] NAKATA, KAZUHIRO. Weldability of magnesium alloys [J]. Journal of Light Metal Welding and Construction, 2001, 39 (12): 26-35.

[16] ROBERT E. Magnesium alloys and their applications [J]. Light Metal Age, 2001 (6): 54-58.

[17] ASAHINA T, TOKISUE H. Electron beam weldability of pure magnesium and AZ31 magnesium alloy [J]. Journal of Japan Institute of Light Metals, 2000, 50 (10): 512-517.

[18] OGAWA K, YAMAGUCHI H, OCHI H, et al. Friction welding of AZ31 magnesium alloy [J]. Journal of Light Metal Welding & Construction, 2003, 41 (2): 21-28.

[19] MUNITZ A, COTIER C, SETM A, et al. Mechanical properties and microstructure of gas tungsten arc Welded Magnesium AZ91D plates [J]. Materials Science and Engineering A, 2001, 302: 67-73.

[20] 邢丽，柯黎明，孙德超，等. 镁合金薄板的搅拌摩擦焊工艺 [J]. 焊接学报. 2001，22（6）：18-20.

[21] 苗玉刚，刘黎明，赵杰，等. 变形镁合金熔焊接头组织特征分布 [J]. 焊接学报，2003，24（2）：63-66.

[22] 付志红，黄明辉，周鹏展，等. 搅拌摩擦焊及其研究现状 [J]. 焊接，2002（11）：6-7.

[23] 赵菲，吴志生，弓晓园，等. 镁合金钨极氩弧焊接头深冷强化机制 [J]. 焊接学报，2014，35（2）：79-82.

[24] 戴军，杨莉，郭国林，等. 稀土镁合金激光焊接接头的组织与性能研究 [J]. 热加工工艺，2014，43（3）：161-163.

[25] 杨素媛，钟红然，陶逸诗，等. 稀土镁合金搅拌摩擦焊接接头组织及性能分析 [J]. 稀有金属，

2013，37（1）：33-37.

［26］陈鼎，夏树人，姜勇，等．镁合金深冷处理研究［J］．湖南大学学报：自然科学版，2008，35（1）：62-65.

［27］陈鼎，蒋琼，姜勇，等．深冷处理对铸态 ZK60 镁合金显微组织和力学性能的影响［J］．机械工程材料，2011，35（2）：16-19.

［28］于化顺，闵光辉，陈熙深．合金元素在 Mg-Li 基合金中的作用［J］．稀有金属材料与工程，1996，25（2）：1-5.

［29］苏允海，蒋焕文，秦昊，等．磁场作用下镁合金焊接接头力学性能的变化［J］．焊接学报，2013，34（4）：85-100.

［30］杨彬彬，赵培峰，邱然锋．焊接参数对阻燃镁合金搅拌摩擦焊接头性能的影响［J］．轻合金加工技术，2015，43（6）：57-61.

［31］姚巨坤，王之千，王晓明，等．激光干预对镁合金焊缝成形性与力学性能的影响［J］．装甲兵工程学院学报，2015（3）：100-104.

［32］刘佩叶，侯击波，贾飞凡．镁合金 MIG 焊熔滴过渡机理及影响因素综述［J］．热加工工艺，2017，46（5）：11-14.

［33］王楠楠，邱然锋，石红信，等．镁合金点焊过程中孔洞形成的工艺依存性［J］．材料热处理学报，2014，35（9）：11-15.

［34］程朝丰，李登仁，石磊．镁合金电子束焊技术研究进展［J］．工业技术创新，2017，4（2）：170-172.

［35］朱智文，蒋晓斌．AZ31 镁合金电子束焊焊接接头微观组织特征［J］．热加工工艺，2014，43（5）：209-210.

［36］王亚荣，莫仲海，黄文荣．镁合金电子束焊接头性能及微观组织分析［J］．热加工工艺，2011，40（11）：141-143.

［37］张英明．纯镁和 AZ31 镁合金的电子束焊接性能［J］．稀有金属快报，2003（4）：25-26.

［38］苗玉刚，刘黎明，赵杰．变形镁合金熔焊接头组织特征分析［J］．焊接学报，2015，36（2）：63-65.

［39］张桂清，任英磊，刘凯，等．磁场作用下镁合金 A-TIG 焊工艺参数的优化［J］．焊接学报，2016，37（8）：105-108.

［40］闫忠琳，叶宏，龙刚，等．镁合金电子束焊接接头微观组织特征［J］．电焊机，2009（12）：75-77.

［41］CHI C T，CHAO C G，LIU T F，et al. A study of weldability and fracture modes in electron beam weldments of AZ series magnesium alloys［J］. Materials Science & Engineering A，2006，435（11）：672-680.

［42］郎波，马金瑞，孙大千，等．镁合金电阻点焊焊接性研究［J］．焊接，2010（4）：24-29.

［43］郎波，马金瑞，孙大千，等．镁合金电阻点焊接头的拉剪断裂［J］．焊接，2010（10）：13-17.

［44］陈大军，郎波，孙大千，等．镁合金电阻点焊液化裂纹机理研究［J］．电焊机，2009（7）：14-17.

［45］王亚荣，张忠典．镁合金电阻点焊接头中的缺陷［J］．焊接学报，2006，27（7）：9-12.

［46］王亚荣，张忠典，冯吉才．镁合金电阻点焊内部喷溅产生的原因分析［J］．焊接学报，2007，28（7）：25-30.

［47］王亚荣，张忠典，冯吉才．AZ31B 镁合金交流电阻点焊接头的力学性能及显微组织分析［J］．机械工程学报，2004，40（5）：131-135.

［48］王亚荣，张忠典，冯吉才，等．镁合金交流和直流点焊接头组织分析［J］．焊接学报，2004，25（6）：11-14.

［49］宋刚，刘黎明，王继锋，等．激光-TIG 复合焊接镁合金 AZ31B 焊接工艺［J］．焊接学报，2004，25（3）：31-35.

［50］高明，谭兵，冯杰才，等．工艺参数对 AZ31 镁合金激光-MIG 复合焊缝成形的影响［J］．中国有色金

属学报，2009，19（2）：222-227.

[51] 张兆栋，刘黎明，沈勇，等 . 镁合金的活性电弧焊接 [J]. 中国有色金属学报，2005，25（6）：912-916.

[52] 王继锋，刘黎明，宋刚 . 激光焊接 AZ31B 镁合金接头微观组织特征 [J]. 焊接学报，2004，25（3）：15-18.

[53] 宋刚，刘黎明，王继锋，等 . 变形镁合金 AZ31B 的激光焊接工艺研究 [J]. 应用激光，2003，23（6）：327-329.

[54] 戴军，黄坚，吴毅雄 . 激光焊接工艺参数对稀土镁合金焊缝成形的影响 [J]. 轻合金加工技术，2010，38（7）：53-56.

[55] 唐海国，高明，曾晓雁 . 镁合金厚板激光焊缝组织及抗拉强度研究 [J]. 激光技术，2011，35（2）：152-157.

[56] 高明，曾晓雁，唐海国 . MB8 镁合金 CO_2 激光焊接工艺及接头性能 [J]. 中国有色金属学报，2011，21（5）：939-945.

[57] 刘畅，戚文军，邓运来，等 . AZ91D 镁合金搅拌摩擦焊接头组织与性能 [J]. 铸造技术，2011，32（11）：1546-1549.

[58] 游国强，张均成，王向杰，等 . 压铸态 AZ91D 镁合金搅拌摩擦焊接头微观组织研究 [J]. 材料工程，2012（5）：54-59.

[59] 熊峰，张大童，鄢勇，等 . 焊接参数对 AZ31 镁合金搅拌摩擦焊接头组织和力学性能的影响 [J]. 热加工工艺，2011，40（1）：1-5.

[60] 徐卫平，邢丽，柯黎明 . 镁合金 AZ80A 搅拌摩擦焊焊核区组织金属学演变 [J]. 材料工程，2007（5）：53-57.

[61] 迟鸣声，刘黎明，宋刚 . 镁合金 AZ31B 的激光-TIG 复合热源缝焊工艺 [J]. 焊接学报，2005，26（3）：21-24.

[62] 王红英，莫守形，李志军 . AZ31 镁合金 CO_2 激光填丝焊工艺 [J]. 焊接学报，2007，28（6）：93-96.

[63] 何文 . AZ31B 镁合金电阻点焊工艺及接头质量的研究 [D]. 南昌：南昌航空大学，2011.

[64] 王红英，李志军 . AZ61 镁合金激光焊接接头的组织与性能 [J]. 中国有色金属学报，2006，16（8）：1388-1393.

[65] 谢丽初，陈振华，俞照辉 . ZK60 镁合金的 CO_2 激光焊接工艺研究 [J]. 中南大学学报：自然科学版，2011，42（5）：1332-1337.

[66] 黎梅 . AM60 镁合金焊接工艺及组织性能研究 [D]. 长沙：湖南大学，2006.

[67] 高明，曾晓雁，林天晓，等 . MB8 镁合金激光-MIG 复合焊接分析 [J]. 焊接学报，2009，30（2）：71-74.

[68] 李敦运 . AZ31 镁合金的钎焊试验研究 [J]. 现代焊接，2011（6）：20-21.

[69] 罗庆，徐道荣 . AZ31 镁合金的炉中钎焊试验研究 [J]. 轻合金加工技术，2008，36（3）：43-44.

[70] 马力 . 镁合金钎焊接头组织与力学性能研究 [D]. 北京：北京工业大学，2010.

[71] 高晨，李红，栗卓新 . AZ31B 镁合金超声振动钎焊接头微观结构和力学性能 [J]. 焊接学报，2009，30（2）：129-132.

[72] 白莉 . 镁合金共晶钎焊界面行为 [J]. 热加工工艺，2012，41（19）：150-151.

[73] 刘黎明，王继锋，宋刚 . 激光电弧复合焊接 AZ31B 镁合金 [J]. 中国激光，2004，31（12）：1523-1526.

[74] 郭强 . AZ91D 镁合金 TIG 焊焊接接头组织与性能研究 [D]. 重庆：重庆大学，2011.

[75] 孙德新 . 镁合金（AZ91、AZ31）焊接性的研究 [D]. 长春：吉林大学，2008.

[76] 邱然锋，申中宝，李青哲，等 . 高强镁合金点焊接头性能 [J]. 焊接学报，2016，37（7）：5-8.

[77] 谢广明，马宗义，耿林. 搅拌摩擦焊接参数对 ZK60 镁合金接头微观组织和力学性能的影响 [J]. 金属学报，2008，44（6）：60-65.

[78] 董长富，刘黎明，赵旭. 变形镁合金填丝 TIG 焊接工艺及组织性能分析 [J]. 焊接学报，2005，26（2）：33-37.

[79] 赵云峰，火巧英，腾东平，等. AZ31B 镁合金 CMT 焊接接头组织与力学性能 [J]. 电焊机，2018（7）：31-35.

[80] 何柏林，谢学涛，丁江灏，等. 超声冲击改善 MB8 镁合金焊接接头超高周疲劳性能的机理 [J]. 稀有金属材料与工程，2019，48（2）：650-654.

[81] 戴军，王新星，杨莉，等. 异种镁合金激光焊接接头分析 [J]. 热加工工艺，2014，43（15）：167-170.

[82] 彭建，周绸，陶健全，等. AZ31 与 AZ61 异种镁合金的 TIG 焊研究 [J]. 材料工程，2011（2）：45-51.

[83] 隗成澄，黄坚，戴军，等. 异种镁合金 AZ31 与 NZ30K 激光焊接接头分析 [J]. 中国激光，2011，38（12）：59-64.

[84] 隗成澄. 异种镁合金 AZ31 与 NZ30K 激光焊接的研究 [D]. 上海：上海交通大学，2012.

[85] 柳绪静，刘黎明，王恒，等. 镁铝异种金属激光-TIG 复合热源焊焊接性分析 [J]. 焊接学报，2005，26（8）：31-34.

[86] 罗畅，戚文军，李亚江，等. 铝与镁异种轻合金摩擦搅拌焊的研究现状 [J]. 轻合金加工技术，2015，43（10）：9-15.

[87] 康举，何淼，栾国红，等. 7075 铝合金-AZ31 镁合金搅拌摩擦焊接头的组织及性能 [C] //中国机械工程学会焊接分会. 第十五次全国焊接学术会议论文集. 西宁：2010：27-34.

[88] 梁志远，陈科，王小娜，等. 搅拌针偏镁对铝镁异种材料间搅拌摩擦焊接接头性能的影响 [C] //中国机械工程学会焊接分会. 第十六次全国焊接学术会议论文集. 镇江：2011：460-464.

[89] 李达，孙明辉，崔占全. 工艺参数对铝镁搅拌摩擦焊焊缝成形质量的影响 [J]. 焊接学报，2011，32（8）：97-100.

[90] 魏艳妮，李京龙，熊江涛，等. 纯铝与镁合金搅拌摩擦焊界面温度及工艺的研究 [C] //中国机械工程学会焊接分会. 第十六次会国焊接学术会议论文摘要集. 镇江：2011：1-5.

[91] 蒋健博. 胶粘剂对镁/铝异种合金胶焊的影响及其机制研究 [D]. 大连：大连理工大学，2011.

[92] 尹玉环. 镁铝合金搅拌摩擦点焊研究 [D]. 天津：天津大学，2010.

[93] 于前. AZ91 镁合金/7075 铝合金异种金属扩散焊的研究 [D]. 太原：太原理工大学，2011.

[94] 肖长源. Al/Mg 异种金属搅拌摩擦焊金属间化合物的形成机理研究 [D]. 成都：西南交通大学，2016.

[95] 鄢勇. 5052 铝合金与 AZ31 镁合金的搅拌摩擦焊接 [D]. 广州：华南理工大学，2010.

[96] 刘鹏. Mg/Al 活性异种金属焊接界面微观结构及元素扩散的研究 [D]. 济南：山东大学，2006.

[97] 刘蒙恩，盛光敏. Mg/Al 异种材料瞬间液相过冷连接工艺研究 [J]. 中南大学学报：自然科学版，2012，43（7）：2542-2546.

[98] 谢吉林. 铝/镁异种金属"搅拌摩擦焊-钎焊"复合焊接工艺研究 [D]. 南昌：南昌航空大学，2016.

[99] 田伟. Mg/Al 异种金属激光焊接试验研究 [D]. 长沙：湖南大学，2013.

[100] 付邦龙. 铝合金/镁合金异种金属搅拌摩擦焊接工艺 [D]. 济南：山东大学，2015.

[101] 宋波，左敦稳，邓永芳. Mg/Al 异种材料搅拌摩擦连接金属材料流动研究 [J]. 材料导报：B 研究篇，2016，30（14）：15-18.

[102] 陈影. 铝合金 5083/镁合金 AZ31 异种金属搅拌摩擦搭接焊及连接机理研究 [D]. 大连：大连交通大学，2012.

［103］魏强．镁/铝异种材料点焊研究［D］．南昌：南昌航空大学，2012.

［104］帅朋，吴志生，赵菲．镁/铝异种材料焊接研究现状［J］．焊接技术，2017（2）：1-4.

［105］付晓鹏，梁伟，李线绒，等．镁/铝异种材料连接界面的显微组织与结合强度研究［J］．材料研究与应用，2009，3（1）：23-26.

［106］孙嵩．镁/铝异种合金搅拌摩擦焊接接头的组织性能研究［D］．西安：西安建筑科技大学，2018.

［107］王恒．镁、铝异种金属激光胶接焊工艺的研究［D］．大连：大连理工大学，2006.

［108］谭锦红．镁、铝异种金属接触反应钎焊研究［D］．大连：大连理工大学，2007.

［109］赵丽敏．镁合金 AZ31/铝合金 6061 异种金属接触反应钎焊研究［D］．大连：大连理工大学，2010.

［110］任大鑫．镁合金及镁铝异种金属胶焊技术研究［D］．大连：大连理工大学，2011.

［111］李广乐．镁铝异种金属 CMT 焊接试验研究［D］．南京：南京理工大学，2010.

［112］丁成钢，杨慧．镁铝异种金属的搅拌摩擦胶接点焊［J］．电焊机，2013（9）：48-51.

［113］王红阳．镁铝异种金属激光胶接焊工艺及微观组织研究［D］．大连：大连理工大学，2010.

［114］付宁宁．镁铝异种金属搅拌摩擦焊搭接接头组织及性能研究［D］．大连：大连交通大学，2011.

［115］柳绪静．异种金属镁合金和铝合金熔焊工艺研究［D］．大连：大连理工大学，2007.

［116］柳绪静．异种金属镁合金和铝合金熔焊焊接性研究［D］．大连：大连理工大学，2010.

［117］松本二郎．アルミニム合金およびマゲネシウム合金の溶接［J］．溶接学会志，1994（2）：12-18.

［118］片山圣二．レーザ异材接合［J］．溶接技术，2002（2）：69-73.

［119］金山宏明，富田正吾，中田一博．电子ビーム溶接による异种金属材料の接合［J］．溶接技术，2002（2）：74-76.

［120］成愿茂利，桥本武典，长野喜隆．FSW（摩擦搅拌接合法）による异材接合［J］．溶接技术，2002（2）：77-79.

［121］中田一博．各种材料のFSWの特征と适用 FSWによる异材接合：第 4 回［J］．溶接技术，2007（12）：123-129.

［122］汪佐瑾，温宝峰，曹睿，等．镁-铝异种金属冷金属过渡连接焊接性分析［J］．焊接，2019（2）：17-20.

［123］于启湛，丁成钢，史春元．不锈钢的焊接［M］．北京：机械工业出版社，2009.

［124］于启湛．钛及其合金的焊接［M］．北京：机械工业出版社，2020.

［125］邵景辉．镁/钢异种材料电阻点焊研究［D］．南昌：南昌航空大学，2013.

［126］王杰．镁/钢异种金属激光-TIG 电弧复合冷填丝焊接工艺研究［D］．大连：大连理工大学，2016.

［127］单闯．镁/钢异种金属激光-TIG 复合热源镍夹层焊接研究［D］．大连：大连理工大学，2009.

［128］黄勇兵．镁/钢异种金属搅拌摩擦焊工艺及性能研究［D］．南昌：南昌航空大学，2013.

［129］张佩．AZ31B 镁合金/304 不锈钢异种金属的低温扩散焊研究［D］．西安：西安科技大学，2014.

［130］王希靖，赵钢，张忠科，等．镁-钢异种金属无匙孔搅拌摩擦点焊工艺的研究［J］．热加工工艺，2012，41（17）：153-155.

［131］陈剑虹，余建永，曹睿，等．镁合金焊丝成分对镁钢异种金属 CMT 焊接性的影响［J］．兰州理工大学学报，2012，38（6）：10-15.

［132］宋刚，王杰，于景威，等．AZ31B/Q235 激光诱导电弧填丝焊连接界面分析［J］．焊接学报，2016，37（7）：93-96.

［133］郑森，程东海，陈益平，等．AZ31B 镁合金/镀锌钢板电阻点焊接头形成机理［J］．焊接学报，2017，38（2）：83-86.

［134］朱海霞，曹睿，李雅范，等．镁-裸钢板异种金属冷金属过渡熔钎连接机理［J］．焊接学报，2016，37（5）：77-81.

［135］黄健康，邵玲，石玗，等．镁与镀锌钢板脉冲旁路耦合电弧熔钎焊［J］．焊接学报，2013，34（8）：

9-12.

[136] 万江应，苗玉刚. AZ31B 镁合金与 Q235 钢异种金属激光深熔钎焊工艺研究 [J]. 焊接，2012（4）：64-66.

[137] 檀财旺，梅长兴，李俐群，等. 镁/镀锌钢异种合金单、双光束激光熔钎焊特性 [J]. 中国有色金属学报，2012，22（6）：1577-1585.

[138] 曹睿，余建永，陈剑虹，等. 镁/镀锌钢板 CMT 熔钎焊连接机制分析 [J]. 焊接学报，2013，34（9）：21-24.

[139] 刘东阳. AZ31B 镁合金/Q235 钢异种金属 MIG 焊接特性的研究 [D]. 长春：吉林大学，2013.

[140] 徐荣正，国旭明，姜旭，等. 镁合金-钢异种金属焊接技术研究 [J]. 焊接，2015（8）：4-7.

[141] 刘帅. SYG960E 超高强钢/AZ31B 镁合金异种金属 MIG 焊的研究 [D]. 长春：吉林大学，2017.

[142] 罗军. 不锈钢-镁合金的复合连接工艺研究 [D]. 重庆：重庆大学，2012.

[143] 梅长兴. 镁合金/镀锌钢异种材料激光熔钎焊特性研究 [D]. 哈尔滨：哈尔滨工业大学，2011.

[144] 于启湛. 复合材料的焊接 [M]. 北京：机械工业出版社，2010.

[145] 董晓明. 镁基复合材料激光焊焊接接头组织与力学性能的研究 [D]. 洛阳：河南科技大学，2011.

[146] 谷晓燕. 镁基复合材料（TiC_p/AZ91D）瞬间液相扩散连接研究 [D]. 长春：吉林大学，2007.

[147] 秦倩. 镁-钛异种材料的瞬间液相扩散连接 [D]. 西安：西安科技大学，2015.

[148] 武佳琪. 镁/钛异种金属爆炸焊接界面微观组织及性能的研究 [D]. 太原：太原理工大学，2015.

[149] 王涛. 镁/钛异种金属冷金属过渡技术（CMT）焊接性研究 [D]. 兰州：兰州大学，2013.

[150] 景敏. 镁/铜异种金属冷金属过渡技术（CMT）焊接性研究 [D]. 兰州：兰州大学，2014.

[151] 党萍萍. AZ31B/Cu 扩散钎焊工艺及焊接接头组织和性能研究 [D]. 西安：西安科技大学，2014.

[152] 熊江涛，张赋升，李京龙. 镁合金与钛合金的瞬间液相扩散焊 [J]. 稀有金属材料与工程，2006，35（10）：1670-1677.

[153] 宋敏霞，赵熹华，郭伟. Ti-6Al-4V/Cu/ZQSn10-10 扩散连接 [J]. 焊接学报，2005，26（12）：29-32.

[154] 赵涣凌，赵贺，宋敏霞. 镍、镍+铜中间层对 TC4/ZQSn10-10 扩散连接的影响 [J]. 机械工程材料，2008，32（7）：38-45.

[155] 元哲石，徐立新，吴执中. Ni+Cu 为中间层的 TC4 与 ZQSn10-10 的扩散连接试验分析 [J]. 焊接学报，2007，28（8）：92-95.

[156] 马志新，李德富，胡捷，等. 采用爆炸-轧制法制备钛/铝复合板 [J]. 稀有金属，2004，28（4）：797-799.

[157] 翟伟国. 钛-钢和铜-钢爆炸复合板的性能及界面微观组织结构 [D]. 南京：南京航空航天大学，2013.

[158] 张立奎. 镁合金-铝合金爆炸复合材料界面组织与性能的影响研究 [D]. 南京：南京理工大学，2008.

[159] 檀财旺，巩向涛，李俐群，等. 镁/钛异种金属预置 Al 夹层光纤激光熔钎焊接特性 [J]. 中国激光，2015，42（1）：114-121.